风力发电场站
运行与维护

平高集团有限公司　编

中国电力出版社
CHINA ELECTRIC POWER PRESS

内容提要

本书作为风力发电场站运行与维护的学习教材，全书共分为9章，内容涉及面广，重点突出，从风力发电场站运行与维护概况入手，先后对风力发电场站运行维护组织与技术管理、安全管理、生产调度与电力交易、风力发电系统、风力发电机组维护、输电线路维护、变电站设备维护等部分进行了详细介绍，并对风力发电场站事故处理与典型案例进行了分析，帮助读者更加深刻地理解本书内容，解决工作中遇到的实际问题。

全书取材精炼，内容翔实，实用性强。本书可供有关建设单位、运维单位及相关专业人员参考学习。

图书在版编目（CIP）数据

风力发电场站运行与维护 / 平高集团有限公司编. -- 北京：中国电力出版社，2025.3
ISBN 978-7-5198-8016-3

Ⅰ.①风⋯ Ⅱ.①平⋯ Ⅲ.①风力发电系统 Ⅳ.① TM614

中国国家版本馆 CIP 数据核字（2023）第 134602 号

出版发行：中国电力出版社
地　　址：北京市东城区北京站西街 19 号（邮政编码 100005）
网　　址：http://www.cepp.sgcc.com.cn
责任编辑：刘汝青（22206041@qq.com）
责任校对：黄　蓓　常燕昆
装帧设计：赵姗姗
责任印制：吴　迪

印　　刷：三河市万龙印装有限公司
版　　次：2025 年 3 月第一版
印　　次：2025 年 3 月北京第一次印刷
开　　本：787 毫米 ×1092 毫米　16 开本
印　　张：17.25
字　　数：322 千字
印　　数：0001—1500 册
定　　价：138.00 元

编 委 会

编 写 组

序

2023 年 7 月 6 日，习近平总书记在江苏考察时指出，能源保障和安全事关国计民生，是须臾不可忽视的"国之大者"。要加快推动关键技术、核心产品迭代升级和新技术智慧赋能，提高国家能源安全和保障能力。

平高集团有限公司作为国家电工行业重大技术装备支柱企业和国家创新型企业，始终牢记"国之大者"，践行使命担当，在新型电力系统建设新的赛道上，孜孜以求，辛勤耕耘，贡献着平高力量。自主研发的多种产品达到国际领先水平，绿色智慧化开关设备技术领跑行业。在助力实现国家"碳达峰、碳中和"目标过程中，平高集团有限公司前瞻性思考、全局性谋划，致力于补全新能源投建运转产业链，在新能源行业崭露头角。

目前，我国新能源领域蓬勃发展，大批新能源场站陆续投入运行，随之带来了运行维护市场容量的剧增，越来越多的企业加入到新能源运维行业，但市场上相对缺乏新能源运维入门指导类书籍，着眼于运维管理等主题的书籍更为稀缺。近年来，平高集团有限公司在多省份深入开展新能源业务，积累了大量风力发电场站运行与维护的实际经验，在此基础上，对风力发电场站的运营维护管理总结出了一套系统有效的方法，最终凝聚成了这本著作。

本书系统性地阐述了风力发电场站运行与维护概况、组织与技术管理、安全管理、生产调度与电力交易、风力发电系统、线路及设备维护等内容，并针对故障与典型案例进行了分析，立意新颖，结构合理，系统性强。全书紧贴运维市场，在风力发电场站运行维护过程中应具备的基本知识和工作要求等方面进行了详细讲述，其内容重点突出，语言简洁，图文并茂，实用性强，可作为电力职业学校的培训教材，同时对读者提升风力发电场站运维的理论知识和专业能力具有重要的指导意义。

西安交通大学未来技术学院/现代产业学院　执行院长

教授、博士生导师

2024 年 12 月

前　言

2024年2月29日，习近平总书记在中共中央政治局第十二次集体学习时强调，大力推动我国新能源高质量发展，为共建清洁美丽世界作出更大贡献。能源是现代经济和产业发展的生命线，推动新能源高质量发展是实现经济社会高质量发展的必由之路。在加快能源革命、构建新型能源体系领域，我国迎来突飞猛进发展，陆续建成大批量新能源项目。随之而来，新能源尤其是风电运行与维护服务增值空间将迅速扩大，甚至超越工业制造业。随着近年来一大批风力发电机组超过质保期，风电运行与维护迎来了发展机遇期，进入"十五五"时期，风电运行与维护行业增速将持续加快。

本书依据风力发电行业相关能力要求，选取内容与风力发电行业密切结合，在编写初期，编写组大量翻阅研究各类型风力发电机组的产品结构、工作原理、运行维护等方面的材料；同时对变电站、电力线路以及各类相关标准规范等材料进行了收集整理和研究；并对电力系统的安全、考核、电力交易等要求，系统地进行了归纳整理；又先后赴河南、内蒙古、新疆等地实地考察了多个风力发电场站，访问了大量从事风电场站运行维护检修工作的人员，结合自身从事风力发电场站运行维护的工作经验，前后历时两年多编写了本书。

本书涵盖了风力发电场站运行与维护的相关知识，主要包括风力发电场站运行与维护概况，运行维护组织与技术管理、安全管理、生产调度与电力交易、风力发电系统、发电机组维护、输电线路维护、变电站设备维护以及事故处理与典型案例分析等内容，理论联系实际，对提升读者的理论水平、运行维护能力、分析解决问题方法等方面，都具有十分重要的作用。

本书得到了西安交通大学未来技术学院/现代产业学院执行院长、教授、博士生导师王小华的指导，他在百忙之中对本书提出了宝贵的建设性指导意见。此外，西安交通大学副教授、特聘研究员、博士生导师袁欢也对本书给予了关心和帮助，在此对他们表达诚挚的感谢。

编写本书的初心是为从事风力发电场站运行维护的新入单位及从业人员提供培训教材及自学参考资料，为行业发展作出一点贡献。书中存在的错误和不妥之处，恳请广大读者谅解并不吝指正。

编　者

2024 年 12 月

目 录

3 风力发电场站运行维护安全管理 —————————— *034*

5 风力发电系统　　　　　　　　　*066*

6 风力发电机组维护 ——————————————— *091*

7　输电线路维护 *163*

9　风力发电场站事故处理与典型案例分析　　　　　　　*228*

1

风力发电场站运行与维护概况

1.1 风力发电概况

风力发电是将风的动能转为电能。风能是一种清洁无公害的可再生能源，早在三千年前，人们就利用风能进行碾米和提水。现代风力发电机的先驱Poul la Cour（1846—1908），1897年发明了两台实验风力机，安装在丹麦AskovFolk中学，自此，人类开始走上了风力发电之路。风力发电清洁环保，且风能蕴藏量巨大，日益受到世界各国的重视。

风能取之不尽，用之不竭。我国可开发利用的风能储量约10亿kW，其中，陆地上风能储量约2.53亿kW（以陆地上离地10m高度资料计算），东北、华北、西北风资源约占全国陆上风资源总量的80%，海上可开发和利用的风能储量约7.5亿kW。丰富的风资源，为风力发电发展提供了基础保障。我国大力发展风力发电对有效增加新能源供应量、代替传统能源、调整能源结构、降低环境污染、实施生态发展战略、建设环境友好型社会等具有促进作用，同时对转变经济发展方式具有重要意义。

1.1.1 我国风力发电发展历程

我国风力发电行业发展经历了探索示范、产业化探索、产业化发展以及大规模建设四个阶段。

探索示范阶段（1955—1993年）：我国的风力发电始于20世纪50年代后期，在吉林、辽宁、新疆等省（区）建成了单台容量在10kW以下的小型风力发电场站，但其后就处于停滞状态，直到1986年，在山东建成了我国第一座并网运行的风力发电场站后，从此风力发电场站建设进入了探索和示范阶段，但其特点是规模和单机容量均较小。到1990年已建成4座并网型风力发电场站，总装机容量为4.2MW，其最大单机容量为 200kW。政府主要在资金方面给予扶持，如投资风力发电场站项目及支持风力发电机组研制。

产业化探索阶段（1994—2003 年）：1995 年，全国共建成了 5 座并网型风力发电场站，装机总容量为 36.1MW，最大单机容量为 500kW。1996 年以后，风力发电进入了扩大建设规模的阶段，其特点是风力发电场站规模和装机容量均较大，最大单机容量为 1500kW。我国建立了强制性收购、还本付息电价和成本分摊制度，投资者利益得到保障，以贷款形式建设的风力发电场站逐渐增多。

产业化发展阶段（2004—2007 年）：主要通过实施风力发电特许权招标来确定风力发电场站投资商、开发商和上网电价，通过施行可再生能源法，建立了稳定的费用分摊制度，迅速提高了风力发电开发规模和我国设备制造能力。据中国风能协会统计，2007 年我国累计风力发电装机容量约 5890MW。

大规模建设阶段（2008 年起）：在风力发电特许权招标的基础上，国家颁布了陆地风力发电上网标杆电价政策；根据规模化发展需要，修订了可再生能源法；制定了实施可再生能源发电全额保障性收购制度。2008 年，国家发展改革委印发了《可再生能源发展"十一五"规划》。这些政策法规的出台，为风力发电的发展提供了政策上的支持，使风力发电稳步、快速地发展起来。

2008 年开始，我国风力发电建设的热潮如火如荼，装机总量逐年攀升。根据 2025 年 1 月 21 日国家能源局发布的 2024 年全国电力工业统计数据，截至 2024 年底，我国风力发电装机容量约 5.2 亿 kW，并有大量项目拟建或建设中。相信在不久的将来，我国风力发电量一定能在能源领域占据重要的地位。风力发电场站示例见图 1-1。

图 1-1　风力发电场站

1.1.2 风力发电前景

我国新能源战略目标是以战略性新兴产业为基础，促进新能源规模化发展。按照国家规划，未来 15 年，全国风力发电装机容量将大幅增加。风力发电发展，其性价比正在形成与煤电、水电的竞争优势。风力发电的优势在于：发电能力每增加 1 倍，成本就下降 15%。随着我国风力发电装机的国产化和发电的规模化，风力发电成本可望再降。因此，风力发电吸引了越来越多的投资者。

虽然风力发电的发展至今仍存在着很多困难，如电网适应能力不强、优质风资源逐渐萎缩、海上风力发电开发难度大等，但是随着风力发电装备技术的提升，经济性优势逐步凸显。人们对风力发电发展充满信心，进入"十四五"时期，风力发电投资规模逐年攀升，装机容量每年同比呈两位数增长。

1.2 风力发电场站运行维护发展概况

1.2.1 国际风力发电场站运行维护市场形势

风力发电行业带动运行维护产业迅速发展，根据丹麦能源咨询机构 MAKE 发布的《全球风力发电机组运行维护市场报告》显示，2008—2016 年为全球风力发电市场重大发展阶段，超过 460GW 的风力发电吊装容量需要运行维护服务的支持。为维持数量庞大的运行维护机组正常运行，运行维护市场积极响应，涌现出了各类降低运行支出、增加能源产出及提供强大技术支持的创新型模式。

1.2.2 国内风力发电场站运行维护市场形势

我国风力发电场站运行维护市场发展迅速。我国虽为风力发电大国，但因前期风力发电运行问题较多，且风力发电机组质量不稳定等问题，风力发电场站运行维护成本居高不下，这一直是我国风力发电发展市场面临的挑战。随着大批风力发电机组超出质保期，风力发电机组的维修维护业务需求增大，风力发电场站运行维护市场前景广阔。

随着我国风力发电机组制造技术的逐渐成熟，风力发电装机容量迅猛增加，运行维护服务增值空间将逐渐扩大，甚至超越风力发电机组工业制造业。我国风力发电运行维护迎来了发展机遇期，进入"十四五"时期后，风力发电运行维护行业业务增速将持续加快。

1.2.3 风力发电场站运行维护行业局面

目前，风力发电场站运行维护行业呈现"三足鼎立"形势，参与者主要包括三个阵营：风力发电场站开发商、整机制造商和第三方运行维护公司。其中，风力发电场站开发商主要参与风力发电运行维护的中、高端领域；整机制造商主要参与风力发电运行维护的高端领域；第三方运行维护公司主要参与风力发电运行维护的中、低端领域。

在风力发电场站运行维护市场发展过程中，通过市场竞争逐渐形成了利润分配两极分化现象。较大比例的风力发电场站运行维护市场利润集中在实力雄厚的大型独立第三方服务商及风力发电整机制造商运行维护团队中，较少的利润被众多参与方分配。其主要原因在于风力发电整机制造商拥有完整的风力发电机组技术和客户资源优势，而大型独立第三方服务商则具有机动灵活性，同时具有特定部位技术改造技术和维护方面优势。

风力发电整机制造商运行维护服务的市场份额占比最大，并在我国未来风力发电场站运行维护市场中最具有发展潜力。由于在风力发电机组质保期间，将由相应品牌的整机制造商提供质保服务，整机制造商最先介入风力发电场站运行维护服务，也最先获得运行维护经验。

伴随着风力发电产业的高速发展，在风力发电场站的运营过程中，风力发电机组能否发挥最佳性能是衡量风力发电场投资成败的关键因素之一。因此，除考验风力发电机组本身质量外，其生命周期内的运营维护更为重要。

目前，我国风力发电在役机组数量超过 19.5 万台，按照风力发电行业质保期 5 年推算，2017 年以前并网的超 1.5 亿 kW 风力发电机组已经悉数出了质保年限。随着运行年限增加，以运行维护技术改造、性能升级、退役回收为主的后市场业务急剧攀升，个性化需求日益增长。

风力发电机组的运行寿命是 20 年，质保期一般为 3 ～ 5 年，质保期内主要由整机制造商负责运行维护，后续将由建设方接管运行维护。风力发电机组在运行 15 年后，其经济性就会大大降低，大批风力发电机组将面临更新改造、换代升级的问题，这成为后运行维护服务市场的又一大增长点。

1.2.4　风力发电场站运行维护主要内容

风力发电场站运行维护的主要内容包括运行维护组织管理、技术管理、安全管理、运行管理、调度管理、电力交易、维护管理等方面内容。运行管理包括风力发电设备的日常运行管理、输变电设备的日常运行管理、定期和特殊的巡查检视；维护管理包括首次维护、日常巡检、定期维护、预防性试验、故障处理、大部件的改装升级和维修更换。这些管理内容将在以后章节中详细介绍。

1.2.5　风力发电场站运行维护管理模式

回顾国内风力发电场站的运行维护管理模式，行业内主要有运检一体、运检分离、运检外委、区域远程监控等管理模式，以及资产托管模式。

1. 运检一体模式

运检一体模式是指风力发电场站运检人员同时负责风力发电场站运行、检修工作，风力发电场站运检人员由场长管理。此种模式下，运行和检修人员无明确分工，共同负责风力发电场站的安全运行与检修维护。该模式对现场人员综合能力要求较高，要求现场人员具备倒闸操作、设备运行参数及告警信息监视、风力发电机组运行数据统计与分析、设备巡检、异常故障处理、风力发电机组定检、风力发电机组维护、设备异常状况分析、变电设备简单维修的能力。该种模式下运检人员综合技能水平提高较快，有利于综合技能人才的培养，企业管理组织机构相对简单。

2. 运检分离模式

风力发电场站达到一定规模后，运检一体模式就逐渐显现出运检人员检修工作量过大、专业分工不明确等诸多问题。为解决该类问题，找到更合适的运营模式，风力发电企业一般会尝试运检分离模式，运检分离是指运行人员负责风力发电场站升压站及风力发电机组的运行检查和现场复位及其他基础性管理工作，检修人员负责风力发电机组及升压站设备专业检修工作的一种模式。运检分离又可分为以下三种模式：

（1）风力发电场站级的运检分离。即在一个风力发电场站内分运行班组与检修班组。目前，这种分离模式在国内应用较多，从专业划分角度出发，运行检修各尽所责，有利于提高风力发电机组的维护管理水平和变电设备的运行管理水平。缺点是由于风力发电场站人员数量有限，大型检修工作对场内检修人员的要求较高，队伍建设需要相当长的时间，检修人员只在一个场内流动，不利于有多个风力发电场站的风力发电企业人力资源利用。

（2）公司级的运检分离。即一个风力发电企业建立自己公司级的检修队伍，专门负责公司内各风力发电场站风力发电机组的检修工作，风力发电场站的运行工作由风力发电场站自行开展。该种模式克服了风力发电场站级运检分离的缺点，从专业分工及人力资源利用角度出发，具有较大的优势，尤其适合风力发电场站数量多、机型少的风力发电企业。该模式的缺点是人才队伍建设周期较长，检修管理相对复杂。

（3）检修外委的运检分离。专业的风力发电机组检修维护公司目前有两种形式：一种是承揽各个故障风力发电机组的维修工作，收取维修费用；另一种是以年为单位承包风力发电机组每年的定检和维护工作，风力发电公司以年为单位支付专业公司承包费，检修维护公司承包风力发电机组后，必须保证该年度所有风力发电机组的正常运行，如果出现风力发电机组故障和损坏，维护成本超出了承包费，也将由检修维护公司承担。这种模式下，检修维护公司必须有很强的技术力量和专用工具，以满足检修的需要。

运检分离模式的优势有：可以解决风力发电企业机构臃肿、人力资源浪费等问题，满足企业提质增效的要求，提高企业全员劳动生产率；对检修维护公司的检修实现全过程管理和监督，做到规范化管理，风力发电公司可以集中精力做好定检维护、科技管理等工作。专业化、社会化检修队伍，可以逐步实现备品配件和专用工器具的集中管理，社会化、网络化管理可以进一步减少资金积压、库存压力、人员开支和检测费用。

3. 运检外委模式

现阶段风力发电机组是按照无人值守、高度自动化、高可靠性原则设计的发电设备，而大多数风力发电场站仍按照传统管理模式来管理，人力资源协调矛盾突出。随着风电产业的快速发展，专业投资公司开始涉足风力发电产业，由于自身检修力量不够，另一些风力发电企业更希望将维护检修工作委托给专业检修公司，或是只参与风力发电场站的运行管理，而不愿进行具体运行维护工作。业主便将风力发电场站的运行维护工作部分或者全部委托给专业检修公司负责。

运检外委模式的优势有：外包维修要比自行维修便宜，不仅可以减少检修费用，还能使员工的工作量保持均衡。运行人员兼顾维修工作，负责正常的运行和一般缺陷消除；委托的专业检修公司负责定检、科技项目、技术改造工程等。这样做的好处有：专业公司人员稳定、技术力量雄厚、工器具齐全、检修经验丰富，相对于风力发电公司来说，能更快、更好、更省、更专业地完成各项检修维护任务；风力发电公司人员结构更加合理，避免了机构臃肿，提高了效率，减少了成本，符合精简机构和缩减人员的要求；运行人员参与检修工作，有利于运行人员熟悉和了解设备情况及存在的问题，从而提高运行水平，同时运行人员能够及时发现问题并采取措施，可以避免问题扩大，减少了维修工作量和成本，确保了设备安全运行。

运检外委模式存在的不足有：无论是建立独立的检修公司还是委托管理，目的是走专业化管理道路，但在实际操作中，由于种种复杂的关系，常使委托合同流于形式，难以严格执行，服务质量大受影响，使得专业化管理难以真正实现。实行运检外委管理模式，业主可能要面临的主要问题有：维护成本较高，一次性支付金额较大；技术监督工作完全依赖或受控于外委单位；运行工作完全依赖于外委单位，不利于运行经验的积累；生产指标统计准确性和分析深度受影响；外委单位理解和适应业主的管理思路需要一段时间。

4. 区域远程监控模式

区域远程监控模式，即根据实际情况划定某一区域实施集中监控，实现全部机组的远程启停操作控制。随着风力发电企业发展到一定规模，传统管理模式已无法满足多场站管理的生产需求，集中化、区域化管理模式可以有效地改善和解决目前生产模式中存在的问题。数据采集与监视控制系统（SCADA）的逐步完善也为远控系统的实现提供了条件，利用基于信息化平台的生产管理系统，全面系统地提出了"远程集中监控、区域检修维护、现场少人值守、规范统一管理"这一新型风力发电企业生产运行管理模式，即将多个风力发电场站运行工况和生产信息统一接入一个控制室，实现集中监控，做到风力发电场站的少人值守或无人值守，实现经济运行。

区域检修维护，即统一实现区域巡检和维护，建立区域巡检维护队伍，实施分级检修，实现巡检、维护和检修的一体化、专业化管理。风力发电企业大多具有场站分布范围广、现场维护周期长的特点，客观上增加了风力发电检修的成本和难度，因此需要建立独立的区域检修部门。结合风力发电企业部分项目区域集中的特点，这种做法的好处，一方面可以为风力发电企业提质增效；另一方面可以利用风力发电维护工作不均衡的特点，使专业检修合理分配检修任务。专业化管理不仅可以避免任务的不均衡，还能提高检修质量和安全可靠性。

集中监控系统投运初期，集控中心主要是对风力发电场站设备的运行状况进行监视，培养和提高集控中心人员的技术水平和业务能力。设备主要操作仍然以风力发电场站运行人员为主，集控中心则只进行一些计划内试验性和演习性的简单操作。风力发电场站运行人员将根据集中监控系统运行状况和集控中心人员技术水平的状况，有计划地逐步减少现场值守人员。采用先进的网络技术，确保网络安全运行，需要在设计、招标、施工、运行管理等各个环节中充分考虑网络安全问题，制定具体的技术措施、组织措施、管理措施。

为合理解决集中监控系统与各风力发电机组生产厂商的通信接口规约问题，需要在风力发电机组设备招标协议中，与生产厂商明确风力发电机组对外接口的标准及版本，提供接口数据类型和更新率要求，确保通信接口满足远程监控的安全及技术要求。已投产项目要与厂商沟通、协调好相关技术问题。

在实现远程集中监控和区域集中巡检维护后，适时减少现场人员，实施生产现场少人值守。现场留守人员仅负责完成设备停送电、倒闸操作、设置安全措施、简单缺陷处理以及安全保卫等职能。规范统一管理，在全企业层面建立一套符合新能源特色的安全生产管理制度，编制统一的规章、制度、规程及考核标准，统一管理模式，统一管理要求，实现优势互补、资源共享。

与现有一些风力发电场站管控模式相比，实施"远程集中监控、区域检修维护、现场少人值守、规范统一管理"的生产运行管理新模式后，一是提供了信息共享、技术支持、信息化管理平台，实现了对不同控制系统的风力发电机组在同一平台下统一监控、统一管理和调度，使风力发电场站效率达到最大化，有效提高了风力发电效率；

二是优化人力资源配置，集中现有优秀风力发电专业技术人才于集控中心，充分发挥专业人才优势，为风力发电运行提供强有力的技术保障；三是提高风力发电生产工艺过程自动化程度，降低劳动强度，提高劳动效率；四是便于决策人员及时掌控所有风力发电场站的生产运行，及时做出正确的判断，提高管理层指导风力发电场站生产工作的及时性、针对性和科学性；五是人员配置和机构设置将比实施前大幅减少，交通车辆、外购电量、生活消耗、基建成本等也将有所下降。

5. 资产托管模式

目前，国内比较成熟的运维模式还有资产托管模式。资产托管模式一般是专业运维单位托管运维风力发电场站，业主将专业运维工作托管给运维单位，业主只负责管理业主公司其他事宜。采用托管运维相比于业主自己运维的优势有：可以为业主方提供及时、专业的服务，实现风力发电场站的安全稳定运行，保证风力发电场站的可靠运行及经营指标的实现。

资产全托管服务，具体就是指业主将风力发电场站的运行与维护工作以及电力交易工作全权委托大型专业运维单位进行，运维单位对风力发电场站进行全方位管理，对业主的发电量或财务指标进行担保，担保指标包括但不限于会计口径收入、净利润等经营指标，如未完成指标，对应补偿业主损失。资产全托管服务的优势有：依托专业运营单位的智慧运营中心，对项目故障解决提供远程技术支持，为场站高效运行提供合理建议，最大限度地实现业主发电增收，在一定程度上降低投资收益的不确定性，实现预期的投资收益。

在资产托管模式中，按客户需求可选择初级服务和升级服务两种服务。初级资产托管服务是最小成本的安全运维服务，内容包含安全管理、常规运行管理及日常服务工作。升级资产托管服务是相对于初级资产托管服务增加服务内容，内容包含安全管理、常规运行管理、日常服务、数字化服务、定检、备件、技术服务、抢修、保险、业务代办等工作。

综上所述，风力发电机组的维护、保养、运行等都已实现社会化和专业化。社会化，就是将设备日常维护保养工作交由社会公用的专业检修公司来承担；专业化，就是指专业检修公司通过合同方式，按区域或风力发电机组类别对风力发电企业进行设备检修。

1.3 风力发电场站智慧化运行维护概况

1.3.1 智慧化运行维护的意义

目前，市场上运行的早期建设的风力发电场站基本是采取传统的运维管理模式——

独立风力发电场站管理。伴随着新能源项目开发的深入发展，偏远山区、高海拔地区、海上正在成为发展风力发电的主要区域，而这些区域生活条件艰苦、工作环境恶劣，给运维工作带来诸多不便。一个新能源发电公司拥有多个新能源场站，分散于不同的区域，如对每个发电场站单独进行管理，需要消耗大量的人力物力财力，也给电网的调度和安全运行带来诸多问题。

随着科技信息化的发展，现阶段多数新能源企业已开始向区域集中运维、现场少人值守发展，区域运维中心主要承担值班和定检工作。通过实现资源虚拟化、数据标准化、应用服务化、展示可视化的发电场站远程集中监控平台（见图1-2），横向融合各类业务应用，纵向贯通新能源公司、区域公司和发电场站，实现数据无障碍的共享与交换，进而实现新能源产业经营和管理的全面变革。

图1-2　远程集中监控平台

智慧化运行维护是利用物联网等先进信息化技术手段，通过数据获取的准确性、及时性、真实性和完整性，实现新能源场站运营管理的全面感知、互联互通、智能处理和协同工作，利用互联网、物联网、大数据分析等技术助力产业的数字化、信息化变革，驱动产业转型升级，建设形成现场应用、集成监管、决策分析、数据中心等。

1.3.2　智慧化运行维护的主要作用

与区域远程监控模式对比，智慧化运行维护的特点主要表现在互联网、物联网和大数据的分析应用上，真正实现智慧化管控分析。主要作用有：

（1）实现能源管理绿色化。利用 5G 可视化技术，结合地理信息系统（GIS）技术的应用，进行全方位的数字化建设，让发电场的监控更为直观，控制更加精准，提高发电场的整体管理水平和运行维护效率，推进发电场的绿色化和智能化的转型升级进程。

（2）实现运营管理精细化。可实现整个发电场系统的过程管理和运行管理，提高了发电场系统的管理效率。通过数据面板信息实时了解风力发电场站的运行情况，从而实现精准的管理。利用大数据分析及模型仿真技术，定量分析运营过程中的各项运营指标，用数字驱动发电场的运营管理与决策。

（3）实现监测管理透明化。实现远程监控、无人值守，通过远程智慧化监控，只需在集控中心就能实现均衡输送、精确调节，并能及时发现风力发电机损耗情况，及时检测修复，保障风力发电场站的安全运行。

1.3.3 智慧化运行维护整体解决方案

依托计算机信息、5G 网络通信、物联网、系统集成及云计算技术、无线传感、边缘计算、信息安全、孪生可视和人工智能等新技术，综合接入主设备监控、辅助设备监控、保护信息管理、电能计量、设备运行维护管理、智能巡视等子系统，通过数据采集、信息动态交互、智能分析，研究设备状态全景智能感知、视频图像智能识别、主辅联动智能决策、设备状态综合研判和远程智能巡视等关键技术，实现设备状态穿透感知，提高设备状态管控力，推动设备巡视、倒闸操作、现场管控等工作，向更安全、更智能、更高效转变，有效改变以往人工巡视、现场操作、手工抄录、经验判断等传统检修模式，有效缓解新能源行业设备规模快速增长与运检资源相对不足的矛盾。智慧化运行维护是区域远程监控模式的延伸及发展，主要方案进程有：

（1）集控中心可视化系统。建立风力发电场站远程监控自动化，实现风力发电场站建设管理、运行管理、检修管理、经营管理和后勤管理集中化。赋能新能源产业转型，建成风力发电场站区域集控中心，形成本部、区域集控、场站的三级管控体系。

（2）集控中心智能化。风力发电场站远程监控自动化及区域集控中心网络架构见图 1-3，主要组成分为设备层、网络通信层、服务器层、应用层（能效管理）。借助云计算、大数据分析和物联网为代表的新一代技术，打通各个环节的数据流，实现从场站到决策层的纵向互联和全要素聚合展现、全流程动态透视，为各级管理者提供及时全面的决策依据。

（3）智慧化运行维护。利用现代先进信息化技术手段，获取准确、及时、真实和完整的数据，通过全面感知、互联互通、智能处理、协同工作，助力新能源场站运营产业的数字化、信息化变革，驱动产业转型升级，建设形成集成监管、决策分析、数据中心和行业监管等方面的智慧平台。重点是智慧化开发，以"智能数字平台"承载丰富的智慧应用，并打破壁垒，让运行维护感知更透彻、互通互联更全面、智能化更深入、决策更智慧化。实现场站"远程监控、区域检修、少人值守、统一管理"的科学管理模式。

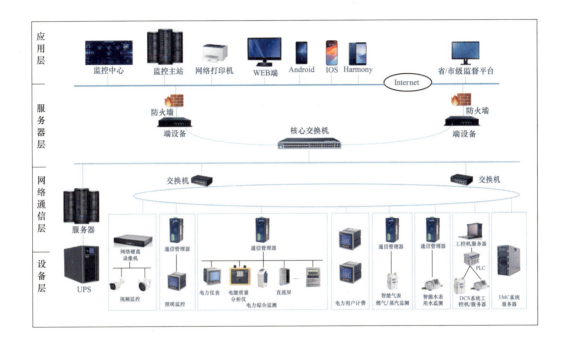

图 1-3　集控中心网络架构

风力发电场站运行维护组织与技术管理

风力发电场站运行维护的组织与技术管理工作是开展风力发电场站运行维护的基础，组织管理包括风力发电场站运行维护企业要求、组织管理体系等；技术管理包括风力发电场站运行维护规范标准、维护类型及要求、设备故障处理方法、预防性试验等。

2.1 风力发电场站运行维护企业要求

当前，我国对专门从事风力发电场站运行维护管理的企业并没有明确资质许可方面的强制性要求，但场站运行和维护涉及的具体工作内容和相关专业服务应分别满足特定专业的资质许可。从实务角度，从事风力发电场站运行维护管理的企业应当具备一定的技术能力要求，同时建议取得相关资质。

2.1.1 运行维护企业资质要求

风力发电场站的运行维护涉及升压变电站、送出（集电）线路及风力发电机组运行维护、技术改造和检修等相关工作，具体内容为一般性日常运行维护与场站技术改造维修施工、设备安装与检修、定期检验和预防性试验、防雷检测等工作，甚至有大型技术改造、吊装作业等工作。从提高场站运行维护工作的规范性、系统性出发，建议从事风力发电场站运行维护管理的企业主体取得以下一项或若干项行政许可或企业资质。

1. 电力工程总承包和输变电企业资质

从事风力发电场站运行维护管理的企业，结合运行维护中涉及的升压站、输电线路、风力发电机组改造等工作内容，可参考有关规定，取得电力工程总承包资质和输变电工程专业承包资质。电力工程总承包资质和输变电工程专业承包资质对应的许可工程范围见表2-1。

表2-1　　　　　　　　电力工程总承包资质和输变电工程专业承包资质

资质类别	电力工程总承包	输变电工程专业承包
特级	可承担各等级工程施工总承包、设计及开展工程总承包和项目管理业务；各专业工程的施工总承包、工程总承包和项目管理业务，开展相应设计主导专业人员齐备的施工图设计业务	—
一级	可承担各类发电工程、各种电压等级输电线路和变电站工程的施工	可承担各种电压等级的输电线路和变电站工程的施工
二级	可承担单机容量20万kW及以下发电工程、220kV及以下输电线路和相同等级变电站工程的施工	可承担220kV以下电压等级的输电线路和变电站工程的施工
三级	可承担单机容量10万kW及以下发电工程、110kV及以下输电线路和相同等级变电站工程的施工	可承担110kV以下电压等级的输电线路和变电站工程的施工

2. 承装（修、试）电力设施许可证

按照风力发电场站运行维护中涉及的改装、维修、试验等工作，可取得对应等级的承装（修、试）电力设施许可证。承装（修、试）电力设施许可证是由国家能源监管部门根据《电力供应与使用条例》有关规定，对输电、供电、受电电力设施的安装、维修和试验的企业在达到特定条件时发放的行政许可证。

承装（修、试）电力设施许可证共分为承装、承修、承试三个类别，每个类别分为五个级别，见表2-2。

表2-2　　　　　　　　各类各级资质许可业务范围

级别	承装（承修、承试）电力设施许可业务范围
一	所有电压等级电力设施的安装、维修或者试验业务
二	220kV及以下电压等级电力设施的安装、维修或者试验业务
三	110kV及以下电压等级电力设施的安装、维修或者试验业务
四	35kV及以下电压等级电力设施的安装、维修或者试验业务
五	10kV及以下电压等级电力设施的安装、维修或者试验业务

3. 其他相关工作资质

根据电场雷电防护检测需要，可取得雷电防护资质证书等。雷电防护资质证书是

根据《雷电防护装置检测资质管理办法》（气象局 2016 年第 31 号令）有关规定，为规范防雷装置检测行为，国家气象管理部门对从事检测工作的企事业单位进行的资质认定。

运行维护主体单位参与的风力发电配套项目的生产运行维护工作，也建议取得对应的各项资质。

除此之外，风力发电场站主体单位应具有包含对应业务的营业执照，按要求办理发电业务许可证。

2.1.2 运行维护人员资质要求

风力发电场站运行和维护管理工作人员一般可分为运行、检修和其他辅助岗位人员。根据风力发电场站运行和维护中涉及的不同岗位分工，结合现行法规和行业监管政策，建议从事以下具体专业岗位工作内容的运行维护人员取得相应的资质条件。

1. 电力调度系统运行值班上岗证书

运行值班人员应取得电力调度系统运行值班上岗证书，电力调度系统运行值班上岗证书是根据《电网调度管理条例》有关规定，为确保电力系统的安全稳定运行，凡直接与调度机构进行电网电力调度业务联系的运行值班人员，须取得相应公共电网调度管理机构颁发的调度运行值班合格证书，方可上岗并与调度机构进行电力调度业务联系。在风力发电场站运行过程中，负责在综合控制室值班监盘、与电网调度进行工作联系的运行维护人员应取得该证书。

2. 特种作业操作证

参与维护操作特种设备的人员应取得对应操作的特种作业操作证。特种作业操作证（电工）是指根据安全生产法有关规定，对从事容易发生人员伤亡事故，对操作者本人、他人的生命健康及周围设施的安全可能造成重大危害的作业人员，进行资质许可的证书。特种作业操作证（电工）是 12 个行业大类证书之一，也称电工操作证，共细分 6 个操作项目，包括低压电气、高压电气、电力电缆、继电保护、电气试验和防爆电气。其中与风力发电场站运行维护相关操作项目中，从事低压维护工作者应具有低压电气作业证，从事交流侧到升压站和送出线路段维护工作者应具备高压电气、电力电缆和继电保护作业证。提供定期检验和预防性测试专业支撑服务的人员应具有电气试验作业证。

其中，根据有关规定，由国家能源局颁发的原电工进网作业许可证在有效期内仍具有与特种作业操作证（电工）基本相同的效力。电工进网作业许可证是沿袭原电力部、原电监会和国家能源局职能管理，是代表电力行业对进网作业的电力操作人员的资质许可，2017 年国务院取消行政许可事项。当前仍有效的电工进网作业许可证可以在有效期届满之日 60 日内，由申请人本人或者申请人用人单位向从业所在地省级安全监管部门提出申请，经复审合格后即可换领电工操作证。

参与风力发电机组、线路运行检修的人员还应具有特种作业操作证（高处作业），简称高处作业操作证。高处作业操作证是从事登高架设作业或高处安装、维护、拆除作业工作的人员必须考取的特种作业操作证。该证是应急管理部门（原安监局）颁发的，每三年复审一次，每六年需要换证。

高处作业是指专门或经常在坠落高度基准面 2m 及以上有可能坠落的高处进行的作业。适用范围为：登高架设作业，指在高处从事脚手架、跨越架设或拆除的作业；高处安装、维护、拆除作业，指在高处从事安装、维护、拆除的作业。高处作业操作证也适用于利用专用设备进行建筑物内外装饰、清洁、装修，电力、电信等线路架设，高处管道架设，小型空调高处安装、维修，各种设备设施与户外广告设施的安装、检修、维护，以及在高处从事建筑物、设备设施拆除作业。

除此之外，还应获得对应作业要求的特种作业操作证。

3. 安全员资格证

从事生产运行维护的主要负责人、项目负责人和安全管理人员需要对应取得安全员资格证。安全员资格证是与企业安全生产许可证相配套，是对建筑施工类企业从事安全生产管理并达到特定能力标准的一种资质认证。该类安全员分为三类，分别对应于企业中履行不同安全生产管理职能的岗位人员。企业主要负责人或负责安全事务的经理层副职应备安全员 A 证；项目经理或下辖生产单位负责人应具备安全员 B 证；其他专职安全员应具备安全员 C 证。

通常情况下，风力发电场站运行维护企业有关运行和维护人员应参照建筑企业取得相关安全员资格，按需要取得消防员证书等。在特殊情况下，如果风力发电场站运行维护或电力施工现场有涉及爆破、危险化学品储运等非建筑类作业时，有关人员还需取得由应急管理部门监制的安全员资格证书。

4. 其他相关资质

在风力发电场站运行维护实务中，由于场站特点、属地政策差异等原因，运行维护人员还有可能需要全部或部分具备其他方面的专业资质。比如部分地区卫生管理部门要求场站运行维护团队中每个值班组至少 1 人需要具备紧急救护资格证；有些地区需要全员具备消防设施操作证。

除此之外，运行维护主体单位参与的风力发电配套项目的生产运行维护工作，也需运行维护团队相应人员取得对应的各项资质，如配套供热、储能等。

2.2 风力发电场站运行维护企业组织管理体系

风力发电场站运行维护企业是场站运行与维护的主体,管理体系主要包括企业安全生产组织管理体系和场站现场运行维护组织管理体系。

风力发电运行维护企业应成立以主要负责人为首的安全生产委员会,明确机构的组成和职责,建立健全工作制度和例会制度。企业主要负责人应定期组织召开安全生产委员会会议,总结分析本单位的安全生产情况,部署安全生产工作,研究解决安全生产工作中的重大问题,决策企业安全生产的重大事项。根据国家有关规定,风力发电企业应设置安全生产管理机构或者配备专、兼职安全生产管理人员和所需的设施器材。建立安全生产监督体系,健全安全生产监督网络,每月召开安全生产监督网络会议(或与安全生产工作例会并行召开),分析安全生产工作,并做好会议记录。运行维护企业负责人是风力发电场站安全管理第一责任人,负责统筹建立、健全、完善本场站安全管理网络,贯彻执行各项安全生产规章制度。负责审定年度安全生产目标,建立安全生产保证体系,确保安全生产管理的有效性。

风力发电企业组织及现场运行维护组织管理体系中的岗位设置及职责不尽相同,但一般岗位配置和岗位任职基本条件大致相似。风力发电企业组织架构及现场运行维护管理团队常见配置如图 2-1 所示。

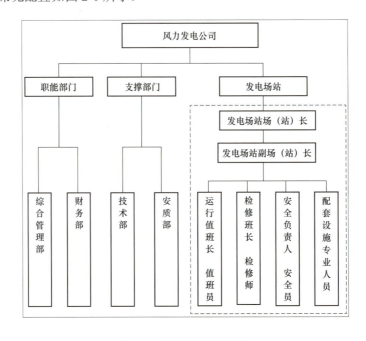

图 2-1   运行维护组织架构

　　风力发电企业职能部门为综合管理部和财务部,对应分管综合事务、物资及财务管理等;支撑部门为技术部和安质部,为安全质量管理、技术支持、工程技术改造、试验管理等提供支撑;运行维护团队为风力发电场站运行维护的执行团队,主要负责现场运行巡检和维护等工作。

　　风力发电企业现场运行维护组织管理体系有以下四个管理层级:发电场站场(站)长,发电场站副场(站)长,运行值班长、检修班长、安全负责人、配套运行维护负责人,运行值班员、检修工程师/员、安全员、配套运行维护专员。除此之外,一般发电场站根据地域情况聘任厨师及保洁等后勤人员。

　　(1)发电场站场(站)长是发电场站现场运行维护单位第一责任人,全面负责所辖发电场站的各项工作,贯彻执行公司的各项工作要求,落实完成发电场站各项工作任务,在国家法律、法规允许的前提下开展各项发电场站运行与维护管理活动。

　　(2)发电场站副场(站)长是所属发电场站的安全、技术负责人,在场(站)长的直接领导下开展工作,开展发电场站安全生产的各项工作。

　　(3)运行值班长、检修班长、安全负责人、配套运行维护负责人即是班组运行检修工作的直接负责人,组织值班员开展运行维护工作,安全负责人一般由副场(站)长或值班长担任。

　　(4)运行值班员、检修工程师/员、安全员、配套运行维护专员负责监视设备的正常运行,掌握运行方式和负荷变化情况,在值班长的领导下,正确进行倒闸操作和事故处理等日常巡检及检修工作。

2.3　风力发电场站运行维护规范标准

　　风力发电场站应设专人进行技术文件的管理工作,建立完善的技术文件管理体系,为生产实际提供有效的技术支持。风力发电场站应配备电力生产企业生产需要的国家有关标准、规定,以及场站规程、文件、制度等,还应针对风力发电场站的生产特点建立技术档案。

2.3.1　风力发电场站运行维护技术标准

　　风力发电场站运行维护涉及一系列相关的管理和技术规范、工作标准,是场站运行维护管理工作中应当遵循和参照的重要依据。

　　从制定标准规范的机构层级来看,风力发电场站所使用的标准规范可以分为国家标准和适用于风力发电行业的电力或其他行业标准、第三方机构标准等。国家标准,比较常用的是国家标准化管理委员会的国家强制性标准(冠字 GB)、国家推荐性标准

（冠字 GB/T）；行业标准，常用的是由国家能源局代表电力和能源行业制定的标准规范（电力类冠字 DL 或 DL/T；能源类冠字 NB 或 NB/T）；第三方机构标准，国外有些专门从事研究评价、认证和检测等业务服务的第三方机构和团体，自主制定各类技术标准和规范，并主要通过市场竞争方式获得了行业的认可。各类标准以最新标准为准，相关标准一览表见表 2-3。

表 2-3　　　　　　　　　　　　相关标准一览表

涉及工作	规范或标准编号	规范或标准名称
安全管理	GB 26859—2011	电力安全工作规程　电力线路部分
	GB 26860—2011	电力安全工作规程　发电厂和变电站电气部分
	GB/T 35204—2017	风力发电机组　安全手册
	DL/T 796—2012	风力发电场安全规程
	DL 5027—2015	电力设备典型消防规程
	GB 2894—2008	安全标志及其使用导则
	GBZ 188—2014	职业健康监护技术规范
生产运行	DL/T 666—2012	风力发电场运行规程
	DL/T 969—2005	变电站运行导则
	DL/T 741—2019	架空输电线路运行规程
	DL/T 1253—2013	电力电缆线路运行规程
	DL/T 572—2021	电力变压器运行规程
	DL/T 547—2020	电力系统光纤通信运行管理规程
	DL/T 623—2010	电力系统继电保护及安全自动装置运行评价规程
	DL/T 587—2016	继电保护和安全自动装置运行管理规程
	DL/T 1253—2013	电力电缆线路运行规程
	DL/T 1417—2015	低压无功补偿装置运行规程
检修维护	DL/T 797—2012	风力发电场检修规程
	DL/T 573—2021	电力变压器检修导则
	DL/T 393—2021	输变电设备状态检修试验规程
	DL/T 596—2021	电力设备预防性试验规程
	DL/T 727—2013	互感器运行检修导则
	DL/T 1476—2023	电力安全工器具预防性试验规程
	DL/T 976—2017	带电作业工具、装备和设备预防性试验规程
	NB/T 31021—2024	风力发电企业科技文件归档与整理规范
	NB/T 10631—2021	风电场应急预案编制导则

续表

涉及工作	规范或标准编号	规范或标准名称
检修维护	NB/T 10643—2021	风电场用静止无功发生器技术要求与试验方法
	NB/T 10652—2021	风电资源与运行能效评价规范
	NB/T 10659—2021	风力发电机组 视频监控系统
	NB/T 31023—2021	风力发电机组 主轴盘式制动器
	NB/T 31024—2021	风力发电机组 偏航盘式制动器
	NB/T 10571—2021	风电机组联轴器检修技术规程
	NB/T 10569—2021	风电机组齿轮箱检修技术规程
	NB/T 10575—2021	风电场重大危险源辨识规程
	NB/T 10567—2021	风力发电机组变桨系统检修规程
	NB/T 10576—2021	风力发电场升压站防雷系统运行维护规程
	NB/T 10594—2021	风电场无人机巡检作业技术规范
	NB/T 10595—2021	风电场智能检修技术导则
	NB/T 10593—2021	风电场无人机叶片检测技术规范
	NB/T 10646—2021	海上风电场直流接入电力系统用换流器技术规范
	NB/T 10647—2021	海上风电场直流接入电力系统用直流断路器技术规范
	NB/T 10648—2021	海上风电场直流接入电力系统控制保护设备技术规范
通用标准	GB/T 2900.1—2008	电工术语 基本术语
	GB/T 2900.13—2008	电工术语 可信性与服务质量
	GB/T 2900.53—2001	电工术语 风力发电机组
	GB/T 18451.2—2021	风力发电机组 功率特性测试
	GB/T 18709—2002	风电场风能资源测量方法
	GB/T 18710—2002	风电场风能资源评估方法
	GB/T 20320—2023	风能发电系统 风力发电机组电气特性测量和评估方法
	DL/T 5067—1996	风力发电场项目可行性研究报告编制规程
	DL/T 5191—2004	风力发电场项目建设工程验收规程
	GBT 20319—2017	风力发电机组 验收规范
	GB/T19568—2017	风力发电机组 装配及安装规范
	GB 50150—2016	电气装置安装工程 电气设备交接试验标准
	GB/T 19960.1—2005	风力发电机组 第1部分：通用技术条件
	GB/T 19960.2—2005	风力发电机组 第2部分：通用试验方法
	GB/T 21407—2015	双馈式变速恒频风力发电机组
	GB/T 19069—2017	失速型风力发电机组 控制系统 技术条件

涉及工作	规范或标准编号	规范或标准名称
通用标准	GB/T 19070—2017	失速型风力发电机组　控制系统　试验方法
	GB/T 19071.1—2018	风力发电机组　异步发电机　第 1 部分：技术条件
	GB/T 19071.2—2018	风力发电机组　异步发电机　第 2 部分：试验方法
	GB/T 19072—2022	风力发电机组　塔架
	GB/T 19073—2018	风力发电机组　齿轮箱设计要求
	GB/T 20321.1—2006	离网型风能、太阳能发电系统用逆变器　第 1 部分：技术条件
	GB/T 20321.2—2006	离网型风能、太阳能发电系统用逆变器　第 2 部分：试验方法
	GB/T 19068.2—2003	离网型风力发电机组　第 2 部分：试验方法
	JB/T 10425.1—2004	风力发电机组偏航系统　第 1 部分：技术条件
	JB/T 10425.2—2004	风力发电机组偏航系统　第 2 部分：试验方法
	JB/T 10426.1—2004	风力发电机组制动系统　第 1 部分：技术条件
	JB/T 10426.2—2004	风力发电机组制动系统　第 2 部分：试验方法
	JB/T 10427—2004	风力发电机组一般液压系统
第三方机构标准	IEC 61400-1：2019	风能发电系统　第 1 部分：设计要求
	IEC 61400-2：2022	风力发电机组　第 2 部分：小型风力发电机组
	IEC 61400-6：2023	风能发电系统　第 6 部分：塔和基础设计要求
	IEC 61400-11：2018	风轮发电机系统　第 11 部分：噪音测试技术
	IEC 61400-12：2022	风能发电系统　第 12 部分：发电风力涡轮机的功率性能测量
	IEC 61400-23：2014	风力发电机组　第 23 部分：风轮叶片全尺寸结构试验
	IEC 61400-24：2020	风能发电系统　第 24 部分：雷电防护
	IEC 61400-25：2017	风能发电系统　第 25 部分：风力发电场监控与通信系统
	AGMA 02FTM4—2002	风力涡轮机的驱动齿轮组的多体系统仿真

2.3.2　风力发电场站运行维护档案规范

企业档案是指企业在各项生产和经营活动中形成的具有保存价值历史记录。这些记录可以是多种形式的，比如各种文字、图表、声像等。档案管理工作是企业管理工作的一个重要组成部分，是提高企业工作质量和工作效率的必要条件，是维护历史真实面貌的一项重要工作。在当今时代，信息化技术为电力企业档案管理提供了新的发展方向，档案管理开始走向现代化方向。

档案基础管理按照 DA/T 28—2018《建设项目档案管理规范》等文件执行，风力发电企业电力生产文件的归档范围、档案分类及保管期限划分按照企业档案管理要求执行。风力发电生产技术、运行文件等应在每年 3 月份由文件形成单位将上一年度形成的文件收集整理后移交档案室归档。电力生产归档明细表见表 2-4。

表 2-4 　　　　　　　　　　电力生产归档明细表

分类号	类目名称	归档范围（主要归档文件）	保管期限	文件来源归档单位	备注
6	电力生产	—	—	—	—
60	综合	—	—	生产部门	—
600	总的部分	电力业务许可证（电力生产）	永久	电监会、生产部门	电监会令（第 9 号）
601	生产准备	生产准备机构成立文件	10 年	生产准备部门	—
		生产准备大纲、计划及报批文件	30 年		—
		生产人员培训计划、教材	10 年		—
602	观测与监测	全厂沉降、水文、气象、环保观测（监测）记录与报告等	30 年	相关单位、生产部门	—
61	生产运行	—	—	具有发电管理职能的部门	—
610	综合	—	—	—	—
611	运行记录	运行日志、交接班记录、工作票、操作票等	10 年	—	含试运行和生产考核期
612	发电记录	发电记录		—	
613	调度日志			—	
614	运行技术文件	方案、措施、专题总结	30 年	—	
615	设备缺陷管理	设备缺陷及处理记录	10 年	—	含试运行和生产考核期
62	生产技术	—	—	具有生产技术管理职能的部门	—
620	综合	—	—	—	—
621	指标分析	月度运行技术经济指标统计与分析报告	10 年	—	—
		年度运行指标统计与分析报告、专题总结	30 年	—	—
622	运行系统图	风力发电机组布置图	30 年	—	—
		风力发电机组编码明细	10 年	—	含试运行和生产考核期
		系统图		—	

续表

分类号	类目名称	归档范围（主要归档文件）	保管期限	文件来源归档单位	备注
623	技术监督	技术监督文件	10年	—	含全厂性试验、油品、绝缘材料等试验
624	可靠性管理	—	10年	—	—
625	并网安全评价	机组并网运行安全性评价文件	10年	有资质单位	—
626	技术规程	运行、检修规程，技术标准、规则、导则、条例等	30年	规程制定部门	—
63	物资管理			具有物资管理职能的部门	
630	综合	—	—	—	—
631	设备及备品、备件采购	设备与备品、备件采购招投标、询价文件、合同文件	30年	—	—
632	物资管理台账	物资进（入）库清单、库房管理台账等	10年	—	—
64	技术改造与检修	—	—	—	—
640	综合	—	—	—	—
641	检修与维护	设备定期维护检修记录，设备更换零部件记录，设备异常、缺陷处理记录等	30年	具有设备检修维护职能的部门	缺陷处理记录指全年检、半年检、特检
642	技术改造项目	重大、小型技术改造文件、设备变更文件等	30年	具有生产技术、质量监督管理职能的部门	—
69	其他	—	—	—	—

2.4　风力发电场站维护类型及要求

根据设计要求、风力发电机组状态、数据分析结果，为确保风力发电机组正常运行而开展的维修和保养活动，包括定期维护、状态检修、故障处理、缺陷处理等。

2.4.1　一般要求

（1）维护工作开始前，应根据机组实际运行情况制订维护计划，备齐所需物料及工具，满足使用要求。

（2）机组添加油品、润滑脂时应保证油品清洁，避免二次污染；所添加油品应与原油品型号一致且在有效期内。如需更换油品，应满足机组技术要求和更换工艺。

（3）其他维护物料如碳刷、滤芯等应与机组原有物料型号类型一致或确认可替代，满足机组技术要求和更换工艺要求。

（4）使用清洁剂清洁机组卫生时，应保持通风良好。

（5）更换较重的备件时，宜使用机组内的辅助起重设备。

（6）维护工作结束后应保持作业环境清洁，并解除机组锁定状态。

（7）风力发电场站遭受强对流天气（雷暴、台风）后，应对机组塔筒、叶片、变桨系统和电控系统等进行检查。

（8）维护作业的记录文件应按规范及时填写，确保记录信息准确、真实，记录格式规范，便于汇总分析。

2.4.2　定期维护

风力发电机组常见的定期维护类型有首次维护、半年维护、全年维护。

（1）定期维护周期应依据机组设计和运行要求确定，可包含首次维护项目及要求（见表 2-5）、半年维护项目及要求（见表 2-6）、全年维护项目及要求（见表 2-7）。

（2）机组半年维护和全年维护的时间间隔宜不大于 6 个月。

（3）定期维护应做好维护过程记录，并形成维护总结或报告，过程记录文件应存档；对维护中所发现的问题应及时处理，形成问题处理记录并存档。

表 2-5　　　　　　　　　　　　首次维护项目及要求

序号	项目	要求
1	检查所有螺栓的紧固情况、是否松弛	目测防松标记线应无错误
2	检查液压油油位	油位正常，否则根据油位补充润滑油
3	检查液压回路是否漏油，并对液压回路进行排气	无漏油
4	检查齿轮油油位	油位正常，否则根据油位补充润滑油
5	取油样（齿轮油、液压油）送检	根据检测结果选择是否更换
6	检查轴承润滑脂、齿轮箱润滑油是否有渗漏	无渗漏
7	检查冷却系统	正常
8	检查冷却系统回路是否有水或油渗漏	无渗漏
9	检测蓄能器气压	气压应符合要求
10	检查蓄电池性能	性能应符合要求
11	检查超级电容性能	性能应符合要求
12	检查液压站所有管路、接头、堵头、液压阀的拧紧力矩	连接应牢固，力矩应符合要求
13	检查机组各零部件防腐涂层有无损坏	保持防腐涂层完整

续表

序号	项目	要求
14	检查齿轮箱内部	正常
15	检查发电机对中	正常

注 1. 表格中未尽的项目，按照机组生产厂商的要求进行；

    2. 表格中维护项目不包含日常不定期检查。

表 2-6   半年维护项目及要求

序号	项目	要求
1	检查传动轴闸块间隙、厚度	闸块厚度不低于最小厚度
2	检查偏航闸块厚度	闸块厚度不低于最小厚度
3	检查冷却系统	正常
4	检查冷却系统回路是否有水或油渗漏	无渗漏
5	检测蓄能器气压	气压应符合要求
6	检查蓄电池性能	性能应符合要求
7	发电机轴承加注油脂	按要求加注
8	检查液压站所有管路、接头、堵头液压阀的拧紧力矩	连接应牢固，力矩应符合要求
9	检查液压回路是否漏油，并对液压回路进行排气	无漏油
10	万向轴加注油脂	按要求加注
11	检查偏航减速器油位	油位正常，否则根据油位补充润滑油
12	偏航轴承滚道加注油脂	按要求加注
13	变桨轴承滚道加注油脂	按要求加注
14	检查变桨减速器油位	油位正常，否则根据油位补充润滑油
15	检查齿轮油油位	油位正常，否则根据油位补充润滑油
16	检查发电机对中	正常
17	检查轴承润滑脂、齿轮箱润滑油是否有渗漏	无渗漏
18	检查电缆夹板	检查电缆应无磨损，紧固夹板螺栓
19	检查机组各零部件防腐涂层有无损坏	保持防腐涂层完整
20	检查风向标	检查支架的固定，螺母的固定；风向标的转动方向与机舱偏航的方向应一致
21	检查风速仪	检查风速仪的固定；对于机械式风速仪，使风速仪停止转动，观察是否归零位
22	检查防雷器件	碳刷厚度不足的，应替换
23	测试安全链	正常

注 1. 表格中未尽的项目，按照机组生产厂商的要求进行；

    2. 表格中维护项目不包含日常不定期检查。

表 2-7 全年维护项目及要求

序号	项目	要求
1	检查塔架 / 基础连接螺栓	抽查不低于 10% 螺栓的力矩 / 预紧力，如有螺栓的力矩 / 预紧力达不到要求，则检查所有螺栓力矩 / 预紧力
2	检查各段塔架之间的连接螺栓	
3	检查偏航轴承连接螺栓	
4	检查叶片连接螺栓	
5	检查延长节 / 轮毂连接螺栓	
6	检查轮毂 / 叶轮主轴连接螺栓	
7	检查齿轮箱 / 底座连接螺栓	
8	检查齿轮箱底座 / 底板连接螺栓	
9	检查闸盘连接螺栓	
10	检查闸盘支架 / 齿轮箱（或其他）	
11	检查偏航闸连接螺栓	
12	检查发电机连接螺栓	
13	检查万向轴和联轴器螺栓	
14	检查偏航减速器连接螺栓	
15	检查偏航轴承连接螺栓	
16	取油样（齿轮油、液压油）送检	根据检测结果选择是否更换
17	检查齿轮箱油过滤器滤芯	如报故障应更换
18	检查齿轮箱中部	正常
19	检查发电机对中	正常
20	发电机轴承加注油脂	按要求加注
21	检查电缆夹板 / 支架	检查电缆应无磨损，紧固夹板螺栓
22	万向轴加注油脂	按要求加注
23	检查偏航减速器油位	油位正常，否则根据油位补充润滑油
24	偏航轴承滚道加注油脂	按要求加注
25	检查液压油位	油位正常，否则根据油位补充润滑油
26	变桨轴承加注油脂	按要求加注
27	检查变桨减速器油位	油位正常，否则根据油位补充润滑油
28	检查变桨刹车	检查刹车间隙和刹车片厚度
29	检查液压油过滤器	观察阻塞指示器
30	检查振动传感器	检查振动传感器机械连接处及振动开关内的电缆连接，检查振动传感器功能
31	测试纽缆	测试开关动作功能

续表

序号	项目	要求
32	检查风向标	检查支架的固定，螺母的固定，风向标的转动方向与机舱偏航的方向应一致
33	检查风速仪	检查风速仪的固定，使风速仪停止转动，观察是否归零位
34	检查顶部开关盒	检查所有电缆连接，检查其机械固定，检查其功能是否正常
35	检查主开关柜	检查所有电缆的连接；检查连接点的力矩、特殊元件的力矩；检查灯的保险座、主断路器、母线连接；检查开关的功能
36	检查叶片	所有转动部件自由转动；检查机械元件腐蚀状况，并进行修理；检查在正常转速和压力下叶尖是否完全关闭；检查叶轮螺栓的紧固；检查液压系统是否有泄漏
37	检查塔架焊缝	检查塔架焊缝
38	测试安全链	正常

注 1. 表格中未尽的项目，按照机组生产厂商的要求进行；
   2. 表格中维护项目不包含日常不定期检查。

2.4.3 备品配件及消耗品管理

备品配件的管理工作是风力发电场站设备管理的重要部分，做好此项工作对设备正常维护、提高设备稳定水平、确保设备安全运行至关重要。科学地分析备品配件消耗规律，寻找出符合生产实际的合理存量，保证生产实际需要，减少库存，避免积压，降低运行成本。

在工作中，要制定出年度采购计划和中长期采购计划。年度采购计划根据历年备品配件及消耗品的使用情况、风力发电机组的实际运行状况制定；中长期采购计划根据实际消耗量、库存量、采购周期和企业资金状况制定。实施科学采购，保证风力发电场站的正常生产运营。对于规模较大的风电场，根据现场实际对机组的重要部件（齿轮箱、发电机等）进行合理储备，避免上述部件损坏后导致机组长期停运。对于拆下来的部件，有修复价值的应安排修复使用；无修复价值的部件应做报废处理，避免与储备的备品配件混用。

备品配件管理具体要求如下：

（1）列出机组常用的备品配件和消耗品清单，并根据其性能和消耗频次，进行适量储备，并存放在适宜的场所。其中，化学品类物料应根据化学品管理规范单独存储，存储地点和环境应符合消防安全要求。

（2）机组生产厂商需提供的备品配件和耗品清单见表2-8。

（3）机组维修更换下来的备品配件应使用不易灭失的标签进行区别管理，分别存储，避免混用。标签需记录机组号、作业人员、故障状态、备件故障点、更换时间等信息。

表2-8　　　　　　　　　　　　　　备品配件和耗品清单

序号	名称	安装位置	规格型号（含品牌）	关键特性指标	单位	数量

2.4.4　缺陷及处理

设备缺陷是指主、辅设备及其系统在发电过程中发生的对生产安全、稳定运行有直接影响的缺陷，即在设备运行中发生的因其本身不良或外力影响，造成直观上或检测仪表（实验仪器）反映异常，但尚未发展成为故障的情况和影响安全运行的各种问题。如振动、位移、摩擦、卡涩、松动、断裂、变形、过热、泄漏、变声、缺油、失灵、固有安全消防、防洪设施损坏、照明短缺、标示牌不全等，均称为设备缺陷。

1. 缺陷分类

按设备缺陷及其影响严重程度可分为紧急缺陷、重大缺陷和一般缺陷三类。

（1）紧急缺陷。是指威胁人身、设备安全，随时可能酿成事故，严重影响设备继续运行而必须尽快处理的缺陷。

（2）重大缺陷。是指对设备使用寿命或出力有一定影响或可能发展成为紧急缺陷，但尚允许短期内继续运行或对其进行跟踪分析的缺陷。

（3）一般缺陷。是指对设备安全运行影响较小，且一般不至于发展成为上述两类缺陷，并能维持其铭牌额定值继续运行，允许列入月、季（年）度检修计划中安排处理的缺陷。

2. 缺陷处理

（1）紧急缺陷处理。

发现紧急缺陷，场站运维人员应迅速电话报告场站负责人、检修维护单位及当地有关电力调度（双方均应录音），核实确属紧急缺陷后，根据当时的电力系统运行情况及有关规程规定，决定缺陷设备是否需要立即退出运行。同时，场站负责人应立即通知检修单位，组织抢修工作。场站运维人员应加强对缺陷设备的监视，并随时报告电力调度人员，同时迅速拟定事故应急措施，做好各项准备工作，一旦发现缺陷恶化，立即采取措施对缺陷（故障）设备进行隔离。

（2）重大缺陷处理。

场站运维人员发现场站内发电、变电、配电设备、线路重大缺陷后，立即电话报告场站负责人，并对缺陷进行核实，填写设备缺陷单，送交场站负责人，并通知检修单位。

重大缺陷处理时限一般不得超过一周，具体时限根据缺陷情况确定并在缺陷通知单中注明（如遇特殊情况，检修时间需超过规定期限的，必须报场站负责人批准）。

（3）一般缺陷处理。

场站运维人员发现一般缺陷后，可在设备缺陷记录簿上填报缺陷情况。发电、变电、配电、线路一般缺陷由场站安全员汇总、分类整理，制订消缺计划后，送场站现场执行。对于一些小缺陷，场站运维值班人员有能力处理的，应立即处理，并记录在设备缺陷簿中。

一般缺陷可结合月、季检修计划安排处理。缺陷程度较轻，对安全基本上无影响的，也可纳入年度检修计划处理，但须报上级单位批准。

注意：对有紧急缺陷或重大缺陷的设备，若因特殊原因，不能在规定时限内停运处理，而需带缺陷继续运行时，场站必须提供充分的依据并报上级单位批准。

维护人员及时跟进技术方案及整改物料进度，同时按照整改计划完成缺陷整改。

对缺陷处理的过程、内容及数据进行记录，缺陷处理记录表见表2-9。

表2-9　　　　　　　　　　　　　　　项目缺陷处理记录表

序号	机位号	发现日期、关闭日期	缺陷名称	解决方案	发现方式	等级分类	缺陷关闭消耗的物料及数量	确认签字

2.5　风力发电机组故障处理方法

在风力发电机组的调试和运行中，时常会有警报或故障发生，从而导致风力发电机组停机，给风力发电场站带来损失，因此故障发生后必须及时查明原因并排除故障。

风力发电机组故障一般可分为软件故障和硬件故障两大类。

风力发电机组软件故障一般分为程序编写错误和程序运行错误。程序编写错误可通过修改程序解决，程序运行错误通常断电重启即可解决。操作中断电后不可立即重启，需要考虑 UPS 的放电时间，进行适当延时。对于程序运行错误，如果断电重启仍不能解决，则需要将源程序重新下载到控制器中，问题即可解决。

风力发电机组故障大部分为硬件故障，一般发生故障后会伴有相应的故障现象，风力发电机组显示屏也会有相应的故障代码和日志出现。处理这类故障时，可按照以下步骤和方法进行处理。

2.5.1 排除故障步骤

（1）确认故障元器件。根据故障现象和系统所提示的故障信息，先按大类排查与该故障相关的电气、机械、液压、气动、冷却等系统，确认故障系统，然后再从出现故障的系统中排查至故障元器件。

（2）分析故障。根据故障现象以及确认与故障相关的元器件，逐一分析某个或某几个元器件出现故障时，风力发电机组可能出现的故障现象及故障信息。对照设计图纸研究故障元器件的结构、工作原理，来验证故障判断的正确性。

（3）制定排查方案。根据分析结果，制定实地排查故障的方法及步骤，并安排排查故障人员，准备需要的工器具。排查方案要进行一定范围的评审。

（4）实地排查。根据排查方案进行实地排查，若遇到特殊情况可临时调整排查方案，并例行评审程序，直到排查出故障点为止。排查时，要严格按照安全操作规程进行操作，如断电操作、锁好轮毂等。

（5）分析原因。在排查出故障点后，应组织相关人员进行故障原因分析，并出具故障原因分析和故障处理报告。

（6）处理故障及运行。按照故障处理报告对故障部位进行维修，并按要求对维修过程进行监督，对维修结果进行检查验收。故障修复后对工作现场进行检查，防止遗漏工具等物品，检查完后即可启动风力发电机组。

（7）维修记录。风力发电机组正常运行后，做好故障处理记录存档，并在生产例会上通报故障维修情况。

2.5.2 排查故障方法

（1）看听问闻法。在排查故障时，应仔细查看故障状况，比如发生与 PLC 相关的故障时其模块指示灯的变化；听取事故发现者的叙述，包括故障发生时间、故障发生表象等。在确保安全的前提下，闻故障现场是否有异味，细听故障部位是否有异响，用测温枪测量相关元器件的温度变化等，尽可能多地收集故障信息。但严禁在不明情况时乱闻、乱听和乱摸，当心触电。

（2）电路顺序分析法。在设备原理图上找到与故障相关的各个元器件，然后在故障现场借助仪器仪表，按照原理图对元器件逐一排查。

（3）电路逆向分析法。此方法与电路顺序分析法相反，是按原理图所画的顺序反方向逐一排查。

（4）参数测量法。用万用表、钳形电流表、绝缘表、示波器等仪器仪表测量与故障相关的元器件的各类参数，包括电压、电流、阻值、波形等来判断故障点。测量时要严格按规程要求决定是否断电。

（5）比较法。如果前期不知道与故障相关的元器件的正常参数，可以测量相同类型的合格元器件的相关参数，通过进行比对，来判断该元器件是否有故障。

（6）替换法。在没有条件对疑似故障元器件进行测量时，可以用相同类型或相同功能的元器件代替试用，若替换后风力发电机组不再报同类故障，可判断元器件已损坏，若仍报同类故障则可判断元器件正常。

（7）短接法。在没有条件对疑似故障元器件的触点或疑似故障线路做出判断时，可用一根或几根合适的导线分别短接疑似问题部位，从而判断故障点。

（8）模块满足条件输出法。对于疑似故障模块化的元器件，根据产品说明书，将疑似故障模块所需的输入条件一一满足，然后再检查其输出是否正常，若不正常可判断模块损坏。

（9）功能假设分析法。当风力发电机组出现故障时，在不熟悉与之相关的疑似故障元器件的工作原理，并无条件对其参数进行测量时，先假设这些元器件如果发生故障而丧失功能，风力发电机组会出现怎样的故障状态，是否与现有的故障状态相似。对所有与之相关的疑似故障元器件逐一进行假设分析，找到一个最相似的故障状态，再辅助以其他的方法来准确排查出设备的故障点。

（10）故障范围缩小法。先根据故障现象及故障信息划定一个故障范围（要确保范围外无故障），然后逐步排查缩小故障范围，最终找到故障点。

（11）寻找故障规律法。如条件允许，可多次重复观察故障发生时的参数、状态、现象等，掌握故障发生的规律，以确定故障点。

2.5.3　故障排查与处理要点

（1）在有故障发生的情况下，首先要在风力发电机组后台查清故障产生的经过及故障现象，尽可能多地了解一些故障信息；然后还要善于区分信息真伪，许多故障信息往往是由其中的某一个故障所引起的。

（2）排查故障时要选择断电检查，只有在确定断电无法检查时才可上电排查。上电排查时，应按照安全作业规程严格做好安全防护措施，确保自身安全和设备安全，采用正确的测量仪器仪表及其测量挡位，防止烧坏仪器仪表。

（3）对于维护不力，造成部分元器件污垢严重的风力发电机组，在排查故障时要将元器件擦拭干净。

（4）排查故障时应按照先易后难的原则进行，对容易方便查找的部位应先排查，然后再去排查难查的部位。

（5）在查到故障点后，要先分析清楚导致故障发生的原因，然后再按规程进行处理。

（6）更换零部件时，在拆卸故障零部件之前要充分了解其功能、安装位置、连接方式。拆卸过程中应做好标记，防止安装时出现差错，安装的零部件要进行检查测试，确保合格。

2.6　预防性试验

2.6.1　预防性试验概述

预防性试验是电力设备运行和维护工作中一个重要环节，是保证电力设备安全运行的有效手段之一。多年来，电力生产的电力设备基本上都是按照 DL/T 596《电力设备预防性试验规程》的要求进行试验的，对及时发现、诊断设备缺陷起到重要作用。

电力设备在运行过程中，受电场力的作用，以及受运行温度和空气湿度、腐蚀气体等因素的影响，其绝缘状况会不断劣化，这是一种正常的衰退现象，只要它符合设备制造生产厂商规定的运行条件，就能够达到安全使用期限。但是，电力设备在运行过程中受某些特定不利因素的影响，可能使其不能达到正常的运行寿命，因此需要对设备绝缘状况进行定期试验和检查。通过分析，从而鉴定电力设备的绝缘老化程度能否满足实际运行的要求，并根据检查和试验结果进行分析，采取相应的检修措施和运行方式，以保证设备的正常工作水平，确保设备安全、经济、可靠运行。

预防性试验是为了发现运行中设备的隐患，预防发生事故或设备损坏，而对设备进行的检查、试验或监测，是电力设备绝缘监督工作的基本要求，也是减少运行损失、保证风力发电场站最大收益的有效手段。

2.6.2　预防性试验组成

预防性试验包括停电试验、带电检测和在线监测。主要电力设备包括旋转电机、电力变压器、电抗器及消弧线圈、互感器、开关设备、有载调压装置、套管、绝缘子、电力电缆线路、电容器、避雷器、母线、1kV 及以下的配电装置和电力布线、1kV 以上的架空电力线路及杆塔、接地装置、并联电容器装置、串联补偿装置、电除尘器。

2.6.3 预防性试验基本要求

（1）各类设备试验的项目、周期、方法和判据参考 DL/T 596《电力设备预防性试验规程》执行。

（2）试验结果应与该设备历次试验结果相比较，与同类设备试验结果相比较，参照相关的试验结果，根据变化规律和趋势，进行全面分析后做出判断。

（3）在进行电气试验前，应进行外观检查，保证设备外观良好，无损坏。

（4）一次设备交流耐压试验，凡无特殊说明，试验值一般为有关设备出厂试验电压的 80%，加至试验电压后的持续时间均为 1min，并在耐压前后测量绝缘电阻；二次设备及回路交流耐压试验，可用 2500V 绝缘电阻表测量绝缘电阻代替。

（5）充油电力设备在注油后应有足够的静置时间才可进行耐压试验。静置时间如无产品技术要求规定，应依据设备的额定电压满足以下要求：750kV，> 96h；500kV，> 72h；220kV 及 330kV，> 48h；110kV 及以下，> 24h。

（6）充气电力设备解体检查，再充气后应静置 24h 才可进行水分含量检测。

（7）进行耐压试验时，应将连在一起的各种设备分离开来单独试验（制造厂装配的成套设备不在此限制范围内），但同一试验电压的设备可以连在一起进行试验。已有单独试验记录的若干不同试验电压的电力设备，在单独试验有困难时，也可以连在一起进行试验，此时，试验电压应采用所连接设备中的最低试验电压。

（8）当电力设备的额定电压与实际使用的额定工作电压不同时，应根据下列原则确定试验电压：

1）当采用额定电压较高的设备以加强绝缘时，应按照设备的额定电压确定其试验电压。

2）当采用额定电压较高的设备作为代用设备时，应按照实际使用的额定工作电压确定其试验电压。

3）为满足高海拔地区的要求而采用较高电压等级的设备时，应在安装地点按实际使用的额定工作电压确定其试验电压。

（9）在进行与温度和湿度有关的各种试验（如测量直流电阻、绝缘电阻、介质损耗因数、泄漏电流等）时，应同时测量被试品的温度和周围空气的温度和湿度。进行绝缘试验时，被试品温度不应低于 5℃，户外试验应在良好的天气进行，且空气相对湿度一般不高于 80%。

（10）在进行直流高压试验时，应采用负极性接线。

（11）330kV及以上汇集站，新设备投运1年内或220kV及以下新设备投运2年内应进行首次预防性试验。首次预防性试验日期是计算试验周期的基准日期（计算周期的起始点），宜将首次试验结果确定为试验项目的初值，作为以后设备纵向综合分析的基础。

（12）新设备经过交接试验后，330kV及以上汇集站，超过1年投运的，或220kV及以下超过2年投运的，投运前宜重新进行交接试验；停运6个月以上重新投运的设备，应进行预防性试验（例行停电试验）；设备投运1个月内宜进行一次全面的带电检测。

（13）现场备用设备应按运行设备要求进行预防性试验。

（14）检测周期中的"必要时"是指怀疑设备可能存在缺陷需要进一步跟踪诊断分析，或需要缩短试验周期的，或在特定时期需要加强监视的，或对带电检测、在线监测进一步验证的等情况。

（15）有条件进行带电检测或在线监测的设备，应积极开展带电检测或在线监测。当发现问题时，应通过多种带电检测或在线监测等手段验证，必要时开展停电试验进一步确认；对于成熟的带电检测或在线监测项目（如变压器油中溶解气体、铁芯接地电流、MOA阻性电流和容性设备电容量和相对介质损耗因数等）判断设备无异常的，可适当延长停电试验周期。

3

风力发电场站运行维护安全管理

风力发电场站运行维护安全管理工作必须坚持"安全第一、预防为主、综合治理"方针，加强人员安全培训，完善安全生产条件，严格执行安全技术要求，确保人身和设备安全。风力发电场站运行维护安全管理包括场站人员管理、作业安全基本要求、调试与运行维护安全管理和应急处理。

3.1 场站人员管理

3.1.1 通用要求

风力发电场站人员主要包括运行人员、维护人员、检修人员和调试人员，其通用要求如下：

（1）身体健康，并经企业认可的具备体检资质的医院按照相关标准要求进行体检，确保人员无妨碍从事风力发电机组运行维护工作的病症。电工作业、高处作业人员应满足 GBZ 188—2014《职业健康监护技术规范》第 9 章的要求。

（2）应持证上岗，具有认证资质证明。如高处作业人员应持高处作业操作证，从事电气工作的人员应持电工作业操作证等。

（3）应掌握触电现场急救及高空救援方法、安全工器具和消防器材的使用方法，以应对运行、维护过程中的安全意外。

（4）应掌握风力发电场站的设备运行条件及性能参数、相关风力发电机组的工作原理、基本结构和运行操作。

（5）应掌握风力发电机组及应急设施的各种状态信息、故障信号和故障类型，具备判断一般故障原因和处理方法的能力。

（6）应熟知工作票制度、工作票填写和使用要求。

3.1.2 运行人员基本要求

（1）应掌握风力发电场站数据采集与监控、气象预报、通信、调度等系统的使用方法。

（2）能够严格执行电网、政府相关部门指令。

（3）能够完成风力发电场站各项运行指标的统计、计算。

（4）应具有数据分析的能力，能够定期开展运行数据、指标分析工作。

3.1.3 维护人员基本要求

（1）应掌握风力发电机组维护作业手册。任何检查和维修工作应在计划时间内完成，依照手册操作，严格执行作业要求。

（2）应掌握风力发电机组的维护工艺、工序、调试方法和质量标准。

（3）应正确使用各种相关工具、仪器仪表。应经过培训，掌握作业设备使用及维护的方法、对一般故障判断和处理的方法。

（4）应掌握工作记录单或其他特定文件的填写规范和要求，做到按规定及时填报。

3.1.4 检修人员基本要求

（1）应具备相应的技能和资质，熟悉风力发电场站设备结构、原理及操作规程。

（2）应严格遵守国家有关安全生产的法律、法规和风力发电场站规章制度。

（3）有权拒绝违章指挥，有权要求有关部门和人员纠正不安全行为。

（4）应积极参与风力发电场站安全生产教育培训，提高自身安全意识和技能水平。

3.1.5 调试人员基本要求

（1）应熟悉设备的工作原理及基本结构。

（2）应掌握必要的机械、电气、检测、安全防护等知识和方法。

（3）能够正确使用调试工具和安全防护设备。

（4）能够判断常见故障的原因并掌握相应处理方法。

（5）应具备发现危险和察觉潜伏危险并排除危险的能力。

（6）应定期参加专业技术培训和安全培训，经考核合格后方可上岗。

3.2 作业安全基本要求

3.2.1 作业现场基本要求

（1）风力发电场站配置的安全设施、安全工器具和检修工器具等应检验合格且符合国家或行业标准的规定；风力发电场站安全标志标识应符合 GB 2894《安全标志及其使用导则》的规定。

（2）风力发电机组底部应设置"未经允许，禁止入内"标志牌；基础附近应增设"请勿靠近，当心落物""雷雨天气，禁止靠近"标志牌；塔架爬梯旁应设置"必须系安全带""必须戴安全帽""必须穿防护鞋"指令标志；36V 及以上带电设备应在醒目位置设置"当心触电"标志。

（3）风力发电机组内无防护罩的旋转部位应粘贴"禁止踩踏"标志；风力发电机组内易发生机械卷入、轧压、碾压、剪切等机械伤害的作业地点应设置"当心机械伤人"标志；机组内安全绳固定点、高空应急逃生定位点、机舱和部件起吊点应清晰标明；塔架平台、机舱的顶部和机舱的底部壳体、导流罩等作业人员工作时站立的承台等应标明最大承受重量。

（4）风力发电场站场区各主要路口及危险路段内应设立相应的交通安全标志和防护措施。

（5）塔架内照明设施应满足现场工作需要，照明灯具选用应符合 GB 7000.1《灯具　第 1 部分：一般要求与试验》的规定，灯具的安装应符合 GB 50016《建筑设计防火规范》的要求。

（6）机舱和塔架底部平台应配置灭火器，灭火器配置应符合 GB 50140《建筑灭火器配置设计规范》的规定。

（7）风力发电场站现场作业使用交通运输工具上应配备急救箱、应急灯、缓降器等应急用品，并定期检查、补充或更换。

（8）风力发电机组内所有可能被接触的 220V 及以上低压配电回路电源，应装设满足要求的剩余电流动作保护装置。

风力发电场站作业现场上述配置要求可参考变电站电力安全工器具配置，见表 3-1。

表 3-1　　　　　　　　变电站电力安全工器具配置参考表

序号	工具名称	220kV 变电站		110kV 变电站	
		220kV	35kV	110kV	35kV
1	绝缘手套（双）	3		3	
2	绝缘靴（双）	3		3	
3	绝缘操作杆（套）	2	2	2	2
4	验电器（只）	2	2	2	2
5	接地线（组）	6	8	8	6

序号	工具名称	220kV 变电站		110kV 变电站	
		220kV	35kV	110kV	35kV
6	工具柜（个）	2（智能、普通各一）		1（普通）	
7	安全带（付）	2		2	
8	安全帽（顶）	每人一顶；白8		每人一顶；白8	
9	绝缘梯（架）	4（人字、平梯各2）		3（人字1，平梯2）	
10	防毒面具（套）	4		3	
11	脚扣（付）	2		2	
12	防电弧服（件）	4		3	
13	SF_6 气体检漏仪（套）	1（GIS 站和室内有 SF_6 开关站）		1（GIS 站和室内有 SF_6 开关站）	
14	接地线架（套）	1（20 格）		1（14 格）	
15	标志牌（禁止合闸，有人工作！）（块）	15		15	
16	标志牌（禁止分闸！）（块）	15（大 10，小 5）		15（大 10，小 5）	
17	标志牌（禁止攀登，高压危险！）（块）	15（小）		15（小）	
18	标志牌（止步，高压危险！）（块）	10（小）		10（小）	
19	标志牌（在此工作！）（块）	15（大）		15（大）	
20	标志牌（禁止合闸，线路有人工作！）（块）	15（大 10，小 5）		15（大 10，小 5）	
21	红布幔（块）	8（2.4m×0.8m）		6（2.4m×0.8m）	

3.2.2 安全作业基本要求

（1）风力发电场站作业应进行安全风险分析，对雷电、冰冻、大风、气温、野生动物、昆虫、龙卷风、台风、流沙、雪崩、泥石流等可能造成的危险进行识别，做好防范措施；作业时，应遵守设备相关安全警示或提示。

（2）风力发电场站升压站和风力发电机组升压变压器安全工作应遵循 GB 26860《电力安全工作规程 发电厂和变电站电气部分》的规定。风力发电场站集电线路安全工作应遵循 GB 26859《电力安全工作规程 电力线路部分》的规定。

（3）进入工作现场人员必须戴安全帽，登塔作业人员必须系安全带、穿防护鞋、戴防滑手套、使用防坠落保护装置，登塔人员体重及负重之和不宜超过 100kg。若身体不适、情绪不稳定，不应登塔作业。

（4）安全工器具和个人安全防护装置应按照规定的周期进行检查和测试；防坠落悬挂安全带测试应按照相关规定执行；禁止工作人员不按要求采取防护措施盲目户外

作业；工作人员在攀爬风力发电机组时，风速不应高于该机型允许登塔风速，风速超过 18m/s 时，禁止任何人员攀爬机组。

（5）雷雨天气不应安装、检修、维护和巡检风力发电机组，发生雷雨天气后 1h 内禁止靠近风力发电机组；叶片有结冰现象且有掉落危险时，禁止人员靠近，并应在风力发电场站各入口处设置安全警示牌。塔架爬梯有冰雪覆盖时，应确定无高处落物风险并将覆盖的冰雪清除后方可攀爬。

（6）攀爬风力发电机组前，攀爬人员应将风力发电机组置于停机状态，禁止两人在同一段塔架内攀爬；上下攀爬风力发电机组时，通过塔架平台后，攀爬人员应立即随手关闭盖板；随手携带工具的人员应后上塔、先下塔；到达塔架顶部平台或工作位置，工作人员应先挂好安全绳，后解防坠器；在塔架爬梯上作业，工作人员应系好安全绳和定位绳，安全绳严禁低挂高用。

（7）出舱工作人员必须使用安全带，系两根安全绳；在机舱顶部作业时，工作人员应站在防滑表面；安全绳应挂在安全绳定位点或固构件上，使用机舱顶部栏杆作为安全绳挂钩定位点时，每个栏杆最多悬挂 2 个。

（8）高处作业时，使用的工器具和其他物品应放入专用工具袋中，不应随手携带。工作中所需零部件、工器具必须传递，不应空中抛接；工器具使用完后应及时放回工具袋或箱中，工作结束后应清点。

（9）现场作业时，必须保持可靠通信，随时保持各作业点、指挥中心之间的联络，禁止人员在机组内单独作业；车辆应停泊在机组上风向并与塔架保持 20m 及以上的安全距离；作业前应切断机组的远程控制或换到就地控制；有人员在机舱内、塔架平台或塔架爬梯上时，禁止将机组启动并网运行。

（10）机组内作业需接引工作电源时，应装设满足要求的剩余电流动作保护装置，工作前应检查电缆绝缘良好，剩余电流动作保护装置动作可靠。

（11）严禁在机组内吸烟和燃烧废弃物品，工作中产生的废弃物品应统一收集和处理。

3.3 调试与运行维护安全管理

3.3.1 一般规定

（1）风力发电机组调试、检修和维护工作均应参照 GB 26860《电力安全工作规程发电厂和变电站电气部分》的规定执行工作票制度、工作监护制度和工作许可制度、工作间断转移和终结制度，动火作业必须开动火作业票；风力发电机组工作票样式按相关规范制定。

（2）风速超过 12m/s 时，不应打开机舱盖；风速超过 14m/s 时，应关闭机舱盖；风速超过 12m/s 时，不应在机舱外和轮毂内工作；风速超过 18m/s 时，不应在机舱内工作。

（3）测量风力发电机组网侧电压和相序时，必须佩戴绝缘手套，并站在干燥的绝缘台或绝缘垫上；启动并网前，应确保电气柜柜门关闭，外壳可靠接地；检查更换电容器前，应先断开电源并等待一段时间，确保电容器内部储存的电荷已经消耗完毕。

（4）检修液压系统时，应先将液压系统泄压，拆卸液压站部件时，应戴防护手套和护目眼镜；拆除制动装置应先切断液压、机械装置与电气装置连接，安装制动装置应最后连接液压、机械装置与电气装置。

（5）风力发电机组测试工作结束，应核对机组各项保护参数恢复正常设置；超速试验时，试验人员应在塔架底部控制柜进行操作，人员不应滞留在机舱和塔架爬梯上，并应设专人监护。

（6）机组高速轴和刹车系统防护罩未就位时，禁止启动机组。

（7）进入轮毂或发电机里面工作时，工作人员首先必须将叶轮可靠锁定，锁定叶轮时，风速不应高于机组规定的最高允许风速；进入变桨距风力发电机组轮毂内工作，必须将变桨机构可靠锁定。

（8）严禁在叶轮转动的情况下插入锁定销，禁止锁定销未完全退出插孔松开制动器。

（9）检修和维护时使用的吊篮，应符合 GB 19155《高处作业吊篮》的技术要求。工作温度低于 −20℃时，禁止使用吊篮，工作处阵风风速大于 8.3m/s 时，不应在吊篮上工作。

（10）需要停电的作业，在一经合闸即送电到作业点的开关操作把手上应挂"禁止合闸，有人工作！"标志牌。

3.3.2　调试安全管理

（1）风力发电机组调试期间，应在控制盘、远程控制系统操作盘处悬挂"禁止操作！"标志牌。

（2）独立变桨的风力发电机组调试变桨系统时，严禁同时调试多支叶片。

（3）风力发电机组其他调试项目未完成前，禁止进行超速试验。

（4）新安装风力发电机组在启动前应具备以下条件：

1）各电缆连接正确，接触良好。

2）设备绝缘良好。

3）相序校核，测量电压值和电压平衡性。

4）检测所有螺栓力矩达到标准力矩值。

5）正常停机试验及安全停机、事故停机试验无异常。

6）完成安全链回路所有元件检测和试验，并正确动作。

7）完成液压系统、变桨系统、变频系统、偏航系统、刹车系统、测风装置等性能测试，达到启动要求。

8）核对保护定值设置无误。

9）填写调试报告。

3.3.3　检修和维护安全管理

（1）至少每半年对变桨系统、液压系统、刹车系统、安全链等重要安全保护装置进行检测试验一次。

（2）机组添加油品时必须与原油品型号相一致。更换替代油品时应通过试验，满足技术要求。

（3）维护和检修发电机前必须停电并验明三相确无电压。

（4）拆卸能够造成叶轮失去制动的部件前，应首先锁定叶轮。

（5）禁止使用车辆作为缆绳支点和起吊动力器械；严禁用铲车、装载机等作为高处作业的攀爬设施。

（6）每半年对塔架内安全钢丝绳、爬梯、工作平台、门防风挂钩检查一次；每年对机组加热装置、冷却装置检测一次；每年在雷雨季节前对避雷系统监测一次，至少每三个月对变桨系统的后备电源、充电电池组进行充放电试验一次。

（7）清理润滑油脂必须佩戴防护手套，避免接触到皮肤或者衣服；打开齿轮箱盖及液压站油箱时，应防止吸入热蒸气；进行清理滑环、更换碳刷、维修打磨叶片等粉尘环境的作业时，应佩戴防毒防尘面具。

（8）使用弹簧阻尼偏航系统卡钳固定螺栓扭矩和功率消耗应每半年检查一次。采用滑动轴承的偏航系统固定螺栓力矩值应每半年检查一次。

3.3.4　运行安全管理

（1）经调试、检修和维护后的风力发电机组，启动前应办理工作票终结手续。

（2）风力发电机组投入运行时，严禁将控制回路信号断接和屏蔽，禁止将回路的接地线拆除；未经授权，严禁修改机组设备参数及保护定值。

（3）手动启动风力发电机组前叶轮上应无结冰、积雪现象；风力发电机组内发生冰冻情况时，禁止使用自动升降机等辅助的爬升设备；停运叶片结冰的风力发电机组，应采用远程停机方式。

（4）在寒冷、潮湿和盐雾腐蚀严重地区，停止运行一个星期以上的风力发电机组再投运前应进行绝缘测试，合格后才允许启动。受台风影响停运的机组，投入运行前必须检查风力发电机组绝缘情况，合格后方可恢复运行。

（5）风力发电机组投入运行后，禁止在装置进气口和排气口附近存放物品。

（6）应每年对风力发电机组的接地电阻进行测试一次，电阻值不应高于4Ω；每年对轮毂至塔架底部的引雷通道进行检查和测试一次，电阻值不应高于0.5Ω。

（7）风力发电场站安装的测风塔每半年对拉线进行紧固和检查，海边等盐雾腐蚀严重地区，拉线应至少每两年更换一次。

3.4 应 急 处 理

3.4.1 应急处理原则

（1）发生事故时，应立即启动相应的应急预案，并按照国家事故报告有关要求如实上报事故情况，事故的应急处理应坚持"以人为本"的原则。

（2）事故应急处理可不开工作票，但是事故后续处置工作应补办工作票，及时将事故发生经过和处理情况，如实记录在运行记录本上。

3.4.2 应急处理注意事项

（1）风力发电场站升压站、集电（送出）线路、风力发电机组升压变压器事故处理应遵循 DL/T 969《变电站运行导则》、DL/T 741《架空输电线路运行规程》、DL/T 572《电力变压器运行规程》等标准的规定。

（2）风力发电机组机舱发生火灾时，禁止通过升降装置撤离，应首先考虑从塔架内爬梯撤离，当爬梯无法使用时方可利用缓降装置从机舱外部进行撤离。使用缓降装置时，要正确选定着位点，同时要防止绳索打结。

（3）风力发电机组机舱发生火灾时，如尚未危及人身安全，应立即停机并切断电源，迅速采取灭火措施，防止火势蔓延。在机舱内灭火，没有使用氧气罩的情况下，不应使用二氧化碳灭火器。

（4）有人触电时，应立即切断电源，使触电人脱离电源，并立即启动触电急救现场处置方案。如在高处作业时发生触电，施救时还应采取防止高处坠落措施。

（5）风力发电机组发生飞车或机组失控时，工作人员应立即从机组上风向方向撤离现场，并尽量远离机组。

（6）发生雷雨天气时，应及时撤离机组；来不及撤离时，可双脚并拢站在塔架平台上，不得触碰任何金属物品。

（7）发现塔架螺栓断裂或塔架本体出现裂纹时，应立即将风力发电机组停运，并采取加固措施。

4

风力发电场站生产调度与电力交易

风力发电场站设备、电缆等安装铺设完成后,要严格按照相关要求进行设备调试、并网测试、项目试运行、项目验收和项目移交等工作。在风力发电场站进入运行阶段,由于风力发电量呈现出的波动性和间歇性,会对电网产生一定的冲击,因此,风力发电生产要与电网调度紧密配合,严格执行调度规则。同时,随着电力交易市场范围和规模的扩大,风力发电场站也要积极参与电力交易。本章系统介绍了电网调度、风力发电场站并网试运行移交管理、生产管理、生产考核,以及电力交易。

4.1 电 网 调 度

4.1.1 电网调度任务与原则

1. 电网调度的任务

电网调度系统包括各级电网调度机构,以及调度管辖范围内的发电厂、变电站的运行值班单位。电网调度机构是电网运行的一个重要指挥部门,负责指挥电网内发、输、变、配电设备的运行、操作和事故处理,以保证电网安全、优质、经济运行,向电力用户供应符合质量标准的电能。

(1)满足负荷需要。按照最大范围优化配置资源的原则,电网实现优化调度,充分发挥电网的发、输、变电设备能力,最大限度地满足用户的用电需要。随着社会经济的发展和人民生活水平的不断提高,全社会的用电需求日益增长,这就在客观上要求充足的发、输电设备和足够的可利用的动力资源。如在用电高峰紧张时段,如何发挥设备的最大能力,最大限度地满足负荷的需求。

（2）保障电网安全运行和可靠供电。按照电网运行客观规律和相关规定，电网调度保障电网连续、稳定、正常运行，保证供电可靠性。电能不能大量储存，电网停止供电将会造成损失，电网要对电力用户连续不断地供电，首先就必须要保证整个电网安全可靠运行。电网结构的影响、自然力的破坏及设备潜在的缺陷，都有可能造成电网中断供电。

（3）保证电能质量。频率、电压和波形是电能质量的三个基本指标。

频率是靠电力系统内并联运行的所有发电机组发出的有功功率总和与系统内所有负荷消耗（包括网损）的有功功率总和之间的平衡来维持的。但是，电力系统的负荷是时刻变化的，从而导致系统频率变化。为了保证电力系统频率在允许范围之内，需要及时调节系统内并联运行机组的有功功率。

电压取决于无功功率的平衡，系统中各种无功电源的无功功率输出应能满足系统负荷和网络损耗在额定电压下对无功功率的需求，否则会偏离额定值。

交流电网中的正常波形为正弦波，电网系统中非线性设备和负荷都会造成正弦波形畸变。通过优化电网系统中换流装置、增设滤波器、限制非线性负荷接入等方法来保证波形质量。

我国规定电力系统的额定频率为 50Hz，大容量系统允许频率偏差 ±0.2Hz，中小容量系统允许频率偏差 ±0.5Hz。35kV 及以上的线路额定电压允许偏差 ±5%；10kV 线路额定电压允许偏差 ±7%，电压波形总畸变率不大于 4%；380/220V 线路额定电压允许偏差 ±7%，电压波形总畸变率不大于 5%。

（4）经济合理利用能源。经济合理利用能源，就是使整个电网在最大经济效率的方式下运行，以降低每千瓦时电能的燃料消耗和电能输送过程中的损耗，使供电成本降低。电网调度的任务之一就是综合考虑发电机组的经济性、自然资源的分布性及电网的输电方式等因素，合理安排发电机组开机方式。

（5）维护各参与主体权益。按照电力市场调度规则，依据相关合同或者协议，实施"公开、公平、公正"调度，保证发电、供电、用电等各有关方的合法权益。

2. 电网调度的原则

（1）"统一调度、分级管理"原则。我国电力调度管理实行"统一调度、分级管理"原则。电网是一个有机的整体，电网内交流电能的生产、输送与使用总量随时都在变化，但是在任何瞬间又都保持平衡，这样才能确保电能质量指标符合国家规定的标准。现代电网作为一个庞大的产、供、销电能的整体，是电力发展的必然结果。电网越大，其网络性、规模性体现得越充分。

根据电力生产发电、供电、用电同时完成和瞬时平衡的规律及电网对电力产品和用户实行零库存销售的特点，需要对电网这个技术复杂的系统进行严格科学管理，发、供电系统的任一设备发生故障，任何一个局部出现问题都有可能会波及全网，尤其是对电网的突发事故，应能正确、迅速地处理，并要尽快恢复供电，此时只有在统一指挥下才能正确迅速消除故障，保持电网正常运行。因此，电网安全稳定运行的前提就是电网中的每一个环节都必须在调度机构的统一领导下，随用电负荷的变化而协调运行。就目前现代电网情况和国内各类机组的类型来看，如果没有统一的组织、指挥和协调管理，电网就难以维持正常运行。只有电网统一管理，电网安全才能得到保证，经济效益才可以得到充分发挥。因此，现代电网必须实行统一调度，分级管理。统一调度、分级管理的目的是有效地保证电网安全、优质、经济运行，保护用户利益，适应经济建设和人民生活的用电需要，最终维持全社会的公共利益。

（2）权威性原则。值班调度人员是电网运行控制和事故处理的总指挥，履行职责受到国家法律保护，任何单位和个人不得非法干预调度系统值班人员下达或执行调度指令。电网企业的主管负责人发布的一切有关调度业务的指示，应通过调控机构负责人传达至值班调度人员。非调控机构负责人，不得直接要求值班调度人员发布调度指令。

（3）下级服从上级原则。各级调控机构在电力调度业务活动中是上、下级关系，下级调控机构应服从上级调控机构的调度，接受上级调控机构的专业管理，完成上级调控机构布置的调控业务相关工作。调控机构直调范围内的场站运行值班单位及输变电设备运行维护单位，应服从该调控机构的调度指挥，接受相应调控机构的相关专业管理，完成相应调控机构布置的调控业务工作。

各级调控机构、发电厂、电力用户应严格执行发、用电指令（计划）。对于不按调度指令（计划）发、用电者，值班调度人员应予以警告；若影响电网或设备安全运行时，经调控机构负责人同意后，可下令相关单位采取限电、停机等措施，确保电网安全运行。

（4）规范性原则。发布调度指令时，应执行下令、复诵、录音、记录和汇报制度。发布和接受调度指令的调度系统值班人员应首先互报单位和姓名，调度指令的发布、复诵及执行情况的汇报应准确、清晰，使用电网调度规范用语和普通话。值班调度人员发布调度指令，应给出下令时间；指令执行完毕后，应立即向下令人汇报执行情况，并以汇报完成时间确认指令已执行完毕。

（5）互通互报原则。各级调度机构在值班过程中，应履行互通互报原则，密切沟通，通报（汇报）相关设备运行情况。当发生电网运行的重大事件时，相关调控机构值班调度人员应按照相关汇报制度及时汇报上级调控机构值班调度人员。需要下级调度机构或厂站采取相应控制措施时，如联络线计划修改、断面潮流控制、机组开/停机、机组有功功率或无功功率调整等应通知相关单位。

（6）电网安全首位原则。电网实际运行中，电力企业、电力用户的局部利益要服从电网整体安全，电网调度应维护整体利益，确保电网安全、优质和经济运行，实现全社会利益最优。

调度机构应根据本级人民政府的生产调度部门的要求、用户特点和电网安全运行需要，提出事故及超计划用电的限电序位表，经本级人民政府的生产调度部门审核，报本级人民政府批准后，由调度机构执行。

（7）符合社会主义市场经济要求和电网运行客观规律原则。

4.1.2　电网调度法规与标准

电网调度规程的制定依据为《中华人民共和国电力法》《电网调度管理条例》《电网运行规则》和国家、地方政府以及上级电力管理有关部门制定的适用于电力行业的法律、法规及标准。表4-1列出了目前适用于电力行业电网调度的部分法律、法规及标准。

表 4-1　　　　　　　　　　　　电网调度法律法规及标准

类型	名　称
国家法律、法规	（1）《中华人民共和国电力法》 （2）《电力安全事故应急处置和调查处理条例》 （3）《中华人民共和国安全生产法》 （4）《电网调度管理条例》 （5）《国家大面积停电事件应急预案》 （6）《关于进一步深化电力体制改革的若干意见》
政府部门规章	（1）《电力安全生产监督管理办法》 （2）《电力可靠性监督管理办法》 （3）《电网运行规则》（试行） （4）《电力并网互联争议处理规定》 （5）《电力监管信息公开办法》 （6）《电力市场监管办法》 （7）《电力市场运营基本规则》 （8）《电力二次系统安全防护规定》 （9）《电力生产事故调查暂行规定》 （10）《电网企业全额收购可再生能源电量监管办法》
国家标准	（1）GB 17621—1998《大中型水电站水库调度规范》 （2）GB/T 14285—2023《继电保护和安全自动装置技术规程》 （3）GB 26860—2011《电力安全工作规程　发电厂和变电站电气部分》
行业标准	（1）SD 131—1984《电力系统技术导则》 （2）DL/T 548—2012《电力系统通信站过电压防护规程》 （3）DL/T 516—2017《电力调度自动化运行管理规程》 （4）DL/T 544—2012《电力通信运行管理规程》 （5）DL/T 559—2018《220kV～750kV 电网继电保护装置运行整定规程》

类型	名　　称
行业标准	（6）DL/T 584—2017《3kV～110kV 电网继电保护装置运行整定规程》 （7）DL/T 623—2010《电力系统继电保护及安全自动装置运行评价规程》 （8）DL/T 684—2012《大型发电机变压器继电保护整定计算导则》 （9）DL/T 723—2000《电力系统安全稳定控制技术导则》 （10）DL/T 961—2020《电网调度规范用语》 （11）DL/T 1040—2007《电网运行准则》 （12）DL/T 1773—2017《电力系统电压和无功电力技术导则》
电网公司规定	（1）《国家电网公司安全工作规定》 （2）《国家电网公司安全事故调查规程》 （3）《国家电网公司安全工作奖惩规定》 （4）《国家电网公司应急工作管理规定》 （5）《国家电网公司安全生产反违章工作管理办法》 （6）《国家电网公司安全隐患排查治理管理办法》 （7）《国家电网公司调控机构安全工作规定》 （8）《国家电网公司调控系统预防和处置大面积停电事件应急工作规定》 （9）《国家电网公司调度系统重大事件汇报规定》 （10）《国家电网公司调度系统故障处置预案管理规定》 （11）《国家电网公司调度控制管理规程》 （12）《国家电网公司省级以上备用调度运行管理工作规定》 （13）《国家电网公司省级以上调控机构电网故障处置协同规范》

4.2　风力发电场站并网试运行移交管理

4.2.1　风力发电场站并网管理

（1）风力发电场站并网应提前 3 个月向电网调度机构提交并网申请书，同时提交风力发电场站相关的详细资料，资料应经调度部门审核确认符合有关要求。并网前提供满足电网调度要求的资料，包括：

1）风力发电场站的项目核准文件、可研报告、规划报告，以及风力发电场站运行规程。

2）风力发电场站名称、建设地点、业主单位名称。风力发电场站地形和风力发电机组位置图的详细数据，至少包括风力发电场站范围 1:5000 电子地形图，风力发电机组位置 GPS 坐标，实时测风塔 GPS 坐标、气象资料及传感器参数。

3）风力发电场站气象资料，包括最近至少 20 年附近气象站 10m 高度年、月平均风速。风力发电场站附近测风塔并网前至少一年测风数据，至少应包括 10m、50m 和轮毂高度处风速，10m 和轮毂高度处风向，以及气温和气压。所提供数据至少应包括上述参数的 10min 的平均值、最大值和最小值。风力发电场站最高气温、最低气温、50 年一遇极大风速。

4）风力发电机组、风力发电场站汇集线路及变压器（主变压器及箱式变压器）等设备的型号及物理参数，风力发电场站升压站的无功补偿设备配置信息与详细参数，风力发电场站有功控制系统、无功控制系统、风力发电功率预测系统技术参数。

5）用于电力系统仿真计算的风力发电机组、风力发电场站汇集线路和风力发电机组 / 风力发电场站的电气模型及参数，风力发电场站所采用的风力发电机组模型参数和风力发电机组模型验证报告。

6）风力发电场站内所有型号风力发电机组并网检测报告，应包括但不限于以下检测报告：有功功率 / 无功功率调节性能、电能质量、高低电压穿越能力、电网适应性等。

7）风力发电机组功率曲线、轮毂高度，风力发电机组主要系统及部件技术参数，应包括但不限于主控系统、变频器、发电机、叶片、变桨系统、偏航系统、安全监视及保护系统。风力发电机组与风力发电场站监控系统的通信接口规约及数据格式，采集的主要信息列表。

8）风力发电场站调度值班人员名单、联系方式和由电网调度机构颁发的风力发电场站调度值班人员上岗资格证书。

（2）风力发电场站所采用机型应通过国家授权的有资质的检测机构的并网检测，并向电网调度机构提供相应的检测报告。

（3）风力发电场站并网前应与电网调度机构签订风力发电场站并网调度协议，并网流程符合电网调度机构的相关规定。

（4）风力发电场站应具备风力发电功率预测能力，向电网调度机构提交短期和超短期风力发电功率预测结果。

（5）风力发电场站应保证人员和组织机构齐备，相关的管理制度齐全，满足所接入电网的安全管理规定。

（6）风力发电并网分析模型及参数应符合以下要求：风力发电场站应提供可用于电力系统调度运行仿真计算的风力发电机组、风力发电场站汇集线路、风力发电机组 / 风力发电场站控制系统模型和参数，模型和参数应经过国家认可有资质的机构验证。风力发电场站应跟踪各元件模型和参数的变化情况，并随时将最新情况反馈给电网调度机构。

4.2.2　风力发电场站试运行管理

（1）风力发电场站（含所有并网调试运行机组）应纳入调度管辖范围，按照电力系统有关标准进行调度管理。

（2）风力发电场站进行调试之前应向电网调度机构提出申请，电网调度机构在收到调试申请后的 10 个工作日内批复，风力发电场站调试申请经批准后方可实施。

（3）风力发电场站调试应遵循分批调试的原则进行，分批调试方案与电网调度机构协商确定。

（4）风力发电场站应根据已确认的调试项目和调试计划，编制详细的机组并网调试方案，具体的并网调试操作应严格按照调度指令进行。

（5）风力发电场站涉网试验应符合下列规定：

1）试验要提出书面申请，经电网调度机构批准后方可实施。

2）风力发电场站应提前 30 个工作日向电网调度机构提交试验方案和有关分析报告，经电网调度机构审核后实施。

（6）电网调度机构应根据风力发电场站要求和电网情况，合理安排风力发电场站的调试项目和调试计划，并可根据电网运行情况，对调试计划进行调整。

（7）电网调度机构应针对风力发电场站调试期间可能发生的对电网安全稳定产生影响的紧急情况制订应急预案，明确处理原则及具体处理措施，确保系统稳定及设备安全。

4.2.3　风力发电场站移交生产管理

风力发电场站项目工程移交生产验收组由建设、设计、生产、施工、设备制造、调试、监理等单位项目负责人组成，由建设单位担任组长。

（1）工程移交生产验收应具备的条件：

1）升压站启动后运行正常，设备状态良好，满足电网技术要求。

2）风力发电机组已通过 240h 连续无故障试运行，设备状态良好，满足设计技术要求。

3）相关的规章制度、规程、设备使用手册和技术说明书等资料齐全。

4）生产人员已通过培训，取得上岗资格证书。

5）安全设施齐全，符合设计要求。

6）工程竣工图及相关资料已完成移交工作。

7）工具和备件已完成移交工作。

（2）工程移交生产验收检查的主要内容：

1）检查各项规章制度和规程是否齐全。

2）检查设备运行和巡查资料是否满足设计要求。

3）现场查看设备运行情况是否满足技术要求。

4）检查安全设施情况是否满足安全要求。

5）检查人员培训和上岗资格证书。

6）检查资料、工具和备件的移交情况。

（3）整改验收。

在工程移交生产验收时，对发现的问题提出整改意见，整改后组织复查，复查合格后移交生产。

4.3　风力发电场站生产管理

4.3.1　风力发电场站调度运行管理

1. 风力发电与电网调度之间存在着密切的关系

（1）风力发电的不稳定性带来挑战。风力发电受到风速、天气条件等多种因素的影响，其发电量具有间歇性和不稳定性。这种不稳定性给电网调度带来了很大的挑战，随着风力发电装机规模的逐步扩大，电网受到冲击的压力也在逐步扩大。

（2）影响电网潮流分布和节点电压。风力发电的接入会改变电网潮流分布，特别是在风力资源丰富的地区，电网通常较为薄弱，因此风电功率的输入会对电网节点电压产生较大影响。

（3）加大电网调度难度。由于风能的不可控性和间歇性，风力发电机组的发电量也呈现出波动性和间歇性。这使得电网需要预留更多的调峰容量和备用电源，以应对风力发电的不确定性，从而加大了电网调度的难度。

（4）推动电力系统技术创新。为了应对风力发电带来的挑战，电力行业需要不断提高技术水平，加强研发和应用掌控风力发电与电网交互过程的技术，包括提高风力发电的预测准确度、优化风力发电场站布局和运行调度等方面。

2. 有效实现风力发电与电网调度的匹配

（1）提高风能发电量预测准确度。采用物理模型和统计模型相结合的方法，利用气象数据、风电场历史数据等信息，对风能发电量进行准确预测，有助于电网调度部门提前制定应对措施，合理安排电力供应。

（2）优化风力发电场站布局和运行调度。根据地形地貌、气象条件、电力系统要求和经济性等因素，合理安排风力发电机组的位置和数量，以提高风能发电效率。同时，根据电力系统需求和风能发电量预测结果，合理安排风电机组的输出功率和运行状态，以满足电力系统的需求并确保风力发电机组的安全可靠运行。

（3）应用智能调度技术。利用实时监测与控制技术、智能功率调度技术等手段，实现对风力发电场站的远程监控、实时调度和故障预警，有助于提高风能发电的可靠性和效率，同时降低电网调度的难度和成本。

（4）加强电网建设和升级。为了更好地接纳大规模风能发电，需要加强电网的建设和升级，提高电网的容量和稳定性。同时，加强电网与风力发电场站的通信和互操作能力，以实现智能调度。

3. 强化调度规则执行的刚性

（1）电网调度机构应综合考虑风力发电场站规模、接入电压等级和消纳范围等因素，来确定对风力发电场站的调度关系。

（2）电网调度机构应依法对风力发电场站进行调度，风力发电场站应服从电网调度机构的统一调度，遵守调度纪律，严格执行电网调度机构制定的有关标准和规定。

（3）风力发电场站运行值班人员应严格、迅速和准确地执行电网调度值班调度员的调度指令，不得以任何借口拒绝或者拖延执行。

（4）电网调度机构调度管辖（许可）范围内的设备，风力发电场站必须严格遵守调度有关操作制度，按照调度指令执行操作，并如实告知现场情况，答复电网调度机构值班调度员的询问。

（5）电网调度机构调度管辖（许可）范围内的设备，风力发电场站运行值班人员操作前应报电网调度机构值班调度员，得到同意后方可按照电力系统调度标准及风力发电场站现场运行标准进行操作。

（6）风力发电场站应配合电网调度机构保障电网安全，严格按照电网调度机构指令参与电力系统运行控制。

（7）在电力系统事故或紧急情况下，电网调度机构有权限制风力发电场站出力或暂时解列风力发电场站来保障电力系统安全。事故处理完毕，系统恢复正常运行状态后，电网调度机构应及时恢复风力发电场站的并网运行。

（8）风力发电场站及风力发电机组在紧急状态或故障情况下退出运行，以及因频率、电压等系统原因导致机组解列时，应立即向电网调度机构汇报，不得自行并网，经电网调度机构同意后按调度指令并网。风力发电场站应做好事故记录并及时上报电网调度机构。

（9）风力发电场站应参与地区电网无功平衡和电压调整，保证并网点电压满足电网调度机构下达的电压控制曲线。当风力发电场站的无功补偿设备因故退出运行时，风力发电场站应立即向电网调度机构汇报，并按指令控制风力发电场站运行状态。

（10）风力发电场站应具备在线有功功率和无功功率自动调节功能，并参与电网有功功率和无功功率自动调节，确保有功功率和无功功率动态响应品质符合相关规定。

（11）当电网出现特殊运行方式，可能影响风力发电场站正常运行时，电网调度机构应将有关情况及时通知风力发电场站。

4.3.2　风力发电场站发电计划管理

（1）风力发电场站应进行风力发电功率预测并制订发电计划，每日在规定时间前向电网调度机构申报发电计划曲线。

（2）风力发电场站应每15min自动向电网调度机构滚动申报超短期功率预测曲线。

（3）电网调度机构应根据风力发电场站功率申报曲线，综合考虑电网运行情况，编制并下达风力发电场站发电计划曲线。

（4）电网调度机构可根据超短期功率预测结果和实际运行情况对风力发电场站计划曲线做适当调整，并提前通知风力发电场站值班人员。

（5）风力发电场站应严格执行电网调度机构下达的计划曲线（包括滚动修正的计划曲线）和调度指令，及时调节有功功率。

（6）电网调度机构应根据有关规定对风力发电场站功率预测和计划申报情况进行考核。

（7）风力发电场站应按照电网调度机构的要求定期进行年度和月度电量预测，并统计、分析、上报风力发电场站运行情况数据。

4.3.3　风力发电场站检修管理

（1）风力发电场站调度管辖范围内的设备检修应按照电网设备检修管理有关规定进行。

（2）风力发电场站应将年度、月度、节日、特殊运行方式的设备检修计划建议报电网调度机构。

（3）电网调度机构应将风力发电场站设备检修计划纳入电力系统年度、月度、节日、特殊运行方式检修计划。

（4）风力发电场站设备检修影响运行容量超过电网调度机构规定的限值时，应向电网调度机构提出检修申请，并按电网调度机构批准的时间和作业内容执行。

（5）纳入调度范围的风力发电场站升压站一、二次设备，在实际检修工作开始前应向电网调度机构提交检修申请，获得批准后方可开工。

（6）风力发电场站应严格执行电网调度机构已批复的检修计划，按时完成各项检修工作。

（7）风力发电场站由于自身原因，不能按已批复计划检修的，应在已批复的计划开工日前3个工作日向电网调度机构提出修改检修计划的申请。电网调度机构可根据电网运行情况，调整检修计划并提前 1 日通知风力发电场站；无法调整计划时，风力发电场站应按原批复计划执行或放弃检修计划。风力发电场站检修工作需延期的，须在已批复的检修工期过半前向电网调度机构申请办理延期手续。

（8）电网调度机构应合理安排调度管辖范围内电网、风力发电场站继电保护及安全自动装置、电力调度自动化及电力调度通信系统等二次设备的检修，二次设备的检修应尽可能与风力发电场站一次设备的检修相配合。

（9）检修、试验工作虽经批准，但在检修、试验开始前，仍须得到电网调度机构确认许可后进行。工作结束后，应及时向电网调度机构报告。

（10）临时检修、试验申请，风力发电场站应向相应电网调度机构提出，电网调度机构应根据有关规定和电网实际情况，批复检修申请。

4.3.4　风力发电场站继电保护和安全自动装置管理

（1）风力发电场站继电保护和安全自动装置运行管理应遵守以下要求：

1）风力发电场站应执行继电保护和安全自动装置的标准、规程和调度运行管理规定。

2）风力发电场站应根据装置的特性及电网调度机构的要求制定相应的现场运行规程，经本单位主管领导批准后执行，并报送相关调度机构备案。

3）风力发电场站继电保护主管或专责人员的联系方式应及时报送电网调度机构备案。专责人员应具备继电保护和安全自动装置的专业知识，按照有关标准、规定对继电保护和安全自动装置进行正常维护和定期检验。

4）风力发电场站应提供 $7 \times 24h$ 技术保障，并配备相应测试仪表和备品、备件。

5）安全自动装置的改造应经电网调度机构的审核和批准。

（2）风力发电场站并网继电保护和安全自动装置设计应严格执行继电保护标准化设计，配置选型应满足国家、行业标准和其他有关规定，并报相应调度机构备案。

（3）风力发电场站汇集线系统应采用合理的接地方式，确保风力发电场站内故障快速切除。

（4）风力发电场站应在升压站内配置故障录波装置，启动判据应至少包括电压越限和电压突变量，记录升压站内设备在故障前的电气量数据，波形记录应满足相关技术标准的规定。

（5）风力发电场站并网继电保护装置的新产品入网试运行应按调度管辖范围履行审批手续。

（6）风力发电场站应按电网调度机构有关规定，管理所属微机型继电保护装置的程序版本。

（7）系统或风力发电场站内电气设备发生故障或异常时，风力发电场站应配合电网做好有关保护信息的收集和报送工作。继电保护和安全自动装置发生不正确动作时，应调查不正确动作原因，提出改进措施并报送电网调度机构。

（8）风力发电场站应按照继电保护技术监督有关要求，开展技术监督工作，熟悉继电保护装置原理及二次回路，负责继电保护装置的定期检验及异常处理。

（9）风力发电场站涉网继电保护定值应按电网调度机构要求整定并报电网调度机构备案，与电网保护配合的场内保护及自动装置应满足相关标准的规定。

4.3.5　风力发电场站通信运行管理

（1）风力发电场站应严格遵守有关调度通信系统运行和管理的标准和规定，接受电网调度机构的专业管理和统一指挥，负责风力发电场站端调度通信系统的运行维护，确保电力调度通信设备、电路安全可靠运行。

（2）风力发电场站内通信设备必须符合电网通信技术要求，保证电力通信网安全稳定运行。

（3）风力发电场站应具备两条路由通道，其中至少有一条为光缆通道。风力发电场站通信设备配置按相关的设计标准执行。风力发电场站与电力系统直接连接的通信设备，如光纤传输设备、脉码调制终端设备（PCM）、调度程控交换机、数据通信网、通信监测等，需具有与系统接入端设备一致的接口与协议。

（4）风力发电场站通信主管或专责人员的联系方式应及时报送调度机构备案。风力发电场站应配备相应通信测试仪表和备品、备件。

（5）风力发电场站开展与电网通信系统有关的设备检修，必须提前向电网调度机构办理检修申请，获得批准后方可进行。如设备检修影响到继电保护和安全自动装置的正常运行，还需按规定向电网调度机构提出继电保护和安全自动装置停用申请，在继电保护和安全自动装置退出后，方可开始通信设备检修相关工作。

（6）涉及电网运行的风力发电场站内通信设备的技术改造、大修项目等工作须报电网调度机构审核，实施工作纳入计划检修管理。

（7）并入电力通信光传输网、调度数据网的风力发电场站通信设备，应纳入电力通信网管系统统一管理。

4.3.6　风力发电场站调度自动化管理

（1）风力发电场站升压站计算机监控系统（或远动终端设备）、相量测量装置（PMU）、电能量远方终端设备、二次系统安全防护设备、调度数据网络设备等的运行管理应按照 DL/T 516《电力调度自动化系统运行管理规程》执行，其设备供电电源运行管理应按《电网调度自动化系统电源技术管理办法》执行。

（2）风力发电场站应配置集中监控系统，并满足以下要求：

1）能够与电网调度机构进行实时通信，接收、执行电网调度机构的控制指令。

2）监控系统安全防护应符合电力二次系统安全防护规定的要求。

3）风力发电场站提供给电网调度机构的实时数据包括但不限于：并网点实时有功功率、无功功率、电压、电流，实时高压断路器位置、隔离开关的位置信号，5min 更新一次的风力发电场站内各机组的状态（风力发电机组状态包括检修、故障、运行、停机等），测风塔 5min 更新一次的风速、风向、气温、气压、湿度的平均值数据。

（3）风力发电场站调度自动化信息传输规约由电网调度机构确定。

（4）风力发电场站站内一次系统设备变更（如设备增、减，主接线变更，互感器变比改变等），导致调度自动化设备测量参数、序位、信号接点发生变化时，现场运行维护人员应将变更内容及时报送相关电网调度机构。

4.3.7　风力发电机组运行维护管理

1. 风力发电机组运行维护一般要求

（1）风力发电机组运行工作：

1）运行状态的监视与调节。

2）运行数据备份、统计、分析和上报。

3）工作票、操作票等制度的执行与监管。

4）机组在运行维护过程中发现缺陷或故障时，要对机组运行方式进行操作及组织人员开展相应工作，确保设备的安全运行，如属于电网调度管辖，运行人员应立即报告电网调度。

5）机组维护标准执行的监管与检查。

6）记录机组的运行数据，包括故障记录、缺陷记录、损失电量、弃风率等。

7）进行机组的档案管理，包括吊装记录、调试记录、维护记录、耗品和备件记录、图纸等。

（2）风力发电机组在投入运行前应具备的条件：

1）长期断电停运和新投入的机组在投入运行前应按机组技术要求检查机组各部件和装置（动力电源、控制电源、安全装置、控制装置、远程通信装置、高压系统、偏航系统等）是否处于正常状态，检查发电机定子、转子绝缘合格后方可启动。

2）经维护的机组在启动前，应确认作业时的安全措施均已解除。

3）外界和内部环境条件符合机组的运行条件，温度、湿度、风速在机组设计参数范围内。

4）手动启动前，叶轮表面应无覆冰现象。

5）机组动力电源、控制电源处于接通位置，电源相序正确，三相电压平衡，频率正常，机组控制系统自检无故障信息。

6）各安全装置均在正常位置，无失效、短接及退出现象。

7）机组各分系统的油温、油压、油位正常，系统中的蓄能装置、制动装置工作正常。

8）远程通信装置处于正常状态。

9）未经授权，不应修改机组设备参数及保护定值，不应修改、短接、屏蔽、移除设备的控制或测量回路接线。

（3）风力发电机组无电停机超过三个月，宜根据不同时长进行相应的维护，包括但不限于如下维护项目：

1）检查导流罩、机舱等空间内有无漏雨痕迹，应保证机组内无积水侵蚀部件。

2）检查各处螺栓连接是否存在松动、锈蚀等异常情况。

3）湿度较大的地区，机组电控柜内已投放简易除湿设备或器具的，对其进行维护或更换。

4）检查机组内电控柜体、齿轮箱、偏航齿圈等的腐蚀情况，对可能发生凝露、锈蚀的设备进行保养维护。

5）定期对机组内部蓄电池、超级电容的性能进行检测，如不满足要求应进行记录，并在机组重新启动前进行处理或更换。

2. 风力发电机组数据采集及监控系统

（1）监控系统一般检查的主要内容有主服务器工作状态、各工控机工作状态、核心交换机工作状态、光纤交换机工作状态、主服务器磁盘剩余空间。

（2）系统显示的各信号、数据正常，数据库的存储和备份正常。

（3）打印机、报警音响等辅助设备工作情况正常，必要时进行测试。

（4）状态监测系统工作情况正常。

（5）如具备视频监控功能，视频监控工作情况应正常。

（6）应定期对风力发电场站与监控系统数据进行采集和备份，并确保数据的准确、完整。

（7）风力发电场站数据采集与监控系统软件的操作权限分级管理，未经授权不能越级操作。

（8）监控系统服务器、工控机、前台工作站等设备应每年停机清洁。

3. 风力发电机组异常运行及故障处理

（1）机组有异常报警信号时，运行人员应按操作规程对信号进行分析判断或试验，并按操作规程进行适当处理。

（2）当电网频率、电压等系统原因造成机组脱离电网时，应按照风力发电并网要求执行。

（3）当机组运行过程中发生过速、叶片损坏、结冰等可能发生高空坠物的情况时，不应就地操作，运行人员应通过远程监控系统进行远程停机，并设立安全防护区域，避免人员进入可能存在危险的区域。

（4）当机组起火时，应立即停机，并断开连接此台机组的线路断路器，同时报警。

（5）当机组制动系统失效时，应立即根据专项处理方案做相应处理。

（6）机组因其他异常情况需要进行手动停机操作的顺序：

1）正常停机。

2）正常停机无效时，可采取远程或就地紧急停机。

3）紧急停机无效时，应首先保证人员安全。

（7）机组运行过程中的应急响应与应急处置，应符合 GB/T 35204—2017《风力发电机组　安全手册》第 10 章的规定。

4. 风力发电机组运行分析

（1）机组运行分析包括可利用率、功率曲线、故障、电量消耗等指标，宜每月进行分析，并形成分析报告。

（2）由多个不同类型机组组成的风力发电场站，指标应分别对应分析。

4.4　风力发电场站生产考核

4.4.1　两个细则考核

电力系统两个细则是指《发电厂并网运行管理实施细则》和《并网发电厂辅助服务管理实施细则》。这两个细则是在国家能源转型的战略背景下制定的，旨在保障电力系统安全、优质、经济运行，并有效规范电力系统并网运行管理和辅助服务管理。其中，《发电厂并网运行管理实施细则》主要侧重在规定管理和处罚，而《并网发电厂辅助服务管理实施细则》则主要侧重在规定义务辅助服务和补偿。这两个细则将新能源作为并网主体纳入考核，以平衡电力系统内所有电源的出力和利润分配，并承担电网的安全责任。此外，这两个细则的推行在降低新能源弃电、提高其消纳空间方面发挥着至关重要的作用。本节主要结合新能源电站考核要求，介绍安全、运行、技术指导等

主要管理内容。

新建风力发电场站自第一台风力发电机组并网当日起，六个月后纳入两个细则考核管理；扩建风力发电场站自第一台风力发电机组并网当日起，进行参数设置更新，自动纳入两个细则考核管理，免除因扩建期间配合主站调试引起的技术管理考核。

4.4.2 安全管理考核

1. 涉网设备及管理制度考核

风力发电场站涉及电网安全稳定运行的继电保护和安全自动装置、继电保护故障信息子站，故障录波器、通信设备、自动化系统和设备、励磁系统及电力系统稳定器（PSS）装置、调速系统、高压侧或升压站电气设备等运行和检修安全管理制度、操作票和工作票制度等，应符合能源监管机构和电力调控机构有关安全管理的规定。

2. 风力发电场站应急管理考核

应制定可靠完善的保厂用电措施、全厂停电事故处理预案，并按相关调控机构要求按期报送，调控机构确定的黑启动电厂同时还须报送黑启动方案。应定期根据方案开展反事故演习，还应根据相关调控机构的要求，参加电网联合反事故演习，以提高风力发电场站对事故的反应速度和处理能力。未按要求制定方案或无故不参加电网联合反事故演习将对风力发电场站进行考核。

3. 风力发电场站涉网管理考核

能源监管机构视情况对并网主体、电网企业及其电力调度机构开展或参与涉网安全管理相关情况进行评估、检查。发现并网主体存在拒不配合涉网安全检查、涉网安全管理存在漏洞、不遵守涉网安全管理规定、虚报瞒报相关问题或风险隐患、未按要求落实相关措施要求等违法违规行为进行考核。造成涉网安全事故事件，将加重考核标准。

4.4.3 运行管理考核

1. 调控考核管理

（1）服从调度机构调令管理。风力发电场站应按能源监管机构及相关调控机构要求报送和披露相关信息，应严格服从相关调控机构的指挥，迅速、准确执行调度指令，不得以任何借口拒绝或者拖延执行，接受调度指令的风力发电场站值班人员认为执行调度指令，将危及人身、设备或系统安全的，应立即向发布调度指令的调控机构值班调度人员报告并说明理由，由调控机构值班调度人员决定该指令的执行或者撤销。

风力发电场站调管设备各项操作应按照调度规程和相关规定执行，对于未经调控机构同意擅自开停机、擅自变更调控机构调管设备状态、擅自在调控机构调管设备上工作。对于无故延缓执行调度指令、违背和拒不执行调度指令的风力发电场站进行考核。

风力发电场站应按照电力调度机构要求控制有功功率变化值（含正常停机过程）和调令曲线部分，超出规定限制和调令曲线部分的电量列入考核。

（2）非停运情况考核。凡风力发电场站因自身原因，发生正常运行机组直接跳闸和被迫停运、机组并网（运行机组解列）时间较调度指令要求提前或推后 2h 以上等情况，纳入机组非计划停运考核范围；凡风力发电场站内输变电设备因自身原因，发生输变电设备直接跳闸和被迫停运、输变电设备发生临检、输变电设备故障后未恢复情况，纳入输变电设备非计划停运考核范围；风力发电场站因自身原因造成大面积脱网，一次脱网装机容量超过该电场总装机容量 30% 的要进行考核。

2. 功率预测考核

（1）数据准确考核。风力发电场站应按照电力调度机构要求报送调度侧功率预测建模所需的历史数据，并保证数据准确性；风力发电场站应安装满足相关技术标准的测风塔、气象站及其配套设备，按电力调度机构要求将气象信息数据传送至电力调度机构，并保证数据的完整性和准确性。未按要求执行，将对风力发电场站进行考核。

（2）功率预测数据考核。每日 9:00 前报送前一日总装机容量、平均可用容量、发电量、上网电量及时间分辨率为 15min 的 96 点理论上网功率。

1）日前功率预测。风力发电场站运行数据及日前功率预测上报率应达到 100%。次日 0—24h 日前功率预测准确率应大于或等于 80%，次日 0—24h 日前预测与实际功率的相关性系数应大于 0.68。不符合要求的，将进行考核。

2）超短期功率预测。风力发电场站超短期功率预测上报率应达到 100%。风力发电场站超短期功率预测第 4 小时的准确率应大于或等于 85%。不符合要求的，将进行考核。

4.4.4 技术指导考核

1. 逆变器能力考核

风力发电机组应具备电网规定的低电压穿越能力要求，不具备该项能力的风力发电场站禁止并网。若在范围内发生脱网，则自脱网时刻起该风力发电场站同型号机组禁止并网，并对该场站进行考核，同时要求其完成相关穿越改造并提供第三方检测报告。

2. 无功动态补偿及自动电压控制考核

（1）无功补偿装置投运考核。风力发电场站需配置动态无功补偿装置（动态无功补偿装置主要包括 MCR 型、TCR 型 SVC 或 SVG），且装置性能应满足相关技术标准的要求，电力调度机构按月统计各风力发电场站的动态无功补偿装置月投入自动可用率，达到 95% 为合格，不符合要求的将进行考核。

（2）自动电压控制子站考核。风力发电场站应按要求装设自动电压控制（AVC）子站，AVC 子站各项性能应满足电网运行的需要。不符合要求的，将进行考核。

（3）AVC 投运功率及调节合格率考核。风力发电场站 AVC 装置同所属电力调度机构主站 AVC 闭环运行时，电力调度机构按月统计各风力发电场站 AVC 投运率，达到 98% 为合格。电力调度机构 AVC 主站无功电压指令下达后，AVC 子站在 2min 内调整到位为合格，调节合格率 96% 为合格。

（4）电压合格率考核。风力发电场站应按照调度运行要求确保并网点电压（升压站高压侧母线）运行在主站下发的电压曲线范围之内，电力调度机构按期印发各风力发电场站的电压曲线，并按月统计各风力发电场站的电压合格率，低于 99.9% 的将进行考核。

3. 有功功率调节考核

（1）有功功率控制系统考核。风力发电场站应具备有功功率调节能力，需配置有功功率控制系统，接收并自动执行电力调度机构远方发送的有功功率控制指令（AGC功能），有功功率及有功功率变化速率应与电力系统调度机构下达的给定值一致。不符合要求的，将进行考核。

（2）AGC 投运率及调节合格率考核。电力调度机构主站 AGC 闭环运行时，电力调度机构按月统计各风力发电场站 AGC 投运率，以 98% 为合格标准。电力调度机构通过 AGC 系统按月统计考核风力发电场站 AGC 装置调节合格率，调节合格率以 96% 为合格标准。不符合标准的，将进行考核。

4. 继电保护和安全自动装置考核

风力发电场站线路、变压器、母线、风力发电机组、逆变器所配继电保护和安全自动装置不正确动作或未按调度要求投运将进行考核，若造成事故将加重考核。

风力发电场站由于继电保护、安全自动装置异常，造成涉网一次设备被迫停运；故障录波器不能提供完整的故障录波数据、继电保护和安全自动装置动作情况，影响电网故障分析；涉网保护配置及定值整定不满足电网要求；汇集线系统故障应能快速切除，不满足要求的风力发电场站应限期整改（最迟不超过 12 个月）。逾期未完成整改；超过 24h 内未消除继电保护和安全自动装置设备缺陷；继电保护和安全自动装置发生的缺陷及异常，处理完毕后 2 个工作日内未在继电保护统计分析及运行管理系统中填报缺陷及异常处理情况；电力系统发生的故障未在故障发生后 1 个工作日内在继电保护统计分析及运行管理系统中报送故障数据；继电保护和安全自动装置月投运率；完好率未达标。出现上述任一情况都将对风力发电场站进行不同程度的考核。

5. 自动化设备考核

风力发电场站自动化设备应配备而未配备、配备后未启用，或设备性能指标不满足要求，以及自动化设备供电系统不满足规范，限期整改而逾期未完成整改；安全防护设备配置不到位或维护不当；自动化设备月可用率未达到99%；关口计量点采集电量数据完整率未达到100%；向电力调度机构传输的遥测、遥信信息未达到标准；未经电力调度机构许可，擅自退出或检修电力调度机构管辖的自动化设备；已按要求办理检修工作票，但开工前、完工后未按电力调度机构签署意见，通知自动化值班人员。出现上述任一情况，将对风力发电场站进行不同程度的考核。

6. 通信专业工作考核

风力发电场站通信设备的配置应满足相关规程、规定要求，不满足的风力发电场站应限期整改（最迟不超过12个月），逾期未完成整改；未在指定的时间内完成电力调度机构要求需要新增、变更通信运行方式；未提前向电网通信主管部门申报电站要对接入电网通信系统的通信设施进行重要操作，并获得许可；通信设备故障，造成电网事故处理时间延长、事故范围扩大；影响电网调度和发供电设备运行操作；造成任何一条调度电话通信通道连续停运时间4h以上；造成任何一条继电保护或安稳装置通信通道连续停运时间4h以上；由于光缆、设备、电源等原因造成风力发电场站与电力调度机构通信通道中断；风力发电场站任一通信设备故障停运，时间超过24h。出现上述任一情况时，将对风力发电场站进行不同程度的考核。

7. 信息报送考核

风力发电场站启动后应于每月第一个工作日10点前上报风力发电场站运行数据月报，未及时报送或误报；电力调度机构要求的月度、季度、年度发电计划建议未及时报送或数据不合理；出现信息上报不及时、上报数据错误、上报数据不完整。出现上述任一情况时，将对风力发电场站进行不同程度的考核。

4.5　电　力　交　易

4.5.1　电力交易定义

电力交易是指针对电力商品和服务进行的买卖活动，包括电能交易、辅助服务交易和输电权交易等。电能交易指不包括辅助服务的有功容量或有功电量交易。

电力是一种能源，也是一种商品，可以在市场中进行自由交易。与普通商品相比，电力这个商品看不见、摸不着，不能大量储存，生产与消费同时完成，依靠专有的输电网络以光速"运输"，需要通过调度中心执行交易结果。电力交易过程如图4-1所示。

图 4-1 电力交易过程示意图

4.5.2 电力市场定义

电力市场是指有竞争性的电力交易市场，是电能生产者和使用者通过协商、竞价等方式就电能及相关产品进行交易，通过市场竞争确定价格和数量的机制。电力市场可分为批发市场和零售市场。电力交易市场主体关系如图 4-2 所示。

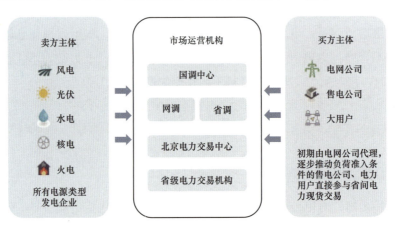

图 4-2 电力交易市场主体关系示意图

在电力批发市场中，卖方是发电企业，买方是售电企业、电力大用户。在电力零售市场中，卖方是售电商，买方则是中小型终端用户。电力市场专门的市场运营机构主要有调度机构和交易机构等。

4.5.3　电力市场交易商品分类

在电力市场交易中，根据买家提前下单的时间长短，可分为电力中长期交易和电力现货交易等。

（1）电力中长期交易指市场主体开展的多年、年、季、月、周、多日等电力批发交易。电力中长期交易价格会以现货市场电价为基础，通过对历年现货价格的评估，和未来可能影响成本等因素的预测，双方商谈一个认可的价格。

相对来说，电力中长期交易价格比较稳定，所承担的风险也比较小，所以，我们常说电力中长期交易是"稳定器""压舱石"。目前，用户购买电量使用中长期交易的占绝大多数。

（2）电力现货交易主要开展日前、日内实时的电能量交易。如果电力中长期市场签约的电量不能被满足时，就需要通过电力现货市场对实际用电需求进行补充；如果电力中长期市场的电量有剩余时，则可通过电力现货市场进行销售。

电力现货市场的价格会随时间波动。在我国试点建设的电力现货市场中，电力日前市场以 15min 为一个交易时段，每天 96 个时段；日内市场每个交易时段为 15～60min；实时市场以交割时点前一小时的电能交易为准。

4.5.4　电力市场交易类型

电力交易和众多商品一样，电力市场可分为批发和零售两大类。

（1）在电力批发市场中，电力交易有双边协商交易、集中竞价交易、挂牌交易等方式，见图 4-3。

图 4-3　电力交易批发市场情况示意图

（2）在电力零售市场中，有固定回报模式、市场联动模式、固定回报＋市场联动模式、固定价格模式等交易方式。

4.5.5　电力交易的特殊性

电力是所有交易商品中最难储存的。如果购买方或中间批发方对最终用电量，也就是交易量估算有大的量级错误，那将是灾难性的。因为多的电量等于白白浪费，少的电量影响生产，损失更大。

因此，对于需求方来说，电力交易的核心要点就在交易量高于需求电量且误差尽可能地小，这才是成本最小的最优解。

作为中间商的售电公司，其核心优势就是在于对需求方的负荷预测越精确，时间颗粒度越细，报的价格越贴近"最优价格"，那就越能赚到"差价"。

4.5.6　电网企业代理购电机制

为了保障电力安全供应、加快推动电力市场化改革，国家发展改革委研究出台文件，进一步深化燃煤发电上网电价市场化形成机制，一方面有序放开全部燃煤发电电量进入市场，另一方面推动工商业用户全面进入市场。

这一改革，让市场上的买方、卖方、商品都具备交易条件。针对我国有近 5000 万户的工商业用户，一次性全部进入市场，操作起来比较困难。所以，为确保电价改革政策平稳实施，国家发展改革委研究制定了电网企业代理购电机制，对于尚未直接进入市场的工商业用户暂由电网企业代理购电。当用户具备自主进入市场能力的时候可以选择进入市场。

4.5.7　风力发电场站电力交易

目前，电力交易已经在全国多个省份陆续开展，电力交易是行业发展的趋势，也是新型电力系统发展的必然要求，未来风力发电场站电力交易必将向更智能化发展。

风力发电的电力交易按每 15min 的全天 96 个时段分解年度发电量合约、季/月度发电量合约、日前交易报送量并结合日内实时交易进行叠加计算，综合各时段、各参与电量、各交易类型电价，计算参与电力交易电费。每日参与电力交易电量组成模型如图 4-4 所示。

以某省为例，采用"日清月结"的结算模式，出具日清临时的结算结果，按月度为周期正式发布结算依据，进行结算。建立每日每时段的电费计算模型为

$$C=Q_{中长期} \times P_{中长期} + (Q_{日前} - Q_{中长期}) \times$$
$$P_{日前} + (Q_{实际} - Q_{日前}) \times P_{实时}$$

式中：Q 为交易电量，P 为该时段交易价格，C 为该时段交易电费。

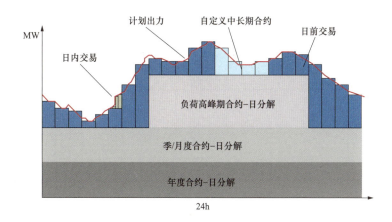

图 4-4　每日参与电力交易电量组成模型

全天交易电费按 96 个时段交易电费叠加计算。

结合以上思路，在保证风力发电场站安全稳定运行及出力的前提下，要实现风力发电较好的收益，就要针对各类型交易价格和交易电量进行综合分析，建立分析模型，合理进行各类型交易分配及数据分析。

根据该省电力交易计算公式模型，若核算中长期电价高于市场平均交易价格，反馈到运行维护工作中，就需要考虑利用多种营销渠道增加中长期签订的合约量，同时保证发电量满足该部分交易合约量。根据公式中"（$Q_{实际}$－$Q_{日前}$）×$P_{实时}$"，若 $Q_{实际}$＜$Q_{日前}$，将会导致日内实施交易该时段电费为负值，即反映出做好实际发电情况与预测发电情况的偏差的重要性，反馈到运行维护工作中，就需要关注风功率预测系统的准确性，从而有效支撑电力交易工作。

风力发电场站电力交易实际操作中，除以上介绍之外，还要深入研究各省份电力市场交易的政策及执行情况，明确风力发电场站电费结算规则，确定交易决策是否对电费结算结构模型有影响。风力发电场站交易决策需要熟悉各结算项的电量分配方式、电价形成机制，以及市场运营中相关费用回收、返还、分摊、补偿的具体方式。

由于电力交易工作在不断改进完善中，各省（区）电力交易规则不尽相同。在实际交易工作中，要时刻关注行业电力交易现状及变革趋势，分类做好风力发电场站电力交易数据记录及收益模型，做好发电量及电价的综合预测及统筹分析，扎实基础运行维护管理，合理安排运营管理工作中的停电时间，保证计划电力生产指标，减少故障发生，进而减少电费收益损失，保证风力发电场站经营效益。

5

风力发电系统

本书所述风力发电系统涵盖风力发电机组、箱式变压器、集电线路和送出线路、升压变电站等。本章系统讲述风力发电机组的发电原理、分类、组成等,并对箱式变压器、集电线路和送出线路、变电站等进行介绍。

5.1 风力发电原理

风能是地球上广泛分布的可再生能源之一,它来源于太阳辐射引起的地球表面空气流动。风力发电机是将风能转化为电能的装置。风力发电机组主要由风轮、传动系统、发电机、控制系统和塔架等部分组成。

风轮:风轮是风力发电系统中的关键部分,它由三个叶片和轮毂组成。当风吹过叶片时,叶片受到风力的作用而旋转,进而带动整个风轮转动。风轮的设计需要考虑风能捕获效率、结构强度、空气动力学性能等多个因素。

传动系统:传动系统负责将风轮的旋转机械能传递给发电机。

发电机:发电机是风力发电系统中的核心部分,它将机械能转化为电能。发电机通常采用永磁同步发电机或异步发电机等类型,其性能直接影响到风力发电系统的发电效率和电能质量。

控制系统:控制系统是风力发电系统的"大脑",它负责监测风速、风向等环境参数,并根据这些信息调整风轮的转速和发电机的输出功率,以保证系统的稳定运行并优化发电效率。智能控制系统可以实现风力发电系统的优化运行和故障预测。

塔架:塔架是支撑风轮和发电机等部件的结构体,它需要具备足够的强度和稳定性,以承受风力和其他外部载荷。

风力发电的原理可以概括为：利用风力产生的动能带动风力发电机组叶轮旋转，叶轮将风能转变为机械转矩，通过主轴带动发电机转子旋转，转子线圈和定子线圈通过电磁效应将动能转化为电能。

5.2 风力发电机机型分类

常见的风力发电机组分为直驱、半直驱、双馈三种类型，选型时可根据不同类型的特点综合考虑。

5.2.1 直驱机型

直驱式风力发电机是一种由风力直接驱动的发电机，也称为无齿轮风力发电机。这种发电机采用发电机与叶轮直接连接进行驱动的方式。直驱式风力发电机结构示意见图5-1。

直驱式风力发电机组主要由风轮、传动装置、发电机、控制系统等组成。

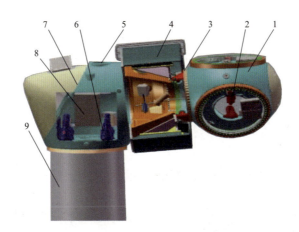

图 5-1　直驱式风力发电机结构示意图

1—轮毂；2—变桨系统；3—主轴承；4—永磁同步发电机组；5—测风系统；

6—偏航系统；7—机舱；8—机舱控制柜；9—塔架

直驱式风力发电机组有以下优缺点：

（1）直驱式风力发电机组没有齿轮箱，简化了传动结构，减少了传动损耗，提高了机组的可靠性，提高了发电效率。

（2）直驱式风力发电机组的低电压穿越使得电网并网点电压跌落时，风力发电机组能够在一定电压跌落的范围内不间断并网运行，有利于维持电网的稳定运行。

（3）总体来说，在同等水平下，直驱式风力发电机组相比双馈式风力发电机组要昂贵，对塔筒的载荷要求更高，另外全覆盖变流器功率容量大、成本高，电机尺寸大、重量大，轴承承载载荷较大，对发电机的轴承要求高，冷却散热也有难度。

（4）在震动、冲击、高温等条件下，直驱式永磁发电机存在退磁隐患，如果在长期运营后出现退磁的情况，需要更换整个发电机。

5.2.2　半直驱机型

半直驱式风力发电机的核心原理是风叶带动齿轮箱来驱动发电机发电。半直驱式风力发电机组结合了双馈式、直驱式风力发电机组的优势，在风轮和永磁同步发电机之间加了齿轮箱，取消了低速轴或减小低速轴的长度，主轴采用双轴承支撑，优化载荷承载路径，大大缓解了主轴传动链的载荷，这样通过齿轮箱可以让转子转速比永磁直驱式的高，可以有效减少永磁电机转子磁极数，有利于降低机舱的体积和重量。风力发电机组采用一级或两级增速齿轮箱、多极同步发电机，全功率变流器并网，其调速范围比双馈式风力发电机组和直驱式风力发电机组的都要宽，可保证在额定风速之下全范围内对最佳叶尖速比的跟踪，电能质量高，对电网影响小，提高了机组对风能的利用率，同时具备优良的低电压穿越能力。半直驱式风力发电机机型示意见图 5-2。

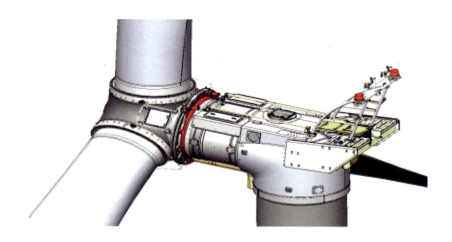

图 5-2　半直驱式风力发电机机型示意图

半直驱式风力发电机组有以下优缺点：

（1）相对于双馈式风力发电机组而言，半直驱式风力发电机组具有传动链简单、可靠性较高、后期维护较少、低电压穿越能力强等优点。传动链支撑为四点支撑形式，齿轮箱只承受风轮传递的扭矩，受力状态稳定，安全可靠性高。由于采用了永磁发电机，不用提供或少量提供励磁电流，在低速时也会有较高的效率，因此相比同功率的双馈发电机，在输入功率相同情况下可以多输出电力。

（2）与直驱式风力发电机组相比，半直驱式风力发电机组的发电机转速高、体积小、重量轻、系统集成度高，利于发电机的制造和运输。发电机及整机的尺寸大幅减少，重量得以减轻（降低 20% 以上），提高了风力发电机组的适用范围。

（3）半直驱式风力发电机组同时具备直驱和双馈的优点，但也拥有了两者的缺点，包括齿轮箱维护难、退磁隐患大、冷却难度增加和传动效率降低等。

5.2.3 双馈机型

双馈式风力发电机组的叶轮通过多级齿轮增速箱驱动发电机，该机组主要结构包括风轮、传动装置、齿轮箱、发电机、变流器系统、控制系统、变压器等。双馈式风力发电机组结构示意见图 5-3。

双馈式风力发电机组将风能通过叶轮转化为机械能，由主轴、齿轮箱将机械能传递给发电机产生电能，并将电能传送给电网。发电机定子绕组直接与电网连接，转子绕组按照要求与可调节的变频器相连，通过动态调节频率、幅值和相位，可实现高效、精准的电机控制。变频器控制电机在亚同步和超同步转速下保持发电状态。在超同步发电时，通过定子与转子两个通道同时向电网馈送能量，这时逆变器将直流侧能量馈送回电网；在亚同步发电时，通过定子向电网馈送能量、转子吸收能量产生制动力矩，使电机处于发电状态，变流系统双向馈电。

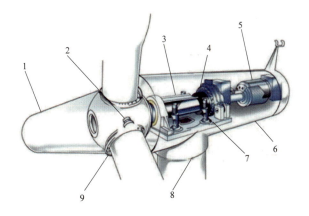

图 5-3　双馈式风力发电机组结构示意图

1—叶轮；2—变桨系统；3—主轴；4—齿轮箱；5—发电机；

6—机舱；7—偏航系统；8—塔架；9—轮毂

双馈式风力发电机组具有以下优缺点：

（1）双馈发电机组体积与重量小，对塔筒载荷的要求相对较低，变流器功率小，总体价格与施工成本较低。

（2）双馈异步技术成熟度较高，具有运输维护成本低、供应链成熟等优势。

（3）双馈发电机从转子电路中励磁，还能产生和控制无功功率，通过独立控制转子励磁电流进行有功功率和无功功率控制，属于电网友好型技术。

（4）由于变频器具有励磁功能，该设备的功率只需占到风力发电机组功率的1/3，利于节省重量和成本。因此，风力发电机组对电网的波动较为敏感，在电网电压波动时，容易跳闸脱网。

（5）齿轮箱增加了机械损耗与维护工作量，传动效率降低，而且转子上装有滑环碳刷装置，可靠性较差，维护工作量大，增加了故障风险。

5.3 风力发电机组组成

风力发电机组（以双馈机型为例）一般由风轮系统（叶片总成、轮毂总成、变桨系统）、传动链总成（主轴系、齿轮箱）、发电机、机舱、气象站、偏航系统、塔筒、基础、变流器、控制系统、供电系统、防雷接地系统等组成，不同机型有不同结构。

5.3.1 风轮系统

风轮系统是将空气的动能转换为旋转机械能的主要运动机构，风轮一般采用三叶片、水平轴、上风向的结构形式。

风轮系统由叶片、轮毂、变桨系统等组成，每个叶片具备一套完整、完全独立的变桨系统。变桨系统采用故障安全设计，具有后备电源，在各种复杂条件下能够保证机组安全可靠。变桨系统对叶片进行主动调节，是对风力发电机组气动输入功率的主要控制装置。当风速小于额定风速时，调桨系统将叶片置于最佳气动效率的位置。当风速高于额定风速，机组功率控制策略可以使机组的输出功率恒定在额定功率，同时主控系统的桨矩角控制策略使机组工作时的载荷处于设计要求的合理范围。

1. 叶片总成

叶片总成是风力发电机组捕获风能的核心部件，主要由叶片及其功能性附件等组成。叶片用于吸收风能并将其转化为机械能，主要由高分子树脂、纤维、黏接胶、芯材等构成。叶片翼型设计以高升阻比、高 C_p（风力发电机吸收和利用风能的效率）气动性能、气动载荷最低为设计目标，在结构设计上将叶片载荷与整机整体载荷进行综合设计分析，使叶片发电性能与载荷取得极优平衡点。

叶片气动外形设计采用主流的 NACA 和 DU 翼型，生产过程采用真空导入成型工艺。在结构上采用预弯设计，降低叶片在受载工况下启动效率损失的同时，也避免了风力发电机组运行过程中叶片打塔的可能。每个叶片配备两处雷电保护点。叶尖处采用铝制叶尖，当遭遇雷击时，通过安装在叶根的导电滑环将雷电经由叶片导入轮毂。在叶片的根部装有雷电记录卡，如果叶片遭受雷击，可以将雷击数据记录下来，以供技术人员分析。

2. 轮毂总成

轮毂总成连接叶片与传动链，将叶片的载荷传递至传动链，采用星型结构和球型结构的组合设计，主要由轮毂、变桨系统、变桨轴承、钢结构支架等组成。轮毂将叶片及变桨系统传递转化的机械能以扭矩的形式传递给主轴系等，同时为变桨轴承、变桨控制柜等部件提供支撑及保护作用。轮毂采用拓扑优化设计，由性能优良的球铁铸造而成。

3. 变桨系统

变桨系统（见图 5-4）是进行机组功率控制、安全停机的主要机构，采用电动齿轮变桨形式，主要由变桨控制柜、变桨电机、变桨传动、变桨轴承及变桨齿面润滑等组成。

图 5-4　变桨系统示意图

变桨机构为伺服电机驱动，采用内齿轮啮合传动，通过改变叶片的桨距角，从而改变风力发电机组获取风能的大小。该系统主要为整个机组提供以下功能：一是功率控制功能，额定风速以上调整叶片桨距角，使风力发电机组保持恒功率输出，额定风速以下通过转速控制使风力发电机组实现最大风能捕获；二是制动控制功能，安全系统触发时，将叶片转到顺桨位置；三是安全链安全顺桨功能，变桨驱动系统在整个机组脱离电网的情况下，依靠后备电源使叶片转向顺桨位置，保证整个机组处于安全状态。

变桨控制柜驱动变桨电机完成叶片桨距角调整。变桨控制柜主要由变桨控制器、伺服驱动器、超级电容后备电源等组成。

变桨电机驱动装置驱动减速器和齿轮带动叶片进行位置调节，每个叶片采用一个变桨电机进行单独控制。变桨电机驱动装置主要由变桨电机、旋转变压器等组成。

变桨传动装置将变桨电机的机械能传输到变桨轴承，为叶片提供驱动力和制动力，实现叶片桨距角调节。变桨传动装置主要由变桨轴承、减速器、叶片锁等组成。

变桨齿面润滑将润滑脂输送至变桨轴承齿圈齿面的各个润滑点，提升润滑泵出口润滑脂的压力，同时监测润滑泵最低液位线、堵塞、泄漏等。

变桨系统采用高可靠性后备电源，当机组断电时，后备电源提供动力驱动电机动作。其效率高，无污染，使用温度范围宽（-40～60℃），安全性高。

5.3.2　传动链总成

传动链总成将叶轮传递的机械能进行转速、转矩变换，同时将叶轮的弯矩、推力等非有效利用载荷传递到底座，并为维护叶轮、传动链提供维护制动和叶轮锁定。传动链总成主要由主轴系、齿轮箱、冷却系统、制动器等组成。

传动链是将叶片和轮毂组成的风轮系统通过主轴承一侧连接在一起，主轴承另一侧与发电机转子连接，将风能传递到发电机的转子上，从而将风能转化成机械能，最后通过发电机将机械能转化成电能与电网联结在一起。

1. 主轴系

主轴系支撑整个传动链，传递扭矩，将机械能传递给齿轮箱，其主要由前轴承、后轴承、主轴、轴承座等组成。主轴系采用两个 TRB 轴承的两点支撑结构，轴承座通过螺栓与底座连接，主轴系与轮毂、齿轮箱通过螺栓连接。

主轴承（见图5-5）为特殊设计的大直径双列圆锥滚子轴承，轴承的内环通过过盈配合与发电机的锥筒装配在一起，然后通过压盘将轴承内环进行轴向定位。外环的一个端面与发电机的转子进行连接，另一端与轮毂连接在一起。主轴承配有完全自动润滑系统，润滑系统由主控系统控制器监测和控制。

双列圆锥滚子轴承可承受轴向、径向载荷，能够抵抗空气动力载荷以及发电机转子本身的重量，同时可通过压盘来调节径向和轴向游隙，使轴承处于负游隙工作状态，提高了轴承的刚度，在一定情况下，通过调节轴承的预紧力可以提高轴承的承载能力。

图 5-5　主轴承示意图

2. **齿轮箱**

齿轮箱（见图 5-6）将低转速、高扭矩机械能转换为发电机要求的高转速、低扭矩机械能，采用多级行星结构，中速永磁发电机与齿轮箱高度集成化设计，大大缩短了发电机与齿轮箱轴向尺寸，使得整体传动结构紧凑，占用空间小，传动连接更为合理。

图 5-6　齿轮箱示意图

齿轮箱润滑对齿轮箱内部的齿轮和轴承进行润滑，控制箱体内部的温升，并与齿轮箱冷却进行热交换。

齿轮箱冷却采用油空冷却形式，通过外置油空换热器交换热量，换热器采用强制风冷，将热量排到大气中。

5.3.3　发电机

发电机将转速与扭矩转化为电能传递给电力转换系统，并为传动系统和轮毂系统提供制动力。

直驱式风力发电机是一种由风力直接驱动的发电机，这种发电机采用电机与叶轮直接连接进行驱动的方式，免去了传统部件齿轮箱。

双馈式风力发电机采用与齿轮箱一体化设计，齿轮箱高速端端盖与发电机前端盖集成为一体。发电机定子为六相绕组，转子为磁极盒式内置磁钢结构，定子铁芯采取斜槽结构，具有效率高、性能好、经济指标优异等特点。

发电机冷却采用强制风冷，通过离心风力发电机组从机舱外抽取洁净的冷空气，进入发电机内部与绕组、铁芯等发热部件进行对流换热，再通过风道将热空气排出机舱。

发电机是风力发电机组的主要功能部件，是将风能转化为电能的主要部件，其系统由定子、转子、锥形主轴、主轴承、冷却系统、刹车系统及其他附件组成。在发电机定子、转子处安装有温度传感器，通过控制系统实时监测发电机内部温度变化情况。发电机内部结构示意见图 5-7。

图 5-7 发电机内部结构示意图

5.3.4 机舱

机舱（见图 5-8）由机舱本体、机舱罩、偏航系统、偏航制动系统、机舱控制系统，以及发电机冷却系统、风力发电机组平台和机舱爬梯、电缆爬梯附件等部分构成。机舱架为铸造结构，其几何形状使载荷可以有效地传递至塔筒，使设计简化。机舱铸件内部安装偏航驱动部件、维护用小吊车及机舱控制柜等。机舱两端通过法兰分别与发电机和塔筒连接。

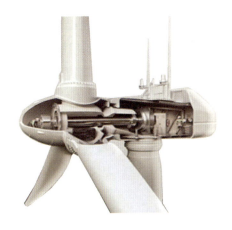

图 5-8　机舱示意图

机舱内有足够的安全工作区域，配有安全带等装备的附着点，可以安全进入机舱。机舱内配备照明应急灯，为相关试验测试及日常运行维护提供了足够的空间和照明，机舱内还配有小吊车等提升装置，为日常维护工具、备品配件等的吊装提供了便利，同时机舱内还配备了紧急逃生装置。

5.3.5　气象站

风力发电机组的气象站（见图 5-9）由风速仪、风向标、航标灯及外部温度传感器等组成。

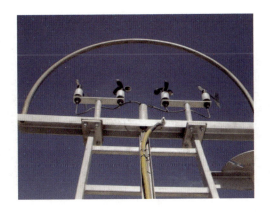

图 5-9　风力发电机组气象站

其中，风速仪与风向标彼此独立，风向标实时反映风力发电机组与主风向之间的偏差,当风向持续发生变化时,控制器根据风向标传递的信号控制偏航系统使得机舱对准主风向。风速仪反映外界风速大小,控制器根据风速仪传递的风速信号控制调桨系统使得风力发电机组实时获得最佳功率,当风速超过切出风速时机组执行"正常停机",当风速再次进入运行风速范围内,风力发电机组将自动启机。

外部温度传感器实时监测环境温度,并将温度信号反馈给控制系统,若环境温度低于最小运行温度(-40℃)或高于最大运行温度(50℃)时,风力发电机组将进入"正常停机"状态,当环境温度再次处于可运行温度范围内时,风力发电机组将自动启机。

5.3.6 偏航系统

偏航系统用于偏航对风和偏航解缆,其位于机舱总成的底部,与塔架顶部法兰用螺栓连接,主要由偏航轴承、偏航电机、偏航驱动齿轮箱、偏航解缆装置、偏航控制系统及偏航制动系统组成。其中,偏航电机、偏航驱动齿轮箱、偏航控制系统构成偏航驱动系统,驱动风轮始终迎向主风向。偏航制动系统由液压系统、刹车盘、刹车闸钳、刹车垫块等组成,通过液压控制刹车闸钳抱死刹车盘,以保障机组安全运行,在正常工作时,偏航刹车提供偏航阻尼,控制偏航动作的平稳性。偏航系统配有电缆解缆装置,当偏航始终朝一个方向转到一极限值时,控制系统给出解缆命令,自动解缆。偏航系统结构示意如图 5-10 所示。

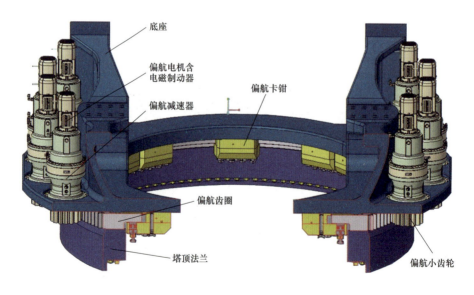

图 5-10 偏航系统结构示意图

偏航驱动机构驱动机舱进入某一位置并保持稳定,主要由偏航驱动、偏航齿圈、偏航卡钳、衬垫、偏航轴承、偏航刹车盘等组成。偏航驱动采用力矩特性较好的多极电机,电磁刹车位于偏航电机驱动轴上，具有对风制动作用和失效保护功能。偏航轴承采用滑动结构，整体结构简单，运行平稳，抗冲击载荷能力强。

偏航润滑用于润滑偏航齿和衬垫，润滑系统主要由润滑齿轮、油管、管夹、支撑支架、润滑泵、分配器等组成。

5.3.7 塔筒

塔筒（塔架总成）支撑叶轮、机舱，同时提供人员进入机舱的维护通道。塔筒通常根据风场的具体风资源情况进行定制化设计。

塔筒为圆筒形管状结构，材料选用低合金高强度结构钢，具有足够的刚强度，能够承受作用在风轮、塔筒上的力以及风轮引起的振动载荷。每段塔筒间通过螺栓法兰连接。塔筒表面经过防腐处理，在塔筒底部壁上，开有门孔，门用铰链固定，作为进入风力发电机组的入口。塔筒内部设有通往机舱的爬梯，同时配备防坠落保护装置，以防止在攀爬过程中突然坠落。塔筒法兰连接处设置了工作平台，每段塔筒还设置了休息平台，并配有工作应急灯，可以根据需要在塔筒内部安装电梯。

塔底采用单层布局，变流器、主控柜等布置在底层电控柜平台（见图 5-11），升降机布置于同层平台，方便运行维护人员攀爬。

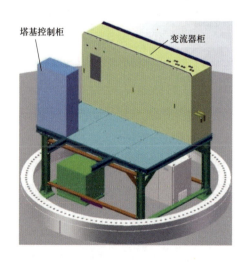

图 5-11 塔底电控柜平台布置示意图

塔顶采用单层布置，内部主要有爬梯及电缆。传统电缆传输也可选用集电环技术，集电环设计不仅减少了扭缆段的电缆长度和扭缆相关附件，更有利于电缆散热，综合性能更优，安全性更好，同时还减小了升降机到达平台与机舱之间的距离，升降机运行轨迹更长，减少维护人员攀爬高度，有利于提高维护效率和安全性能。

5.3.8 基础

基础是风力发电机组的固定端，与塔筒一起将风机竖立在高空中，是保证风机正常发电的重要组成部分。风力发电机组的基础通常为钢筋混凝土结构，根据当地地质情况设计成不同形式，主要按照塔架的载荷和机组所在的气候环境，结合建设规范建造。常见的有基础环类风力发电机组基础、预应力锚栓类风力发电机组基础。

1. **基础环类风力发电机组基础**

对于采用基础环连接方式的风力发电机组基础（见图 5-12），基础环实质上是一个厚壁钢筒，可以视作一个刚体，露出部分法兰与整个塔筒底部法兰螺栓连接，组成一体，支撑风力发电机组。

图 5-12　基础环类风力发电机组基础示意图

（1）基础环类风力发电机组基础优点。基础环的防腐与塔架的防腐方案一致，因此不存在后期使用过程中基础环的腐蚀问题。

（2）基础环类风力发电机组基础缺点。基础环与基础主体混凝土连接部位存在刚度突变，在长期交变荷载的作用下，基础环附近的混凝土存在疲劳破坏的风险。

2. **预应力锚栓类风力发电机组基础**

预应力锚栓类风力发电机组基础有预应力锚栓扩展基础（见图 5-13）、预应力锚栓梁板式基础、预应力锚栓桩基础、预应力锚栓岩石锚杆基础等多种形式。

预应力锚栓基础形式并不是将锚栓和混凝土浇筑在一起，它是由上锚板、下锚板、锚栓、PVC 护管等组成的，在上锚板和下锚板之间用 PVC 护管将锚栓与混凝土隔离，而且要密封，在浇筑过程中水不能进入到护管内，以免对锚栓造成腐蚀。

（1）预应力锚栓类风力发电机组基础优点。锚栓贯穿基础整个高度并通过下锚板将锚栓锚固在基础底板，结构连续，无刚度和强度突变；基础混凝土长期处于受压状态，

图 5-13　预应力锚栓扩展基础示意图

混凝土不产生裂缝，其耐久性得到提高；基础柱墩中竖向钢筋几乎不受力，仅需按构造配置预应力钢筋混凝土中的非预应力钢筋，基础更为经济；施工方便，工艺简单，缩短建设周期。

（2）预应力锚栓类风力发电机组基础缺点。该基础形式对锚栓的质量要求较高，锚栓的张拉及防腐蚀要进行专项设计。此类风力发电机组基础有锚栓断裂和锈蚀的风险，是后期维护的重点。

5.3.9　变流器

变流器是将发电机输出的非工频交流电经过"交－直－交"变换成工频交流电并入电网的核心控制装置。励磁柜是将变流器直流母线经过 DC-DC 变换提供发电机转子直流励磁电流的核心控制装置。变流器还配置有电阻柜，其作用是当电网发生故障导致变流器直流母线电压过高时，为保证机组低电压穿越和避免元器件击穿或损坏，通过电阻柜将能量进行泄放。

变流器工作原理：采用可控整流的方式把发电机发出的交流电整流为直流电，通过网侧逆变单元把直流电逆变为工频交流电馈入电网。其控制方式为分布式控制，即每个功率单元都能够独立地执行控制、保护、监测等功能，功率单元之间则通过现场总线连接。

变流器拓扑图如图 5-14 所示，变流器主要包括网侧逆变功率模块、发电机侧整流功率模块、预充电模块、励磁模块和过电压保护模块。

网侧逆变功率模块的作用是将直流母线上的电能转换成为电网能够接受的形式并传送到电网上。发电机侧整流功率模块的作用是将发电机发出的电能转换成为直流电能，传送到直流母线上。预充电模块的作用是在变流器工作之前，给直流母排进行预充电，因为直流母排上带有容量很大的电容器，若不预充电，则在闭合主断路器时会对系统造成很大的电流冲击。励磁模块是保证发电机输出电压稳定性的关键部件，其作用不仅是保证机器设备的正常运行，还可以提高发电机效率和延长发电机的使用寿命。过电压保护模块是在某种原因使得直流母线上的电能无法正常向电网传递或直流母线电压过高时，将多余的电能通过电阻发热消耗掉，以避免直流母线电压过高造成电器件的损坏。

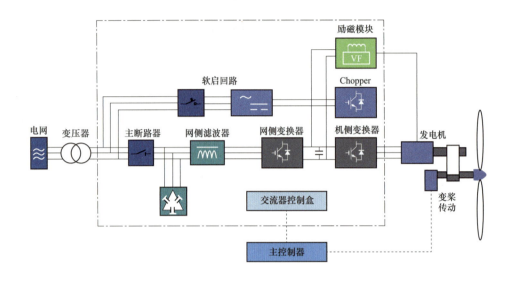

图 5-14　变流器拓扑图

　　变流器主要构成：发电机侧包括两套三相电压源型整流器、两套滤波器，网侧包括一套三相电压源型逆变器、一套滤波器，同时还有直流母线预充电电路和直流母线过电压（具有低电压穿越功能的）保护装置等。塔基变流器柜如图 5-15 所示。

图 5-15　塔基变流器柜

　　变流器控制方式为分布式控制，即两个发电机侧整流器、一个网侧逆变器以及过电压保护装置分别对应一个控制器，其中网侧逆变控制器采用 CANopen（一种架构在控制局域网络上的高层通信协议）现场总线协议的通信方式与风机主控系统完成信息和命令的交互，实现高速可靠通信联络，同时完成对其他控制器操作。

变流器是将发电机输出的变压变频电能转换为恒压恒频，且满足国家电网法规的高质量上网电能。变流器能够四象限运行，发电机侧和网侧单元均采用高性能的矢量控制技术，可实现发电机单位功率因数控制，并具有网侧功率因数连续可调，输出电流谐波含量少，长期运行稳定可靠。另外，变流器配置了制动电阻负载设备，具有良好的低电压穿越等优点。

5.3.10　控制系统

1. 控制系统组成

风力发电机组控制系统包括现场风力发电机组控制单元、冗余光纤以太网、远程上位机操作员站等部分。现场风力发电机组控制单元（WPCU）是每台风力发电机控制的核心，实现机组的参数监视、自动发电控制和设备保护等功能，每台风力发电机组配有就地 HMI 人机接口以实现就地操作、调试和维护机组；冗余光纤以太网是系统的"数据高速公路"，将机组的实时数据送至上位机界面；远程上位机操作员站是风力发电场的运行监视核心，并具备完善的风力发电机组状态监视、参数报警，以及实时 / 历史数据的记录显示等功能，操作员在控制室内实现对风力发电场所有机组的运行监视及操作。

现场风力发电机组控制单元分散布置在机组的塔筒和机舱内，包括塔座主控制器机柜、机舱控制机柜、变桨系统、变流器系统、现场触摸屏站、以太网交换机、现场总线通信网络、UPS 电源、后备危急安全链系统等。

（1）塔座主控制器机柜。塔座主控制器机柜是风力发电机组设备控制的核心，主要包括控制器、I/O 模件等。控制器硬件一般采用 32 位处理器，系统软件采用强实时性的操作系统，运行机组的各类复杂主控逻辑通过现场总线通信网络与机舱控制机柜、变桨系统、变流器系统进行实时通信，以使机组运行在最佳状态。

控制器的组态采用符合 IEC 61131-3 标准的组态方式，包括功能图（FBD）、指令表（LD）、顺序功能块（SFC）、梯形图、结构化文本等组态方式。

（2）机舱控制机柜。机舱控制机柜采集机组传感器测量的温度、压力、转速以及环境参数等数据，通过现场总线和机组主控制站通信，主控制器通过机舱控制机架以实现机组的偏航、解缆等功能。此外，还对机舱内各类辅助电机、油泵、风扇进行控制，使机组工作处于最佳工作状态。

（3）变桨系统。风力发电机组通常采用液压变桨系统或电动变桨系统。变桨系统由前端控制器对 3 个风机叶片的桨距驱动装置进行控制，是主控制器的执行单元，采用 CANOPEN 与主控制器进行通信，以调节 3 个叶片的桨距工作在最佳状态。变桨系统有后备电源系统和安全链保护，保证在危急工况下紧急停机。

（4）变流器系统。目前，大型风力发电机组普遍采用大功率的变流器，以实现发电能源的变换。变流器系统通过现场总线与主控制器进行通信，实现机组转速、有功功率和无功功率的调节。

变流器采用水冷却技术，变流器冷却系统由安装在塔筒底部的水冷柜和安装在塔外的散热器组成，通过液体或气体介质的流动将变流器柜内多余的热量带走，并在环境温度低时具有加热功能，为变流器柜提供热量，以保障全功率变流器能够在正常温度下运行。水冷系统与主控系统通过开关量方式及模拟量信号进行控制和监测。

（5）现场触摸屏站。现场触摸屏站是风力发电机组监控的就地操作站，实现风力发电机组的就地参数设置、设备调试、维护等功能，是风力发电机组控制系统的现场上位机操作员站。

（6）以太网交换机（HUB）。系统采用工业级以太网交换机，以实现单台机组的控制器、现场触摸屏和远端中控室网络的连接。现场机柜内采用普通双绞线连接，和远程控制室上位机采用光缆连接。

（7）现场总线通信网络。现场总线（一种工业数据总线）通信网络，是风力发电机组自动化领域中底层数据通信网络。通过现场总线实现风力发电机组的智能化仪器仪表、控制器、执行机构等现场设备间的数字通信，以及这些现场控制设备和远程上位机操作员站之间的信息传递。

（8）UPS 电源。UPS 电源用于保证系统在外部电源断电的情况下，机组控制系统、微机保护系统以及相关执行单元的供电。

（9）后备危急安全链系统。后备危急安全链系统是独立于计算机系统的硬件保护措施，即使控制系统发生异常，也不会影响安全链的正常动作。安全链是将可能对风力发电机组造成致命伤害的超常故障串联成一个回路，当安全链动作后将引起紧急停机，机组脱网，从而最大限度地保证机组的安全。

所有风力发电机组通过光纤以太网连接至中控室的上位机操作员站，实现整个风力发电场的远程监控。上位机监控软件具有如下功能：

1）系统显示各台机组的运行数据。如每台机组的瞬时发电功率、累计发电量、发电小时数、风轮及电机的转速和风速、风向等，将下位机的这些数据调入上位机，在显示器上显示出来，必要时还可以用曲线或图表的形式直观显示出来。

2）系统显示各风力发电机组的运行状态。如开机、停车、调向、手动／自动控制以及大／小发电机工作等情况，通过各风力发电机组的状态了解整个风力发电场的运行情况。

3）系统能够及时显示各机组运行过程中发生的故障。在显示故障时，能显示出故障的类型和发生时间，以便运行人员及时处理和消除故障，保证风力发电机组的安全和持续运行。

4）系统能够对风力发电机组实现集中控制。值班员在集中控制室内，只需对标明某种功能的相应键进行操作，就能对下位机进行改变设置状态和对其实施控制，如开机、停机和左右调向等。但这类操作有一定的权限，以保证整个风电场的运行安全。

5）系统管理。监控软件具有运行数据故障自动记录的功能，以便随时查看风电场运行状况的历史记录情况。

2. 控制系统基本功能

控制系统基本功能包括数据采集（DAS）功能、机组控制功能和远程监控功能。

（1）数据采集（DAS）功能。包括采集电网、气象、机组状态等参数，实现显示、记录、曲线、报警等功能。

1）电网参数采集。包括电网三相电压、三相电流、电网频率、功率因数等。针对电压故障检测数据采集，包括电网过电压、低电压、电压跌落、相序故障等。

2）气象参数采集。包括风速、风向、环境温度等。

3）机组状态参数检测数据采集。包括风轮转速、发电机转速、发电机线圈温度、发电机前后轴承温度、齿轮箱油温度、齿轮箱前后轴承温度、液压系统油温、油压、油位、机舱振动、电缆纽转、机舱温度等。

备注：风电场远程监控中心的上位机和塔座现场触摸屏站均可实现机组的状态监视，实现相关参数的显示、记录、曲线、报警等功能。

（2）机组控制功能。包括自动启动机组、并网控制、转速控制、功率控制、无功补偿控制、自动对风控制、解缆控制、自动脱网、安全停机控制等。

1）主控系统检测电网参数、气象参数、机组状态参数，当条件满足时，启动偏航系统执行自动解缆、对风控制，释放机组的刹车盘，调节桨距角度，风车开始自由转动，进入待机状态。

2）当外部气象系统监测的风速大于某一定值时，主控系统启动变流器，变流器进行预充电、网侧调制、转子励磁、定子负荷开关合闸，机侧调制，实现并网发电。

3）风力发电机组功率及转速调节。根据风力发电机组特性，当机组处于最佳叶尖速比 λ 运行时，风力发电机组将捕获到最大的能量，理论上机组转速可在任意转速下运行，但受实际机组转速限制、系统功率限制，将该阶段分为变速运行区域、恒速运行区域和恒功率运行区。额定功率内的运行状态包括变速运行区（最佳的λ）和恒速运行区。

当风力发电机组并网后，转速小于极限转速、功率低于额定功率时，根据当前实际风速，调节风轮的转速，使风力发电机组工作在捕获最大风能的状态。

当风速增加使发电机转速达上限后，主控制器需维持转速恒定，风力发电机组发出的电功率，随风速的增加而增加，此时机组偏离了风力机的最佳λ曲线运行。

当风速继续增加，使转速、功率都达到上限后，进入恒功率运行区运行，此状态下主控通过变流器，维持风力发电机组的功率恒定，主控制器一方面通过变桨系统的调节减少风力攻角，减少叶片对风能的捕获；另一方面通过变流器降低发电机转速节，使风力发电机组偏离最佳λ曲线运行，维持发电机的输出功率稳定。

（3）远程监控功能。包括机组状态参数、相关设备状态的监控，历史和实时曲线功能，机组运行状况的累计监测等。

3. 辅助设备控制逻辑

辅助设备控制逻辑是风力发电机组控制系统实现各项功能的基础保证，辅助设备控制逻辑包含发电机系统控制逻辑、液压系统控制逻辑、气象系统控制逻辑、变桨系统控制逻辑、增速齿轮箱系统控制逻辑、偏航系统控制逻辑、大功率变流器通信控制逻辑、安全链回路逻辑等。

（1）发电机系统控制逻辑。监控发电机运行参数，通过冷却风扇和电加热器，控制发电机线圈温度、轴承温度、滑环室温度在适当的范围内。相关逻辑如下：

当发电机温度升高至某设定值后，启动冷却风扇，当温度降低到某设定值时，停止风扇运行；当发电机温度过高或过低并超限后，发出报警信号，并执行安全停机程序。

当温度降低至某设定值后，启动电加热器，温度升高至某设定值后时，停止加热器运行；同时电加热器也用于控制发电机的温度端差在合理的范围内。

（2）液压系统控制逻辑。机组的液压系统用于偏航系统刹车、机械刹车盘驱动。机组正常时，需维持额定压力区间运行。液压泵控制液压系统压力，当压力下降至设定值后，启动油泵工作，当压力升高至某设定值后，油泵停止工作。

（3）气象系统控制逻辑。气象系统为智能气象测量仪器，通过模拟信号，将机舱外的气象参数采集至控制系统。气象测量仪根据环境温度自动控制内部加热器工作，以防止结冰。

（4）变桨系统控制逻辑。变桨系统包括每个叶片上的电机、驱动器以及主控制PLC等部件，PLC通过CAN总线和机组的主控系统通信，组成风电控制系统桨距调节控制单元，变桨系统有后备DO顺桨控制接口。变桨系统的主要功能是紧急刹车顺桨系统控制，即在紧急情况下，实现风机顺桨控制。通过 CAN 通信接口和主控制器通信，接受主控指令，变桨系统调节桨叶的节角距至预定位置。变桨系统和主控制器的通信内容包括桨叶位置、桨叶节距给定指令、变桨系统综合故障状态、叶片在顺桨状态、顺桨命令。

（5）增速齿轮箱系统控制逻辑（双馈机型）。齿轮箱系统用于将风轮转速增加至双馈发电机的正常转速运行范围内，需监视和控制齿轮油泵、齿轮油冷却器、加热器、润滑油泵等。

当齿轮油温高于设定值时，启动齿轮油泵；当齿轮油温低于设定值时，停止齿轮油泵。当发电机转速高于设定值时，启动齿轮油泵；当发电机转速低于设定值时，停止齿轮油泵。每隔 30min 间歇启动齿轮油泵工作 5min。当压力越限后，发出警报，并执行停机程序。

齿轮油冷却器 / 加热器控制齿轮油温度：当温度低于设定值时启动加热器，当温度高于设定值时停止加热器；当温度高于设定值时启动齿轮油冷却器，当温度降低到设定值时停止齿轮油冷却器。

（6）偏航系统控制逻辑。根据机舱角度和测量的低频平均风向信号值，以及机组当前的运行状态和负荷信号，调节 CW（顺时针）和 CCW（逆时针）电机，实现自动对风和电缆解缆控制。

自动对风：当机组处于运行状态或待机状态时，根据机舱角度和测量风向的偏差值调节 CW、CCW 电机，实现自动对风（以设定的偏航转速进行偏航，同时需要对偏航电机的运行状态进行检测）。

当风速较小时，如果机舱向某个方向扭转大于 560º，则启动自动解缆程序；当风速较大时，如果扭转大于 950º，则实现解缆程序。

（7）大功率变流器通信控制逻辑。主控制器通过 CANOPEN 通信总线和变流器通信，变流器实现并网 / 脱网控制、发电机转速调节、有功功率控制、无功功率控制。

并网 / 脱网控制：变流器系统根据主控的指令，进行预充电、网侧调制、转子励磁、定子负荷开关闭合和机侧调制，实现并网发电。当机组的发电功率小于某值并持续几秒后，或风机、电网出现运行故障时，变流器驱动发电机定子出口接触器分闸，实现机组的脱网。

发电机转速调节：机组并网后在额定负荷以下阶段运行时，通过控制发电机转速实现机组在最佳 λ 曲线运行，通过将风轮机当作风速仪测量实时转矩值，调节机组至最佳状态运行。

有功功率控制：当机组进入恒定功率区后，通过和变频器的通信指令，维持机组

输出额定的功率。

无功功率控制：通过和变频器的通信指令，实现无功功率控制或功率因数的调节。

（8）安全链回路逻辑。安全链回路独立于主控系统，并行执行紧急停机逻辑，所有相关的驱动回路由后备电池供电，保证系统在紧急状态可靠执行。

安全链是风力发电机组的硬件保护系统，独立于控制系统，为最高级别保护，保证在故障情况下，安全功能不丧失，确保人身和机组处于安全的工作状态。

安全链回路设计及设备选型遵循失效安全设计模式，设备及回路的功能失效，应触发安全保护机制，并必须人工排除。全系统中作为能够触发安全链的传感器，除满足功能需求外，还应具备更高的可靠性。安全链系统监测的节点包括扭缆、急停按钮、PLC看门狗、叶轮过速、机舱振动、变桨系统安全链。当这些监测的节点触发时，机组执行安全保护。

安全链输出包括变桨系统使能、变流系统使能。安全链直接控制叶轮气动刹车系统，间接控制变流器脱网。在优先级上高于控制系统。当保护系统被触发后，保护系统会立刻控制执行机构动作，进行安全保护。

5.3.11　供电系统

供电系统为风力发电机组自用电设备提供电源，电源系统能够根据负载形式及供电技术要求提供变流器系统、主控系统、变桨系统等在正常和故障状态下所需的稳定可靠的电能。

箱式变压器内所配置的35kV/690V主变压器，将低压侧690V电源送入风机塔筒内，塔筒内配置690V/400V配电变压器。柜内配置主断路器、一级防雷和熔断器，提供电气保护和隔离。配电变压器能够提供400V AC电源给机舱控制柜、主控柜。机舱控制柜主要为变桨系统、润滑系统、冷却系统、偏航系统、液压系统、辅电设备、机舱照明、测风系统等供电；主控柜主要为变流器及冷却系统、辅电设备、塔底照明、塔底除湿机（选配）、升降机（选配）等供电。

5.3.12　防雷接地系统

防雷接地系统包括内部防雷系统和外部防雷系统，针对不同防雷区域采取有效的防护方案，需遵循GB/T 33629—2017《风力发电机组雷电保护》等规范进行设计，主要包括雷电接收和传导系统、屏蔽、等电位连接、电涌保护等，这些防护措施都充分考虑了雷电的特点。机组外部防雷系统设计包括叶片防雷系统和机舱顶部接闪器。叶片防雷系统由接闪器和雷电引下线组成。叶片接闪器和雷电引下线应满足IEC 61400-24：

2019《风能发电系统 第24部分：雷电防护》规定的技术要求。机舱防雷采用安装在机舱顶部测风支架的双针接闪器将雷电流传导至设计好的路径上。机组内部防雷系统设计主要包括屏蔽、等电位连接和电涌保护等措施。防雷系统和接地系统应根据GB/T 33629—2017《风力发电机组雷电保护》规定的相应要求进行设计。在塔底分别设置1个MEB接地排和1个LEB接地排。MEB接地汇流排用于塔底电控柜体的接地线，LEB接地排用于变流接地电缆和来自于网侧的PEN电缆连接，整机对地接地工频电阻小于4Ω。

5.4 箱式变压器

风力发电场站箱式变压器的作用是将风力发电机组产生的低电压电能转换为高电压电能输入到电网中，提高发电机输出电压、输电距离、电力转换、适应电网。风力发电场站箱式变压器将风机发出的690V（1140V、1500V、3300V等）电压经过升压变为35kV，再通过埋地电缆或架空线输送到风力发电场升压站。

箱式变压器（见图5-16）的主要组成部分包括高压室和低压室。高压室一般是35kV出线，主要包括高压套管、避雷器、高压传感器、高压带电显示器、放电记录仪、电磁锁、加热器及照明等；低压室主要包括低压母排、低压断路器、油位计、油温表、压力表、低压空气开关、无励磁调压开关及计量指示部分等。

图5-16 箱式变压器

5.5 集电线路和送出线路

5.5.1 集电线路

集电线路是风力发电场站的重要组成部分，集电线路的安全运行关乎风力发电场站系统的稳定性。集电线路常见有架空线路、电缆线路、电缆和架空混合线路三种方式。

1. 架空线路

风力发电场站集电线路一般情况下优先采用架空线路。国内风力发电集电线路使用架空输电线路的方式比较多，一是架空线路输电已经是一种非常成熟的输电方式，安全性好，可靠性高；二是此输电方式经济性好；三是架空线路便于维护和检修。

2. 电缆线路

电缆线路的缺点是敷设于地下，投资成本较高；优点是不占地面空间，有利于环境美观。同一地下电缆通道，可以容纳多回线路，输送容量大，适应性强。自然条件（如雷电、风雪、盐雾、污秽等）和周围环境对电缆的影响较小，供电可靠性高。电缆隐蔽在地下，对人身比较安全。电缆线路运行维护简单，主要进行线路巡视和终端、接头检查，运行维护费用低，施工难度较小。电缆是容抗，它能补偿线路中的感抗，有利于线路运行。电缆事故主要是外力破坏所致，只要加强监控，电缆线路事故率比架空线路低得多。

3. 电缆和架空混合线路

电缆和架空混合线路方式的出现主要是为了适应地形、交叉跨越的要求，典型的情况是，当集电线路主要采用电缆的方式时，线路遇到大山大沟时，电缆无法通过，可考虑局部采用架空的方式；当集电线路主要采用架空的方式时，对地上交叉跨越物无法实现钻跨时，可采用电缆入地的方式。混合方式的缺点是线路中接点（电缆引上架空接点、架空引下电缆接点）较多，电缆终端头、电缆引上线夹易损坏，线路隐形故障较多，对后期运行存在隐患，故集电线路采用线缆混合方式时，应尽量减少两种方式的频繁转换。

5.5.2 送出线路

送出线路是指从风电场并网至公共电网的输电线路，起始点为风力发电场站的升压变电站，终止点为与外部电力网络连接的接口。

送出线路（见图 5-17）的输送容量及输送距离均与电压有关，线路电压越高，输送距离越远。线路及系统的电压等级需根据其输送的距离和容量来确定。在相同的输电电压下，送电容量越小，可输送的距离越长；反之，送电容量越大，则送电距离越短。输送容量和距离还取决于其他技术条件和是否采取补偿措施。

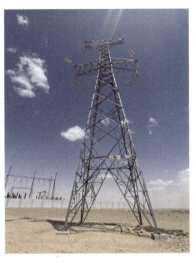

图 5-17　送出线路

5.6　变　电　站

变电站是指电力系统中对电压和电流进行变换,接受电能及分配电能的场所。在风力发电场站内的变电站是升压变电站,其作用是将电能通过集电线路汇集升压后馈送到高压电网中。变电站主要设备包括一次设备和二次设备,见图 5-18。

图 5-18　变电站

5.6.1　一次设备

一次设备是指直接生产、输送、分配和使用电能的设备,主要包括变压器、全封闭组合电器(GIS)(或敞开式高压断路器、隔离开关、电流互感器、电压互感器、母线、避雷器)、无功补偿装置、电容器、电抗器等电气设备。变压器和全封闭组合电器分别见图 5-19 和图 5-20。

图 5-19　变压器　　　　　　　　　　图 5-20　全封闭组合电器

5.6.2　二次设备

变电站中的二次设备是指对一次设备和系统的运行工况进行测量、监视、控制和保护的设备，主要包括继电保护装置、自动装置、测量装置、控制装置、计量装置、自动化系统，以及为二次设备提供电源的直流系统等。二次设备室和中控室分别见图5-21 和图 5-22。

图 5-21　二次设备室　　　　　　　　图 5-22　中控室

6

风力发电机组维护

风力发电机组的维护，是风力发电机组能够正常运行的重要保障，并贯穿风力发电机组的全寿命周期。本章着重对风力发电机组维护进行介绍，其中，6.1 节对通用的塔筒与塔基维护进行介绍，6.2 ~ 6.7 节以某公司 2MW 直驱式风力发电机型为例，对主要部件维护进行介绍，6.8 节介绍半直驱式及双馈式风力发电机的齿轮箱维护，6.9 ~ 6.12 节主要介绍风力发电场站通用设备的维护知识，6.13 节对风力发电场站设备油品检测与管理进行讲述。

本章内容仅参照特定的风力发电机型进行介绍，由于市场上运行的风力发电机组机型参数、结构等各异，各风力发电场站运行维护时，应结合各场站不同机型实际情况及周边影响要素综合分析，由专业人员编制对应的维护手册，并在确保安全的前提下按规范开展维护工作。

6.1 塔筒与塔基检查维护

6.1.1 塔筒检查与维护

1. 塔筒焊缝检查

用高倍望远镜检查塔筒内部及外部所有环向和纵向焊缝，重点检查塔筒法兰和筒壁之间过渡处的横向焊缝、门框与筒壁之间过渡处的连续焊缝。

如发现焊接缺陷、裂纹或其他损伤，需记录、标记，同时联系塔筒制造商或专业维修公司进行补焊，并在以后的周期维护时重点检查。

2. 塔筒防腐情况检查

目视检查塔筒及其各连接件是否有油漆脱落、腐蚀情况，如有应按塔筒生产厂商零部件腐蚀现场处理操作相关规定及时补漆。

3. 塔筒内部连接螺栓检查

检查塔筒内紧固件连接情况，如塔筒门外梯、塔门、平台、爬梯、其他塔筒附件等。

必须按期按照检查单检查所有螺栓的紧固程度，查看已做好标记的螺栓有无松动，若标记线错位需重新拧紧螺栓并施加打紧力矩后重新做标记线。

4. 塔筒高强度螺栓紧固检查

检查塔筒内高强度螺栓，包含机组运行 500h 检查、半年检与维护、全年检与维护和后续检查，维护方法及所采用的力矩参数参考高强紧固件检查维护相关规范。

需检查的高强度螺栓紧固件清单如下：

（1）塔筒与偏航轴承连接高强度螺栓。

（2）塔筒相连接段间法兰连接高强度螺栓。

（3）塔筒与基础环连接高强度螺栓。

每次维护完后，目测螺栓是否锈蚀。对于锈蚀严重的螺栓，应及时更换；对于已锈螺栓但不严重的，手工除锈之后应涂刷银粉漆；对于检查力矩后的螺栓，也需涂刷银粉漆。

5. 塔筒门检查

（1）检查塔筒门的锁紧装置是否工作正常、完好，如有损坏应尽快修补或更换。

（2）检查塔筒门上的合页润滑情况是否良好。

（3）检查塔筒门闭合是否紧密，密封条是否磨损或损坏、是否有老化现象。

（4）检查塔筒门上的百叶窗，定期清理滤网，更换防尘棉，确保通风正常。

6. 灭火器检查

检查灭火器压力是否正常，是否在有效使用日期内，并记录有效截止日期。

7. 内部照明和紧急照明系统检查

塔筒照明灯应有防水、防腐蚀、防震动等功能。应及时修复、更换老化、损坏的电气元件，确保电气系统各元件工作正常。

8. 攀爬保护系统检查

仔细检查钢丝绳和安全锁扣，确保钢丝绳拉紧、稳固，安全锁扣结构正常没有损坏。

9. 塔筒内部爬梯检查

（1）检查安全爬梯的连接情况，如有变形或松动应及时修复。

（2）检查安全爬梯是否有裂纹或其他损坏，如有应及时修复。

（3）检查安全爬梯导向能否正常工作，助爬器（选配）、免爬器吊点及防坠绳／导轨挂点固定是否牢固，如有应及时紧固。

（4）检查安全爬梯与塔壁的固定，如松动应及时紧固。

10. 塔筒升降机检查

（1）如果塔筒配有升降机，按对应升降机维护手册要求对升降机进行检查和维护。

（2）检查升降机护栏与平台的固定，如有松动应及时修复。

（3）检查升降机顶部吊梁及吊梁支座的紧固，如有松动应及时修复。

（4）检查升降机钢索是否有断股、分叉现象，如有应及时修复。

11. 各层平台检查

（1）清理塔筒底层和上部各层平台的卫生环境，包括检查是否整洁、有无遗落工具、检查废弃物品是否已清理、检查机油及润滑脂和冷冻剂等是否已清除。

（2）检查各段平台连接是否牢固，注意护栏、盖板，如有变形或损坏应及时修复或更换。

12. 电缆检查

（1）检查机舱下方悬垂电缆在机舱夹块处是否可靠夹紧，有无下坠及护套滑层撕裂现象。

（2）检查各电缆导向环处电缆螺旋护套是否良好，电缆是否存在磨损。

（3）检查电缆马鞍处电缆固定是否可靠，扭缆高度是否符合在偏航 0°时距平台约 400mm 的要求，下垂段电缆与塔筒升降机运行空间及其护栏是否有剐蹭。

（4）检查塔筒内部动力电缆夹块是否可靠夹紧、有无下坠及护套撕裂现象。

（5）检查控制电缆是否固定可靠、光纤是否在夹块外侧，是否使用扎带绑扎。

（6）检查电缆是否老化、破损，如有应立即更换。

（7）检查电缆防水接头处的密封情况。

13. 接地系统检查

（1）检查塔筒内各法兰处的接地连接，如有松动应及时拧紧。

（2）检查塔基接地铜排、接地环网连接是否牢固。

（3）检查整个风力发电机组接地系统，确保接地电阻不大于 4Ω。

14. 塔筒外部检查

（1）门外梯检查。

检查塔基入口爬梯防腐是否良好，固定是否可靠。

（2）变流器外散热器检查。

1）检查散热器是否存在灰尘，如有灰尘应用毛刷清洗。

2）检查电机防腐是否良好，运转过程中是否有异响、振动等异常现象。

3）检查塔筒外部水冷部件是否存在渗漏、老化现象。

4）检查散热器部件固定是否牢靠。

5）检查散热器电缆防护是否良好。

6）检查散热器支架防腐是否良好、固定是否牢固。

6.1.2 塔基检查与维护

1. 塔基外观检查

（1）检查塔基混凝土是否出现裂缝、露筋、凸起，覆土有无被挖开。若存在裂纹需用防水沥青填充缝隙；若存在露筋，需修补钢筋保护层。若裂缝超标，应及时上报上级单位，进行检测维修。

（2）检查基础环是否存在裂纹、破损或者腐蚀等情况。若有防腐破损应进行修补，若有裂纹、破损等应及时上报上级单位。

（3）检查基础环与基础接合处有无防水密封破损、有无进水。若防水材料损坏，应及时填补；若已出现接合处防水损坏，应检查接缝处有无反浆现象，若有反浆马上停运风力发电机组，并联系基础设计人员及业主单位进行检查、修复。

（4）风力发电场站业主单位和设计单位应定期进行风力发电机组基础沉降观测，应记录四个观测点的沉降量，沉降差控制倾斜率为 0.3%。

2. 塔基内部检查

（1）检查塔基内有无进水，若有应及时清洁。

（2）检查塔基内支架紧固是否安全可靠。

（3）检查塔基内电缆有无老化、破损迹象，若有应及时更换。

（4）检查塔基基础环内接地是否固定良好。

6.2 机舱与偏航系统检查维护

6.2.1 机舱检查与维护

1. 机舱底座表面检查

（1）检查机舱底座表面的防腐涂层是否有脱落现象。若有，应按照风力发电机组生产厂商零部件腐蚀现场处理相关守则及时补上。

（2）检查机舱底座表面清洁度。若有污物，应用无纤维抹布和清洗剂清理干净。

（3）检查机舱底座表面是否有裂纹。若有，应做好标记并拍照，并与生产厂商联系。观察裂纹是否进一步发展，若有应立即停机并与生产厂商联系。

2. 机舱高强度螺栓紧固检查

检查机舱内高强度螺栓，首次检查及后续检查维护方法及力矩按照高强紧固件检查维护相关规范进行维护。

需检查的高强度螺栓紧固件清单如下：

（1）机舱与发电机锥轴连接高强度螺栓。

（2）机舱与偏航轴承连接高强度螺栓。

（3）机舱与偏航驱动连接高强度螺栓。

（4）机舱与偏航刹车连接高强度螺栓。

（5）机舱与顶部平台支撑结构连接高强度螺栓。

每次维护完后，目测螺栓是否锈蚀。对于锈蚀严重的，应进行更换；对于已锈螺栓但不严重的，手工除锈之后应涂刷银粉漆；对于检查力矩后的螺栓，应涂刷银粉漆。

6.2.2　偏航轴承检查与维护

1. 偏航轴承外观检查

清洁偏航轴承端面后，使用照明设备检查如下：

（1）检查轴承端面防腐涂层是否完好，若出现锈蚀需及时使用除锈剂清理。

（2）检查有无出现明显损伤、裂纹等现象，若有需记录相关信息，停机并进行检查维护。

（3）检查密封圈是否存在损伤、开裂、磨损严重，若密封失效需进行更换。

2. 偏航轴承齿面检查

（1）齿面目视检查。检查偏航轴承齿圈与偏航驱动小齿轮是否有点蚀、刮伤、裂纹等缺陷，应记录相关信息并及时采取补救措施；检查所有齿面是否锈蚀，若出现锈蚀应及时使用除锈剂清理。

（2）齿侧间隙检查。塞尺检查偏航轴承齿圈与小齿轮齿侧间隙，应在规定尺寸内，否则应及时进行调整。齿侧间隙测量前，应先尽量通过偏航，使偏航驱动小齿轮与偏航轴承齿顶圆的最大标记处啮合。检测时，使用塞尺多点随机检测，记录每一个合格值或者超差值；检测数值超差，应按照设备手册要求进行调整，并记录调整后的间隙值。

（3）偏航轴承齿面润滑维护。定期清理废润滑脂，手动涂抹对应品牌及型号润滑脂，润滑脂数量根据风力发电机组生产厂商维护手册确定。

3. 偏航轴承润滑检查

偏航轴承约有 14 个油嘴，每三个月手动加注对应品牌及型号润滑油脂，具体加注按以下步骤进行：

（1）打开 1/2 数量的油嘴，每隔一个打开一个。

（2）检查出油孔是否堵塞，若有阻塞应及时清理。

（3）检查废油脂颜色，如颜色突然发生变化，应及时记录信息，并进行检查分析。

（4）将油脂分别从未打开的油嘴注入，注入润滑脂，润滑脂数量根据风力发电机组生产厂商维护手册确定。

（5）注入油脂后进行往返 ±45° 偏航。

（6）检查润滑脂注入情况，应保证有少量润滑脂从打开油嘴处流出。

（7）让偏航系统运行 30min，以减小轴承内部的压力。

（8）除去多余的润滑脂，并将打开的油嘴拧回。

4. 偏航轴承油封检查

（1）检查油封是否有磨损、烧坏、老化、变质等，若有应及时更换，以保证整个轴承装置的密封良好。

（2）检查油封压板固定螺栓紧固是否良好。

（3）及时清理油封处泄漏的废旧润滑油脂。

5. 偏航轴承噪声检查

检查偏航轴承运转中是否有异常噪声，若有应查找噪声来源，进行故障排查。若噪声可能超标或有异响，应及时报告主管部门进行分析处理。

6.2.3 偏航驱动装置检查与维护

偏航驱动装置由偏航电机和偏航减速箱组成。偏航驱动结构如图 6-1 所示。

图 6-1　偏航驱动结构示意图

1. 偏航电机检查

（1）检查偏航电机表面的防腐涂层是否有脱落现象，若有破损应及时修补。

（2）检查偏航电机表面是否有污物，若有应擦拭干净。

（3）检查偏航电机接线情况，若有松动，应关闭电源后再紧固接线。

（4）检查偏航电机是否有异常振动和噪声，若有应告知厂商进行检查维护。

（5）检查偏航电机是否有过热现象、风扇是否异常，若有应及时处理。

（6）当电机保护装置连续动作时，应查明故障来源，消除故障后，方可投入运行。

2. 偏航减速箱检查与润滑油脂更换

（1）偏航减速箱检查。检查偏航减速箱表面是否有污物，若有应擦拭干净；检查偏航减速箱表面的防腐涂层是否有脱落现象，若有破损应及时修补；检查偏航减速箱润滑油油位是否正常，若有异常，应检查偏航减速箱是否漏油，完成修复和加油工作后，将减速箱清理干净；检查润滑油是否有异味、颜色是否正常，若出现异常应对油品取样，根据检验结果确定是否更换；检查偏航减速箱输入端油封磨损情况，若出现油封漏油情况应进行更换；偏航运转过程中，检查偏航减速箱是否运行正常、是否存在明显的异响及振动，若有应告知厂商进行检查维护；检查偏航减速箱与偏航电机连接螺栓是否松动、预紧力是否合格。

（2）偏航减速箱润滑油加注与更换。定期清理干净加油孔及附近；根据实际缺少情况加注指定润滑油，油品洁净度等级按 GB/T 33540.3—2017《风力发电机组专用润滑剂　第 3 部分：变速箱齿轮油》规定不低于 8 级；首次运行三个月对减速箱内润滑油进行取样检查（包括光谱元素分析及 PQ 指标等），若不合格应更换润滑油，以后每年进行采样检查，根据检验结果确定是否进行更换，润滑油建议每三年更换一次；加油工作完成后应清理干净泄漏的润滑油。润滑油、齿轮油约 15 ～ 20L/ 台，加油至油标约 1/2 处即可。

（3）偏航减速箱润滑油脂加注。偏航减速箱润滑油脂每三年加注一次，使用注油装置进行加注；加注时，旋开加注油脂螺塞，从一孔加油至另一孔出油；注意收集废润滑脂，润滑脂出现异常情况应及时记录信息并处理。

3. 偏航电机制动器检查

制动器结构见图 6-2。制动器摩擦材料经长期使用后，会受到磨损，引起制动器定子与衔铁间的气隙增大，使制动力矩减小，严重时将不能吸合，引起制动器失灵。应检查制动盘与电磁铁端板间工作气隙，当摩擦片磨损工作气隙达到最大工作气隙（1 ～ 1.2mm）时，应重新调整工作气隙至正常值（0.3 ～ 0.4mm）。

（1）制动间隙调整方法。拆下电机风罩，取下风扇，旋松支撑螺栓；再旋动相应的内六角螺钉，即可以调整衔铁与线圈行程；塞尺测量确保制动间隙为 0.3 ～ 0.4 mm。

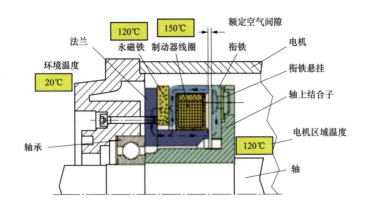

图 6-2　制动器结构示意图

（2）制动器制动摩擦片的更换。在检查制动盘与电磁铁端板间隙的同时，还应定期检测制动毂的厚度，当制动毂摩擦片单边磨损 2.5mm 以上时，必须及时进行更换。

（3）摩擦片更换步骤。取下风罩，取下风扇，旋下支撑螺钉；将制动器线圈引接线拆开；拆下制动器防尘罩；将制动器定子和衔铁一同拆下；取下制动件，更换摩擦片。

制动器常见故障及排除方法可参考表 6-1 进行排除。

表 6-1　　　　　　　　　　　制动器常见故障及排除方法

故障情况	故障原因	排除方法
制动失灵	摩擦片磨损较大	调整气隙
	弹簧失效	调换弹簧
	动作迟缓	调整气隙，检查励磁电压
	整流器损坏	调换整流器
	释放件仍在释放位置	检查复位弹簧是否起作用

6.2.4　偏航制动系统检查与维护

1. 液压系统检查

以电励磁直驱式风力发电机组为例，液压系统主要实现三个方面的功能：偏航制动系统（见图 6-3），通过提供工作压力和背压分别来实现制动和阻尼；风轮制动系统，通过提供工作压力和释放压力来控制主轴制动器的制动与释放；风轮锁紧系统，通过提供工作压力和释放压力来控制主轴液压锁紧销的锁紧与松开。液压站安装于机舱内，盘式制动器分别安装于发电机内及偏航轴承下端。

图 6-3 机舱偏航制动系统

液压系统（见图 6-4）检查维护步骤如下：

（1）检查液压站及钣金件表面防腐是否良好。

（2）紧固检查。检查液压系统所有连接处及液压元件有无漏油现象，若有泄漏，则应进行必要的紧固。

（3）检查液压管路是否老化。

（4）检查蓄能器充气压力，若压力小于设定值，应及时为蓄能器充气，具体操作可参考厂商提供的使用维护手册。

（5）定期连接压力表，检查刹车压力应为 160 ～ 180bar，偏航余压应为（25±2）bar。

（6）检查液压站过滤器的滤芯，建议每半年清洗一次，滤芯损坏应及时更换。

（7）检查液压站油位。检查液压站油位是否达到液位计 2/3 的高度，若低于正常油位应对系统补油。补充液压油应使用相同牌号，油品洁净度等级按 GB/T 33540.4—2017《风力发电机组专用润滑剂 第 4 部分：液压油》规定不低于 8 级。

（8）补油后排气。通断换向阀数次，进行排气，直到没有气体从制动器排出为止，再次检查液位是否正常。

（9）定期取样化验液压油。一般每年对液压油取样化验，油液等级不得低于 8 级。若发现油品质下降，应立即更换液压油，更换前应对油箱及过滤器进行清洗，滤芯损坏应及时更换。一般每三年需更换液压油。

液压油采用工程机械用耐低温抗磨液压油，检查液位，液面位置需达到可视液位计的 2/3 处。其他可参见对应生产厂商维护手册进行具体维护。

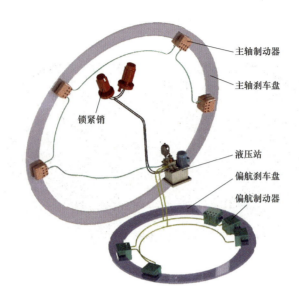

图 6-4　液压系统示意图

2. 偏航制动器检查

（1）刹车制动器维护内容。检查刹车制动器固定螺栓、衬垫挡板螺栓的拧紧力矩是否在要求范围内；定期清理和检查刹车盘有无异常磨损；检查制动盘及周围是否有磨损粉末和油污，如有粉末及时清除，如有油污清除后用清洁剂彻底清洁；检查制动盘是否生锈，如有锈迹及时清除；检查制动刹车片复位是否正常，复位后刹车片与制动盘间隙应在 1～3mm；每三个月检查刹车闸钳的刹车片，当刹车片摩擦材料厚度小于 2mm 时应进行更换。

（2）摩擦片更换方法。在更换制动器摩擦片前，应确保偏航驱动处于制动状态。对液压系统的制动支路卸压，以释放制动器压力；拆下制动器一端或两端的挡块，进行摩擦片的更换。也有生产厂商的制动器需拆下衬垫复位组件才能进行更换。更换新的摩擦片后，必须以规定的力矩拧紧紧固螺栓。其他维护可参考对应生产厂商的维护手册进行维护。

6.2.5　机舱内部安全设备检查与维护

（1）检查机舱灭火器压力是否正常，是否在有效使用日期内，并记录有效截止日期。

（2）检查机舱是否有急救箱，箱内药品是否在有效使用日期内，若有问题应及时补充药品或更换。

（3）检查机舱是否有逃生设备，逃生设备是否出现老化，逃生窗口能否顺利开启，如有异常及时维护。

（4）检查烟雾探测装置功能是否正常。

6.2.6 机舱内部照明系统检查与维护

检查机舱内的照明系统，如有异常及时修复、更换各老化、损坏的电气元件，确保照明系统各元件工作正常。

6.2.7 偏航控制系统检查与维护

1. 机舱电气柜检查

首先需注意，在检查时要确保电源都已断开。

（1）检查外观清洁、内部整洁。清理控制柜、配电柜外部柜体及内部灰尘，清理控制柜排风扇、通风口防尘棉；查看控制柜、配电柜整体外观有无磕碰、损坏及变形，柜门开合是否正常；检查控制柜、配电柜密封情况，密封胶条是否粘贴牢固、锁紧接头是否锁紧，未使用的锁紧接头是否紧固并密封；检查机舱柜固定钣金件状态；检查机舱柜走线支架是否存在变形、板材断裂等缺陷。

（2）检查机舱柜内部元件及电缆。检查柜内部所有电气元件、电缆表面是否有烧灼、异味，固定是否牢固等，如有异常，及时处理；检查电气元件参数类控制开关，可参阅现场电气资料进行调整；检查柜内部所有接线老化及紧固状态，若有松动需及时紧固，若有电缆老化及端子损坏需及时更换。

（3）检查机舱柜外部接线。查看所有与机舱控制柜、配电柜连接电缆走线绑扎是否牢固（扎带间距约 100mm），电缆绝缘层是否破损、老化，各控制部件接线是否牢靠，如有异常及时处理。

（4）检查机舱柜柜门按钮、指示灯是否正常，如有异常及时处理。

2. 机舱电气柜固定螺栓检查

检查所有固定控制柜、配电柜的螺栓，划线标识是否出现偏移；若出现偏移需及时紧固，重新涂相同规格的螺纹胶；若标记线完全对齐，则不允许对螺栓再次施加力矩，防止破坏螺纹紧固胶。

3. 解缆传感器检查

解缆传感器（见图 6-5）记录了机舱相对于 0° 位置（顺缆的位置）总共旋转的角度和方向。解缆传感器包含一个旋转编码器和两个限位开关。旋转编码器向控制系统提供了关于旋转角度的模拟信号。

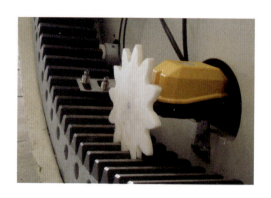

图 6-5　解缆传感器

当旋转角度超过预先已设定的限度时，机舱根据指示转回至"零"设定点（反方向解缆），对于解缆传感器必须操作和检查以下几点：

（1）检查解缆传感器固定是否可靠，支架是否变形。

（2）检查解缆传感器上的齿轮与偏航轴承的间距，应在 2 ～ 5mm 之间，轮齿磨损严重时应立即更换。

（3）检查监控屏幕上的解缆值是否对应电缆位置。

（4）检查人机交互中的电缆扭曲显示值是否与电缆环的实际状态相符。

（5）测试扭缆传感器性能。

方法一：在零点起按下手动偏航旋钮，使机舱向左右各旋转 3 圈（扭缆最大量），检查凸轮撞上触点时是否能够自动停机，若不能自动停机，应查明原因并维护或更换，注意在超过一圈之后需要实时观察实际电缆的扭缆情况。

方法二：拆开传感器外壳，用手拨动扭缆传感器凸轮，测试扭缆传感器是否会按要求报警，此时需将扭缆传感器拆下。

6.2.8　发电机冷却通风系统检查与维护

1. 发电机冷却通风机检查

（1）检查冷却风机转向是否正确。两台冷却风机同时向发电机内部鼓风，禁止冷却风机反转。

（2）检查冷却风机是否震动异常，是否存在异响，若有异常需拆卸通风管道。

（3）检查冷却风机内部零部件是否有松动现象。

（4）检查冷却风扇、钣金件表面防腐是否良好。

（5）检查接线盒接线是否可靠，电缆是否老化，绑扎是否牢固。

2. 发电机冷却风机连接情况检查

（1）检查冷却风机及其支架与机舱连接螺栓是否松动，检查螺栓处减震垫是否老化及损坏，若有应及时更换。

（2）检查通风软管及连接卡箍，确保软管连接紧固，通风软管若有破损应及时更换。

3. 冷却风机进、出风口滤箱过滤网检查

检查冷却风机进、出风口滤箱过滤网是否堵塞，若有堵塞要及时进行清理。

6.2.9 机舱顶部平台和附件检查与维护

1. 机舱顶部平台检查与维护

（1）检查机舱顶部维护平台支架表面防腐是否良好，如有锈蚀情况须处理。

（2）检查支架和机舱连接螺栓是否牢靠、是否存在锈蚀，对松动的螺栓要紧固，锈蚀螺栓应更换。

2. 机舱附件检查与维护

检查机舱附件螺栓连接情况，包括接近开关、解缆传感器、偏航刹车器、振动传感器、接线盒、环电葫芦等附件装置的安装用紧固件连接情况。

（1）振动传感器检查。

1）检查振动传感器装置（见图6-6）固定是否牢固。

2）轻轻敲打振动传感器，通过HMI（人机界面）观察其数据是否有变化，以检查振动传感器工作是否正常。

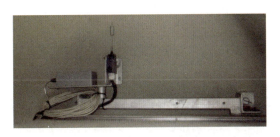

图6-6 振动传感器装置

（2）机舱提升机检查。

1）检查提升机外观。清扫提升机外部灰尘，检查提升机表面防腐是否良好；检查结构是否存在变形、裂纹；检查提升机固定螺栓是否出现松动等异常现象。

2）检查提升机链条及齿轮。清洁链条表面，检查吊链表面是否存在裂纹、破损；每三年使用卡尺检查吊链直径；尺寸超过吊链原尺寸的10%需报废，更换新吊链。每三年使用卡尺检查吊钩尺寸；尺寸超过吊钩原尺寸的10%需报废，更换新吊钩；每年使用低温齿轮润滑油充分润滑链条，每年使用低温齿轮润滑油充分润滑提升机齿轮。

3）检查提升机固定支架。检查与提升机相关的支架，防腐是否良好，是否有变形、裂纹；检查吊梁（含发电机吊梁）、支撑架固定是否可靠，根据划线判断是否偏移。

4）检查制动装置是否可靠。

5）检查提升机运行过程中是否存在异响。提升机其余维护可参见生产厂商对应维护手册。

（3）机舱底部平台检查。

1）检查机舱底部平台固定是否牢固，防腐是否良好。

2）检查平台是否变形、裂纹等异常现象，梯口盖板是否能正常开合，铰链是否正常。

（4）机舱入口爬梯检查。

1）检查爬梯是否固定可靠，偏航中是否有爬梯与塔筒顶部平台电缆导向环剐蹭痕迹。

2）检查爬梯是否出现裂纹、腐蚀或损坏，若有应及时修复或更换。

3）检查爬梯处动力电缆及控制电缆固定是否可靠，绝缘层是否有拉伸、脱层、开裂及老化现象。

6.2.10 机舱罩检查与维护

1. 机舱罩外观检查

当需要出机舱罩进行外部检查时，应穿戴安全防护装置，并通过安全绳索与风力发电机组锚固点可靠固定。

（1）清理并检查机舱罩内表面，检查并记录外表面外观情况。

（2）检查机舱罩是否存在裂纹、破损等异常情况。

（3）检查机舱罩整体固定是否良好。

2. 机舱罩密封检查

检查机舱罩与机舱铸件结合面、电缆 PG 锁紧接头、通风口密封是否良好，是否有漏水的痕迹，若有应及时用密封胶修补。

3. 机舱罩天窗检查

（1）检查机舱顶部天窗、安全逃生天窗开合是否正常，固定是否可靠，是否出现损坏，密封是否正常。

（2）检查逃生天窗逃生架、悬挂点防腐是否良好，翻转机构能否正常翻转，是否存在裂纹、变形。

4. 机舱通风滤网检查

（1）检查机舱滤网是否堵塞，如有堵塞应及时进行清理。

（2）检查清理机舱滤网防尘棉，如有老化应更换。

6.3 气象站检查维护

对气象站进行任何维护和检修，必须首先使风力发电机组停止工作，维护开关处于维护状态，各制动器处于制动状态并将风轮锁定。

6.3.1 气象站外观与支架螺栓连接检查

（1）检查支架表面防腐是否良好。

（2）检查避雷环是否锈蚀，接线是否可靠。

（3）检查接地连接是否正确。

（4）检查线缆是否固定良好，绝缘层是否老化。

（5）清理接线盒灰尘，检查接线盒固定是否牢固、密封是否良好。

（6）打开接线盒，目测检查所有终端是否牢固、是否存在腐蚀。

（7）检查气象站检测元件连接有无松动。

（8）检查气象站、避雷环及支架所有螺栓连接是否可靠。

6.3.2 风速仪与风向标检查

（1）检查并清理风速仪和风向标表面结冰（冬季）及其他堆积物。

（2）通过手动旋转上部，检查风向标和风速仪的轴承，查看转动是否灵活。

（3）检查接线是否稳固，电缆绝缘皮有无损坏或磨损。

（4）检查 HMI 上的读数，检查风向标是否准确对准风向，检查风速仪是否准确测量风速。

6.3.3 温度传感器与航空障碍灯检查

（1）检查温度显示是否正常，如有问题，需拆开传感器检查是否存在内部结构损坏。

（2）对于配置航空障碍灯的机组，应检查航空障碍灯接线是否稳固、工作是否正常、电缆绝缘皮有无损坏腐蚀，如有应及时修复或者更换。

6.4 发电机检查维护

6.4.1 发电机外观检查

1. 发电机检查与维护前期准备

风力发电机是风力发电机组中将机械能转换为电能的装置，风力发电机的运行状况直接影响到输出电能的质量和效率，因此风力发电机的检查维护工作极为重要。在维护之前需确保以下三点：

（1）使用风轮转子锁锁住转子。

（2）切断发电机的电源，并测量其电压，确保发电机电压已经降到安全值。

（3）发电机要接地良好。

对该发电机进行的所有维护和修理工作都应做好记录。每项记录都必须注明维修日期、执行维修人员姓名、维修工作完成情况、发电机序列号等。

在每项维修作业期间，注意检查电缆的状况以及螺栓的牢固程度。

2．发电机表面检查与维护

（1）检查发电机表面的防腐涂层是否有脱落现象。如果有，按风力发电机组零部件生产厂商的腐蚀现场处理操作相关要求及时补上。

（2）发电机在使用期间，应特别注意绕组的清洁。发电机的内部和外部必须保持清洁，不允许有水和油脂落入发电机内。此项工作建议由发电机生产厂商或由专业维护人员进行维护。

（3）检查发电机定子强度焊缝及锥轴铸件，如发现焊接缺陷、裂纹或其他损伤，应做好标记并拍照，并与发电机生产厂商联系。观察裂纹是否进一步扩大，如果有，立即停机并联系生产厂商解决。

（4）根据现场的情况，应检查、清除发电机内部污物。

（5）对发电机内部遗留的碎末和碎屑及时清理。

（6）检查发电机内部固定部分与旋转部分上的紧固件是否松动。

3．发电机高强度螺栓检查

检查发电机高强度螺栓，运行 500h 检查及后续检查、维护方法及力矩，参见生产厂商高强紧固件检查维护相关规范。需检查的高强度螺栓紧固件清单如下：

（1）发电机转子与轮毂连接高强度螺栓。

（2）发电机锥轴与主轴承压盖连接高强度螺栓。

（3）发电机定子与锥轴连接高强度螺栓。

（4）发电机锥轴与机舱连接高强度螺栓。

（5）闸钳及支架与发电机连接高强度螺栓。

（6）锁紧机构与发电机连接高强度螺栓。

每次维护完后，目测螺栓是否锈蚀。对于锈蚀严重的螺栓，应更换；对于已锈螺栓但不严重的螺栓，手工除锈之后应涂刷银粉漆；对于检查力矩后的螺栓，也应涂刷银粉漆。

6.4.2 主轴承检查与维护

1. 主轴承润滑系统检查

（1）检查废油脂量和颜色变化，如废油脂量突然减少或颜色突然发生变化，应及时报告。

（2）检查润滑油管和油脂分配器是否存在漏油现象，若存在漏油现象，则必须紧固或更换损坏部件。

（3）根据分配器反馈信号检查各分配器是否堵塞，若有应立即清洗或更换。

（4）逐一拆开轴承的全部润滑油管口，用洁净$\phi6$不锈钢棒清理每个注油口和出油口，确认每一个油管都有油脂流出，没有堵塞。

（5）启动油脂泵，泵体会发出声响，检查油脂泵工作状况，确认油脂泵旋转方向正确。

（6）检查油脂泵内部油脂油位，在桶外壁做标记，并记录时间，作为下一次检查的比较（如果油位变化很小，应检查油泵是否异常及分配器是否堵塞），并补充油脂，更换损坏的集油瓶。

2. 油脂加注及集油瓶更换

润滑脂加注量：正常运行推荐润滑脂量不低于60g/24h；试运行三个月内不低于120g/24h。

（1）泵筒油脂补充。

每三个月检查泵筒内油脂量，当油脂液位降低至最低油位线附近时，加注润滑脂到最高油位。

（2）集油瓶检查和更换。

每三个月检查集油瓶内废油脂量，瓶内废油脂不得超出2/3容量。

（3）长时间停机后泵筒油脂处理。

长期停机超过一个月，应搅拌泵筒内的油脂；停机超过半年，应清理和全部更换泵筒内的油脂。

3. 润滑装置故障维护

润滑装置故障维护可参考润滑装置生产厂商提供的用户维护手册。

4. 主轴承油封检查

（1）检查油封是否有磨损、烧坏、老化、变质等现象，若有应及时更换，以保证整个轴承装置的密封良好。

（2）检查油封压板固定螺栓紧固良好。

（3）及时清理油封处泄漏的废旧润滑油脂，避免油脂飞溅到绕组上，而影响导电性能及损坏绝缘层。

5. 主轴承噪声检查

检查主轴承运转中是否有异常噪声。若有，应查找噪声来源，进行故障排查。若噪声可能超标或有异响，应及时上报。

6.4.3　发电机内部检查

使用工具打开发电机观察孔（无油管端），注意感知和观察发电机内部温度适宜、确认安全状态下方可进入发电机内部。

（1）清理发电机内部灰尘、废油脂。

（2）检查发电机结构件是否出现裂纹、开焊等缺陷。若发现焊接缺陷、裂纹或其他损伤，需做好标记并拍照，并与风力发电机组生产厂商联系处理。

（3）检查发电机绝缘是否良好，发电机内部是否存在油脂、铁屑等异物。

（4）检查锁紧及制动液压管路是否固定良好，接头处是否漏油。

6.4.4　发电机制动锁紧系统检查与维护

1. 液压系统检查

系统液压站位于机舱平台上，液压系统维护见 6.2.4 节相关内容。

2. 发电机制动器检查

发电机制动器更换刹车片前，应确保转子处于锁定状态。

（1）刹车器维护内容。

1）检查制动器固定螺栓、衬垫挡板螺栓的拧紧力矩是否在要求范围内。

2）检查制动盘及周围是否有磨损粉末和油污，如有粉末应及时清除，如有油污应清除后用清洁剂彻底清洁。

3）检查制动盘是否生锈（除摩擦面外），如有锈迹应及时清除。

4）检查制动刹车片复位是否正常，复位后刹车片与制动盘间隙应在 1～3mm 之间。

5）每半年检查刹车闸钳的刹车片，当刹车片摩擦材料厚度小于 2mm 时应进行更换。

（2）摩擦片更换方法。

1）对液压系统的制动支路卸压，以释放制动器压力。

2）拆下制动器一端或两端的挡块，进行摩擦片的更换。有的制动器需拆下衬垫复位组件才能进行更换。

3）更换新的摩擦片后，必须以规定的力矩拧紧紧固螺栓。其他细节维护参见生产厂商提供的用户手册。

3. 液压锁紧销检查

检查更换液压锁紧销（见图6-7）前，应确保叶片顺桨、转子制动，并保证另一个安全锁定螺杆顶紧液压锁紧销处于锁定状态。锁紧销维护内容如下：

（1）检查液压锁紧销的固定螺栓力矩线是否清晰，是否出现偏移。

（2）检查锁紧面是否有损伤，应及时清除锁紧销周围的杂物及铁屑。

（3）检查锁紧销后部位移开关（传感器）是否紧固，锁紧及解锁信号是否正常。

（4）检查锁紧销油管接头是否拧紧，油管是否出现老化现象，是否有漏油。其他细节维护参见生产厂商提供的用户手册。

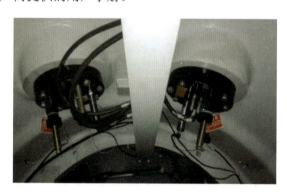

图6-7　发电机液压锁紧销装置

4. 风轮锁定及解锁程序

（1）风轮锁定程序。当风力发电机组需要维护时，需执行风轮锁定，具体步骤如下：

1）启动变桨驱动使叶片顺桨。

2）启动机舱处液压泵电机，建立制动支路压力。

3）启动主轴刹车，制动支路换向阀动作，使发电机慢速旋转，以便于锁紧销对准锁定孔。

4）观察轮毂连接法兰（发电机端）上的标志线旋转，直到与发电机轴承端盖上的红色标志线（蓝色标记线用于叶片的水平锁定）对齐，表示液压锁紧销已对准锁定孔，立即进入下一步的操作。

5）启动锁紧销对中，锁紧支路换向阀动作，使锁紧油路导通，低压完成液压锁紧销的对中。

6）锁紧销对中并推出到位后，启动锁紧销压紧，完成两个锁紧销的高压锁紧。

7）拧紧安全止退螺栓，顶紧锁头，此时锁紧机构将被安全锁死，不会意外脱出。

（2）风轮解锁程序。当风力发电机组维护结束，若需执行风轮解锁，具体步骤如下：

1）向外旋出安全止退螺栓，解除锁头顶紧。

2）启动锁紧销缩回，换向阀动作，使锁紧机构解锁油路导通，完成两个锁定销完全脱出。

3）此时主控系统会收到锁紧机构底部的位置传感器传出的信号，同时两个锁紧销后部传感器信号灯均亮，表明锁紧销已退回到位，风力发电机组可以动作。

液压刹车应和机械锁紧销配合使用，防止锁紧销被卡住或摩擦发电机转子机架。锁定时，首先通过液压刹车使发电机慢速旋转，以确保锁紧销对准锁紧销孔，然后再销入锁紧销；解锁时，首先退出锁紧销，然后再释放液压刹车。

6.4.5 发电机绝缘电阻检测

（1）必须经常检查绕组的绝缘电阻，任一相绕组的绝缘电阻降低时，应仔细清除污物和灰尘，必要时进行干燥处理。

（2）当发电机长时间停机时，在运行前务必对发电机绝缘电阻进行检测。保证发电机的绝缘电阻不低于 5MΩ。如发电机绝缘电阻小于 5MΩ（新发电机不低于 50MΩ），维护人员查明原因。如果测试值不符合上述值，一般是受潮引起，必须干燥处理。

绝缘电阻检测方法是：用 1000V 绝缘电阻表检查发电机绝缘电阻，转换成 40℃ 时最小绝缘电阻值 $R_{40} \geqslant 5\text{M}\Omega$，并记录 15s 和 60s 的绝缘电阻，计算吸收比 $R_{60s}/R_{15s} \geqslant 1.3$。如果绝缘电阻或吸收比低于最低允许值，则需对发电机进行干燥处理。

6.4.6 发电机出线盒检查

（1）检查电源电缆在出线盒入口处的固定和密封情况，发现固定不牢和密封不良，应及时紧固和更换密封圈。

（2）检查电源电缆接头与接线柱接触是否良好，接线力矩划线是否出现偏移，接头和接线柱是否有烧坏的现象，如有应立即检查和更换零件。

（3）检查动力电缆绝缘是否有老化、破损等异常情况。

（4）检查发电机的接地是否良好。

（5）检查发电机接线盒内的绕组防雷装置是否连接可靠。

（6）每次雷击后，需要及时检查浪涌保护器，如有损坏应及时更换。

6.4.7 发电机绕组温度测量与通风系统检查

（1）定子线圈和轴承装有测温元件，要求用检温计法检测绕组停用温度限值为

145℃，报警温度 135℃；滚动轴承停用温度 95℃，报警温度 90℃。

（2）发电机内部冷却采用强迫风冷机构，通过轴流风机向机舱内部鼓风。风力发电机组发电机通风系统的检查主要包括以下几个方面：

1）通风设备运行状态。检查风机、风道、风口等通风设备是否正常工作，确保空气流动畅通无阻。

2）清洁度检查。定期清理通风设备及其周围环境，防止灰尘、污垢等积聚影响通风效果。

3）磨损与腐蚀情况检查。检查通风系统的各个部件是否存在磨损、腐蚀等情况，特别是风道和风口等易损部件，必要时进行维护和更换。

4）密封性检查。确保通风系统的密封性良好，防止漏风现象发生，影响通风效率和机组运行稳定性。

5）风量与风压监测。通过安装流量计和压力传感器等设备，实时监测通风系统的风量和风压，确保其在正常范围内。若风量过低或风压异常，可能意味着系统中存在堵塞或泄漏等问题，需及时排查并修复。

6）安全装置检查。检查通风系统的安全装置（如过载保护、温度监测等）是否完好，确保在异常情况下能及时切断电源或发出警报，保障机组安全。

7）记录与文档查阅。查阅通风系统的运行记录和维护文档，了解系统的历史运行状况和维护情况，为当前的检查和维护工作提供参考。

6.4.8　发电机接地与轮毂侧外部密封检查

（1）检查发电机所有接地线是否连接可靠。

（2）检查发电机轮毂侧靠近转子外筒体处的玻璃钢材质的过渡环；检查过渡环螺栓固定是否良好；检查过渡环分瓣接合处是否密封良好；检查迷宫缝隙是否均匀；检查排水孔是否堵塞。

6.4.9　发电机运行噪声检查

在发电机运行状态下，除检查主轴承运转中是否有异常噪声外，还应检查发电机是否存在异响、振动等异常情况。如有噪声情况，必须查找噪声来源，进行故障排查。如噪声超标或有异响，应及时上报。

6.4.10　灭磁装置用压敏电阻检查

氧化锌灭磁电阻在正常运行条件下无须进行任何维护。只有在完成灭磁任务后维修时，才需要进行如下两项检测：

（1）压敏电压。大多数情况下用 1mA 直流电流通入压敏电阻器时测得的电压值。测量后可将每个支路的电压测量值与出厂或投运前的测量值（不低于 2.4kV）比较，如果下降幅度不大于 10%，属正常现象。

（2）泄漏电流。泄漏电流是指压敏电阻器在规定的温度和最大持续直流电压时，流过压敏电阻的电流。泄漏电流的标准值为 $2\times30\mu A$，测量值应低于标准值。

6.4.11　运行中故障及修理方法

发电机在运行中，由于多方面的原因，会产生各类故障。无论故障大小，发现故障应立即采取措施进行消除，否则这些故障会引起事故。处理故障前必须切断发电机组电源。最常遇到的故障有以下几个方面。

1. 发电机不能启动

发电机不能启动的原因和修理方法见表 6-2。

表 6-2　　　　　　　　　发电机不能启动的原因和修理方法

故　障	故障原因	修理方法
发电机不能启动	变流器故障	检查变流器
	电源电缆连接有误	检查电源电缆的连接
	其他因素	联系制造商服务，排除故障

2. 轴承发热、响声不正常

轴承发热、响声不正常的原因和修理方法见表 6-3。

表 6-3　　　　　　　　轴承发热、响声不正常的原因和修理方法

故　障	故障原因	修理方法
轴承发热、响声不正常	润滑脂不足或过多	补充润滑脂或清除过多的润滑脂
	润滑脂变质或含异物	清洗轴承，更换润滑脂
	轴承磨损烧坏	更换轴承，轴承型号见随机提供的外形图
	轴承内外圈松动	紧固螺栓、止动螺钉或圆螺母

3. 轴承漏油

轴承漏油的原因和修理方法见表 6-4。

4. 发电机异常振动、噪声

发电机异常振动、噪声的原因和修理方法见表 6-5。

表6-4 轴承漏油的原因和修理方法

故　障	故障原因	修理方法
轴承漏油	密封件之间的间隙过大或变质、损坏	加厚密封件或更换密封件
	润滑脂过多	清除过多的润滑脂
	润滑脂变质、稀化	清洗轴承，更换润滑脂
	轴承发热	排除轴承发热故障

表6-5 发电机异常振动、噪声的原因和修理方法

故　障	故障原因	修理方法
发电机异常振动、噪声	叶片角度不一致	限功率运行
	安装不牢固	重新拧紧螺栓，检查垫片，加强安装刚度
	机组与发电机共振	调整发电机的振动周期，使其与机组振动周期不同
	轴承损坏	更换轴承
	机组轴向窜动	修理或更换被磨损或损坏的轴承装置零部件

5. 发电机温度过高

发电机温度过高的原因和修理方法见表6-6。

表6-6 发电机温度过高的原因和修理方法

故　障	故障原因	修理方法
发电机温度过高	过载	减少负荷
	冷却失效	检查冷却通风系统
	测温元件故障	对比排查测温元件
	其他因素	联系制造厂商服务，排除故障

6. 发电机绝缘层损坏

（1）发电机绝缘层损坏的原因。周围空气中有腐蚀性气体或盐雾；绝缘层外表长时间未进行清理，大量的灰尘、油污等沉积在绝缘层表面；线圈端部绑扎松动，振动磨损；周围环境温度超过40℃的规定；机械碰伤；水分浸入绝缘层。

（2）发电机绝缘层损坏的处理方法。

1）连接线绝缘层损坏时，将损坏的绝缘层剥掉，包上新的绝缘层，涂漆后烘干。

2）线圈绝缘层损坏时，需更换线圈。若只是线圈端部局部击穿或机械碰伤，可以不更换线圈，将损坏处重新包扎绝缘材料，涂漆后烘干。

上述绝缘层损坏处理后，必须测量绝缘电阻，绝缘电阻值达到10MΩ以上时，方

可开机运行。

7. 发电机绝缘电阻低

发电机绝缘电阻低的原因和修理方法见表6-7。

表6-7　　　　　　　　发电机绝缘电阻低的原因和修理方法

故　障	故障原因	修理方法
发电机绝缘电阻低	周围环境湿度太大	加强通风，降低周围环境湿度
	绝缘层表面不干净	清理绝缘层表面沉积的灰尘、油污等
	环境温度变化大，绝缘层表面凝露	烘干处理，烘烤的温度不能超过铭牌上绝缘等级的允许温度
	绝缘层损坏或老化	更换定子或转子
	水分浸入绝缘层	排除水分
	发电机停止运行后，没有采取防潮措施	发电机停止运行时，采取必要的防潮措施

8. 发电机冷启动

发电机的启动温度为＋5℃。如果温度传感器PT100显示值低于0℃，或者发电机停机时间过长，或者长时间在寒冷冬季停机，发电机线圈的绝缘层有潜在可能潮湿或表面有凝结水甚有结冰，导致绝缘电阻低于最低值（$R_{40} \geqslant 5\text{M}\Omega$），须加热干燥，排除潜在绝缘被通电击穿的风险。确认发电机处于刹车制动、锁定销锁定状态，操作如下：

（1）转子通上200～300V 15A的直流电（可从转子变频器取电）。此电流可提供加热能量。

（2）持续加热，直到PT100读数上升至5℃。

（3）检查定子、转子绕组绝缘电阻均须$R_{40} \geqslant 5\text{M}\Omega$。

（4）如果绝缘电阻达到要求，解除发电机锁定，可以进行正常启动。

应特别注意，必须慢慢加热，使水蒸气能均匀缓慢而自然地通过绝缘介质逸出，快速加热很可能使局部的蒸汽压力过大，足以使水蒸气强行通过绝缘介质逸出，这样会使绝缘介质遭到永久性的损害。

6.5　轮毂与变桨系统检查维护

6.5.1　轮毂检查与维护

1. 轮毂表面检查

（1）检查轮毂表面的防腐涂层是否有脱落现象，若有，按风力发电机组生产厂商零部件的腐蚀现场处理操作相关守则及时补上。

（2）检查轮毂表面清洁度，如有污物，用无纤维抹布和清洗剂清理干净。

（3）检查轮毂表面是否有裂纹，如果有，做好标记并拍照，联系生产厂商。观察裂纹是否进一步扩大，若有，立即停机并与生产厂商联系。

2. 轮毂高强度螺栓紧固检查

检查轮毂内高强度螺栓，运行 500h 检查及后续检查、维护方法及力矩值按照高强紧固件相关维护规范检查。需检查的高强度螺栓紧固件清单如下：

（1）轮毂与叶片变桨轴承连接高强度螺栓。

（2）轮毂与变桨驱动连接高强度螺栓。

每次维护完后，目测螺栓是否锈蚀。对于锈蚀严重的，应更换；对于已锈螺栓但不严重的，手工除锈之后应涂刷银粉漆；对于检查力矩后的螺栓，应涂刷银粉漆。

6.5.2　变桨轴承检查与维护

1. 变桨轴承外观检查

清洁变桨轴承端面后，使用照明设备检查如下：

（1）检查轴承端面防腐涂层是否完好，若出现锈蚀及时使用除锈剂清理。

（2）检查有无出现明显损伤、裂纹等现象，若有需记录相关信息，停机并进行检查维护。

（3）检查密封圈是否存在损伤、开裂、磨损严重，若密封圈失效应立即更换。

2. 变桨轴承齿面检查

（1）齿面目视检查。检查变桨轴承齿圈与变桨驱动小齿轮是否有点蚀、刮伤、裂纹等缺陷，记录相关信息，并及时采取补救措施。检查所有齿面是否锈蚀，出现锈蚀及时使用除锈剂清理。

（2）齿侧间隙检查。塞尺检查变桨轴承齿圈与小齿轮齿侧间隙，应在 0.3 ~ 0.6mm 之间，否则应及时进行调整。齿侧间隙测量前，应先尽量通过变桨，使变桨驱动小齿轮与变桨轴承齿顶圆的最大标记处啮合。检测时，使用塞尺多点随机检测，记录每一个合格值或者超差值；检测数值超差，按照相关手册要求进行调整，并记录调整后的间隙值。

（3）变桨轴承齿面润滑维护。定期清理废润滑脂，0° ~ 90° 齿面变桨范围手动涂抹福斯 BL 润滑脂 900g，并检查剩余齿面，如有锈蚀，涂抹适量润滑脂防护。

3. 变桨轴承润滑检查

变桨轴承有 18 个油嘴，每三个月手动加注润滑油脂，具体加注按以下步骤进行：

（1）打开 1/2 数量的油嘴，每隔一个打开一个。

（2）检查出油孔是否堵塞，若有阻塞应及时清理。

（3）检查废油脂颜色，如颜色突然发生变化，应及时报告。

（4）将油脂分别从未打开的油脂嘴注入，共注入 1200g 润滑脂（单台轴承注脂量）。

（5）注入油脂后进行往返 ±45° 变桨。

（6）检查润滑脂注入情况，应保证有少量润滑脂从打开油脂嘴处流出。

（7）让变桨系统运行 30min，以减小轴承内部的压力。

（8）除去多余的润滑脂，并将打开的油嘴拧回。

4．变桨轴承油封检查

（1）检查油封是否有磨损、烧坏、老化、变质等现象，如有应及时更换，以保证整个轴承装置的密封良好。

（2）检查油封压板固定螺栓是否紧固良好。

（3）及时清理油封处泄漏的废旧润滑油脂。

5．变桨轴承噪声检查

检查变桨轴承运转中是否有异常噪声。如有，务必查找噪声来源，进行故障排查。如噪声可能超标或有异响，应及时报告。

6.5.3 变桨驱动检查与维护

变桨驱动装置由变桨电机和变桨减速箱组成。每个机组配有三个变桨驱动装置，分别用于独立控制三个叶片实现变桨动作。在平均风速低于 10m/s 时，风轮锁定，并锁上叶片锁后，才允许对变桨驱动进行更换。

1．变桨功能测试

用手动操作箱启动变桨，测试变桨方向是否与屏幕操作一致，保证准确变桨。

2．变桨电机检查

（1）检查变桨电机表面的防腐涂层是否有脱落现象，如有破损应及时修补。

（2）检查变桨电机表面是否有污物，如有应擦拭干净。

（3）检查变桨电机接线情况，如果松动，关闭电源后再紧固接线。

（4）检查变桨电机是否有异常振动和噪声，如有应告知生产厂商进行检查。

（5）检查变桨电机是否过热、风扇是否异常。

（6）检查旋转编码器连接，如有松动应重新紧固。

（7）当电机保护装置连续动作时，应查明故障来自电机还是超负荷或保护装置整定值偏小，消除故障后，方可投入运行。

3. 变桨减速箱检查与润滑油脂更换

（1）变桨减速箱检查。检查变桨减速箱表面是否有污物，如有需擦拭干净；检查变桨减速箱表面的防腐涂层是否有脱落现象，如有破损及时修补；检查变桨减速箱润滑油油位是否正常，如有异常，检查变桨减速箱是否漏油，修复工作和加油工作完成后，将减速箱清理干净。

需注意，在加油或检查油位过程中，需将叶片锁定成"Y"字状态，检查最下方的变桨驱动，以确保减速箱与水平面垂直。检查润滑油是否有异味、颜色是否正常，出现异常油品取样，根据检验结果确定是否更换；检查驱动器输入端油封磨损情况，如出现油封漏油情况应立即更换；变桨运转过程中，检查变桨减速箱是否运行正常、是否存在明显的异响及振动，如有立即告知生产厂商进行检查；检查变桨减速箱与变桨电机连接螺栓是否松动、预紧力是否合格。

（2）变桨减速箱润滑油加注与更换。变桨减速箱润滑油加注与更换前，必须清理干净加油孔及周围；根据实际缺少情况加注指定润滑油，油品洁净度等级按 GB/T 33540.3—2017《风力发电机组专用润滑剂 第 3 部分：变速箱齿轮油》规定不低于 8 级。首次运行三个月后，对减速箱内润滑油进行取样检查（包括光谱元素分析及 PQ 指标等），如不合格需更换润滑油。以后每年进行采样检查，根据检验结果确定是否进行更换，润滑油建议每三年更换一次。加油工作完成后应清理干净泄漏的润滑油；齿轮润滑油加油至油标约 1/2 处即可。

（3）变桨减速箱润滑脂加注。每三年使用注油装置进行加注，加注时，旋开加润滑脂螺塞，一孔加油直至另一孔出油。注意收集废润滑脂，润滑脂出现异常情况应及时记录信息。

4. 变桨电机制动器检查

根据变桨电机的行业情况，一般变桨制动器是专为变桨系统开发的，终身免维护，超长寿命。风力发电设备寿命周期内无需维护或更换制动器，但要建立完善的检查、检修制度，做好使用与维护记录。

6.5.4 电滑环检查与维护

电滑环用于固定和旋转部件之间的电路连接，实现轮毂的供电和数据传输。电滑环安装在轮毂内部，由镀金环和合金刷组成。这种材料可以保证低电阻、最小磨损，并且通过使用润滑剂，可以防止磨损的碎屑扩散。

1. 电滑环连接导线检查

（1）检查电滑环接地电缆和电滑环进入轮毂控制柜电缆是否连接牢固。

（2）检查电滑环两侧电缆是否在其支架上固定牢固。

（3）检查电滑环限位处电缆是否预留一定的余量。

（4）检查所有导线是否有磨损。如果轻微磨损，找出磨损原因，在导线磨损处用绝缘胶带或用绝缘热塑管处理；如果磨损严重，找出磨损原因并立即更换导线。

（5）检查电滑环电缆时，应在机舱配电柜内切断机舱对轮毂的供电。

2. 电滑环三角支座检查

（1）检查电滑环支座内侧固定状态，防腐是否正常，电滑环支座是否存在变形、裂纹。

（2）检查电滑环支座外侧钣金防腐是否正常，扭矩划线标识是否偏移。

（3）检查电滑环固定螺栓、定位螺栓是否松动，扭矩标识是否清晰。

3. 电滑环限位支架检查

（1）检查支架发电机端固定是否牢固，螺栓扭矩标识是否有偏差。

（2）检查支架是否存在变形、裂纹，防腐涂层是否完好。

（3）检查支架电滑环端螺栓是否紧固，电滑环限位挡板是否处于此螺栓中间位置，是否圆周方向限位。

4. 电滑环本体检查

（1）检查电滑环与电滑环连接板、电滑环支架与电滑环安装板螺栓连接情况。

（2）清理电滑环表面，去除灰尘及油污，检查电滑环是否存在损伤。

（3）检查快速接头接触是否良好。

（4）查看电滑环后端挡板，电滑环端是否固定良好，支架端能否自由活动。

（5）转动电滑环，检查电滑环的工作状况有无异常（外壳温度、噪声、振动等）。

（6）建议电滑环每运行三年，应拆下电滑环罩壳用强风吹环道，将灰尘等污物吹掉。需注意，电滑环禁止非专业人员拆卸。

5. 电滑环编码器检查

电滑环顶端的编码器用于风力发电机组的超速保护，必须每半年检查连接和振动情况。编码器损坏应及时更换。编码器检查前应先拆下编码器保护罩，方法如下：

（1）用中号十字螺丝刀拧下黑色堵头螺钉，用 M3 内六角扳手从堵口螺钉孔将内部联轴器螺钉松开。

（2）用内六角扳手卸下螺钉，便可取下编码器保护罩，进行编码器检查。

6.5.5 变桨控制系统检测与维护

1. 变桨控制柜检查

（1）检查柜体内外部清洁状况。清理变桨控制柜外部柜体及内部灰尘，清理干净控制柜排风扇、通风口防尘棉；查看控制柜整体外观有无磕碰、损坏及变形，柜门开合是否正常；检查控制柜密封情况，密封胶条是否粘贴牢固、锁紧接头是否锁紧，未使用的锁紧接头是否紧固并密封；检查控制柜固定钣金件状态；检查控制柜走线支架是否存在变形、板材断裂等缺陷。

（2）检查控制柜内部元件及电缆。检查柜内部所有电气元件、电缆，表面是否有烧灼、异味，固定是否牢固等现象，若有记录相关信息，并尽快更换、处理；检查控制开关电气元件参数，参阅现场资料进行核对调整；检查控制柜内部所有接线老化、紧固状态，松动应及时紧固，电缆老化、端子损坏应及时更换。

（3）检查控制柜外部接线。查看与控制柜连接电缆走线绑扎是否牢固（扎带间距约100mm）、电缆绝缘层是否破损、老化，查看各控制零部件的接线情况。

（4）检查控制柜柜门按钮、指示灯。检查控制柜柜门按钮、指示灯是否正常，检查时要确保电源已断开。

2. 变桨控制柜固定螺栓检查

检查所有固定控制柜、配电柜的螺栓，划线标识是否出现偏移。如出现偏移，清理紧固件的螺栓及螺孔，并紧固，重新涂相同规格的螺纹胶。如标记线完全对齐，则不允许对螺栓再次施加力矩，防止破坏螺纹紧固胶。

3. 后备电源柜检查

（1）后备电源柜检查。

1）清理后备电源柜，检查后备电源柜是否变形、防腐是否完好。

2）检查柜内电气元件固定是否牢固，走线绑扎是否牢固。

3）检查电池组／超级电容（选配）接线柱接线是否牢固。

（2）后备电源柜固定螺栓检查。

1）检查后备电源柜与支架、支架与轮毂固定螺栓力矩划线是否偏移。针对带有拧紧标记线的螺栓，检查是否松动。若标记线错位，说明螺栓有松动，需拧出螺栓，清理螺栓及螺孔，在螺栓上重新涂螺纹紧固胶，并拧入，然后对其按规定施加力矩。如标记线完全对齐，则不允许对螺栓再次施加力矩，防止破坏螺纹紧固胶。

2）检查螺栓处减震垫是否老化及损坏，如有应及时更换。

3）检查后备电源柜支架是否存在变形、裂纹，防腐是否完好。

（3）后备电源检查。

1）变桨检测。在断电的情况下，用备用电池驱动变桨机构，至少完成一次紧急收桨测试，测试后启动电池检测和补充电能。

2）用比例装置检测电池组电压需注意，如果一个电池出现问题，整个电池组都得更换。

（4）后备电源更换。若采用电池组做后备电源，应定期检查三组电池的电压，三年完成一次电池组更换。

4. 桨叶限位装置检查

轮毂内每个叶片分别配有 0° 限位和 89° 限位控制，为安全考虑，0° 和 89° 限位均有冗余限位，分别为 −10° 和 95°。其中 0° 限位由一动一静限位挡块控制，−10° 位置安装一个限位开关，通过动态限位挡块撞击实现 −10° 限位开关的触发；89° 和 95° 限位控制通过两个限位开关和一个限位撞块实现。检查限位开关时，必须确认维护开关始终处于"维护"位置。

（1）检查撞块、限位挡板表面防腐是否良好，固定螺栓划线标识未偏移。

（2）检查钣金件未出现明显变形、裂纹等缺陷，如有问题记录信息并反馈。

（3）限位开关检查。检查限位开关螺栓是否松动，摆杆是否松动，检查限位开关是否摆动灵活。分别触发各个限位开关，检查监控软件中是否有相应的反馈信号出现。执行紧急顺桨，检查确认挡板能够正常触发限位开关，并使叶片停止转动。

需注意的是，要借助工具进行检查，严禁用手直接进行相关检查。根据需要在进行紧固或拆卸时，必须首先确认维护开关处于维护状态，然后断开轮毂控制柜电源，确认叶片不会动作后，再开展工作。

5. 变桨编码器检查

（1）检查编码器及支架固定是否可靠，支架是否变形。

（2）检查电机运转中编码器是否振动。

（3）检查电缆是否连接良好，有无破损。

（4）检查编码器计数齿面是否损坏。

6.5.6　轮毂罩检查与维护

一般需要使用望远镜或出舱检查，当需要出舱进行外部检查时，必须穿戴安全防护装置，并通过安全绳索与风力发电机组锚固点可靠固定。

1. 轮毂罩外观检查

（1）清理并检查轮毂罩表面防腐是否完好。

（2）检查轮毂罩是否存在裂纹、破损等异常情况。

（3）检查轮毂罩整体固定是否良好。

2. 轮毂罩密封检查

检查轮毂罩与轮毂铸件结合面密封是否良好、是否有漏水的痕迹，如有应及时用密封胶修补。

3. 轮毂罩通风滤网检查

（1）检查通风滤网是否堵塞，如有堵塞应及时进行清理或更换滤网。

（2）检查清理滤网防尘棉，如有老化必须更换。

6.5.7 轮毂防雷检查与维护

1. 叶根接闪装置检查

叶根处接闪装置采用旋转接头形式，将防雷导线的电缆芯插入导电轴中，并使用夹块将防雷导线固定。

定期检查叶根接闪器旋转是否灵活，以及检查防雷导线是否有松动。

2. 发电机侧导雷碳刷检查

发电机侧接闪装置采用碳刷形式，采用弹簧补偿的碳刷与发电机主轴承端盖弹性接触，实现导雷系统与发电机的导电连接。

（1）导雷碳刷检查。定期查看碳刷的弹簧压力、研磨面及磨损情况，如碳刷剩余长度小于1/4碳刷总长需更换碳刷；同时，还需查看刷框和刷架上有无积垢，若有积垢须用刷子扫除或用吹风力发电机组吹净；用万用表测量碳刷与机座的通断，查看碳刷的压紧弹簧，确保碳刷与机座良好的接触；检查碳刷及其支架是否固定可靠。

（2）避雷导线检查。检查避雷导线与导雷碳刷连接是否牢固；检查避雷导线绑扎是否牢固；检查避雷导线外绝缘是否破损，是否与支架处于绝缘状态；检查导线支架固定螺栓是否松动，划线标识是否偏移；检查导线支架是否变形、是否出现裂纹。

6.5.8 励磁盒检查与维护

（1）使用工具打开励磁盒，清理并检查励磁盒内部。

（2）检查励磁线连接处是否紧固。

（3）检查外部励磁线绑扎是否牢固，电缆是否磨损。

（4）检查励磁锁紧接头是否锁紧电缆。

（5）检查励磁盒外观，励磁盒固定是否可靠，是否出现变形，涂层是否完好。

6.6 叶片及其导雷系统检查维护

6.6.1 叶片检查与维护

1. 叶片外部检查

用望远镜检查叶片（见图6-8）表面是否有损伤等现象，特别注意在最大弦长位置附近处的后缘。

（1）检查叶片 A 后缘和 B 前缘是否有裂纹、腐蚀或涂层剥离现象。

（2）检查叶片 C 迎风面和 D 背风面是否有裂纹、腐蚀或涂层剥离现象。

（3）检查从叶根到最大弦长附近的区域（阴影区 E，见图 6-9）。这个区域出现的缺陷对叶片影响较大，如果发现这类缺陷应通知叶片生产厂商。

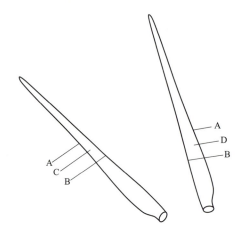

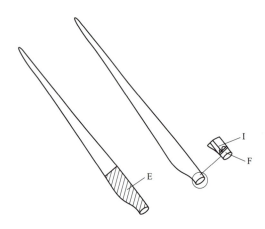

图 6-8　叶片外部检查区域 1
A—后缘；B—前缘；C—迎风面；D—背风面

图 6-9　叶片外部检查区域 2
E—叶根至最大弦长区域；F—导雷系统可见的组件；
I—腹板和叶片蒙皮连接处

（4）检查叶片外表面及导雷系统可见部件是否有受过雷击的迹象。雷击后的叶片可能存在的现象有：在叶尖附近可能产生小面积的损伤；叶片表面有火烧黑的痕迹，远距离看像油脂或油污点；叶尖或边缘裂开；在叶片表面有纵向裂纹；在外壳中间裂开；在叶片缓慢旋转时，叶片发出咔嗒声。

（5）检查导雷系统可见的组件（F）是否完整无缺，安装是否牢固。

2．叶片运行噪声检查

叶片的异常噪声通常是由于表面不平整或叶片边缘不平滑造成，也可能由于叶片内部存在脱落物，应查找出叶片噪声来源并处理。

3．叶片内部检查

仅允许在平均风速低于 5m/s、叶片顺桨、锁上叶片锁、风轮锁定，并使叶片固定在水平位置时，才能对叶片进行内部检查。检查必须由经培训合格的叶片专业人员进行。雷雨天气应远离叶片，禁止钻进或站在叶片内部。

（1）检查内部是否有螺栓螺母脱落、遗留工具或运行过程中掉落的过量的胶黏剂。

（2）检查腹板和叶片蒙皮之间的连接（见图6-9中I和F），是否有玻纤复合层分层、断层、开裂。该区域一旦有缺陷，必须立刻通知叶片生产厂商进行修复。

（3）检查叶片上下壳体前后缘黏接部位、叶片腹板与壳体黏接部位是否完好，有无脱胶、裂纹。

（4）检查叶片内部，如有积水需疏通排水孔，将水排掉。

（5）检查叶片内部是否存在脱落物，如有需进行清理。

（6）检查整个叶根是否有缝隙、腐蚀和涂层剥离的现象。

（7）检查叶片和叶根法兰之间的密封是否良好。

（8）检查根部螺栓间的铺层、黏接补强区域是否有裂纹。

当裂纹小于5cm时，风力发电机组的功率应减至额定功率的50%；若裂纹大于5cm时，则风力发电机组应立即停止运转。当检测到裂纹时，需要制定解决方案，并找专业人员协助处理。

4. 叶根T型螺母铺层检查

检查T型螺母部位的层压物质是否有裂纹，如果有小范围的松动或翘曲，则需要用特定胶黏剂填补此缺陷。

5. 叶根平台检查

（1）检查叶根平台盖板是否安装牢固，接闪装置是否连接可靠。

（2）检查平台状态是否良好，有无裂纹及损伤。

（3）检查变桨轴承与叶根连接处是否漏水。

（4）定期清理平台杂物。

6. 叶片修复

叶片上出现的缺陷主要来自运输不慎、腐蚀或雷击，包括表面损伤（如擦伤、划槽、刻痕、刮痕等）和结构损伤（如裂纹、洞、分层、脱胶、化学腐蚀等）。修复安全要求如下：

（1）只有在平均风速低于5m/s、环境温度在10℃以上时，才允许进行叶片修复工作，低于10℃需采取加热措施。

（2）首要必须使风力发电机组停止工作，叶片顺桨，各制动器处于制动状态并将风轮锁定，锁上叶片锁。

（3）使用的起吊设备必须经过认证并符合工作要求。将起吊设备固定在坚硬的地面上，并避开风轮转动扫过的区域范围。不要将起重机的起吊篮固定在风力发电机组叶片上，起吊时，吊篮内的操作者不能把肢体伸到篮外。

（4）维护操作者始终要配备一根与风力发电机组牢固连接的安全缆绳。维护操作者必须穿安全鞋，佩戴头盔，穿着指定的防护服。

（5）维护过程中需与叶片保持一定的安全距离。

缺陷仅存在于叶片表层时，需要由经培训合格的叶片专业修复人员进行定期修复，修复之前风力发电机组可以无障碍运转。对于表面损伤的修复方法：将需修复的表面先用丙酮进行清洗；用80目砂纸打磨破损区域的涂漆层，再用丙酮清洗，然后用干布擦拭干净；刮腻子，待腻子固化后，再打磨平整；最后涂面漆。

主体结构一旦出现缺陷，应立即停机，避免造成重大损失。涂层以外的缺陷应立即修理，一旦发现相应缺陷，应及时联系叶片生产厂商，由生产厂商提供专业的维修指导。当叶片修补完且修补部分完全固化后，风力发电机组才可运行。

7. 叶片与轮毂连接处检查

（1）检查整个叶根是否有缝隙、腐蚀和胶衣剥离现象。

（2）检查叶片和叶根法兰之间的密封是否完整，修理此缺陷应重涂填充胶。

（3）检查密封圈是否正确放置。

6.6.2　叶片导雷系统检查与维护

叶片内部设有导雷系统（见图6-10），由一个叶尖铝制接闪器、几个叶身铝制接闪器、截面积不小于$70mm^2$的镀锡铜芯电缆、雷电记录卡（备选）及导雷电刷组成。

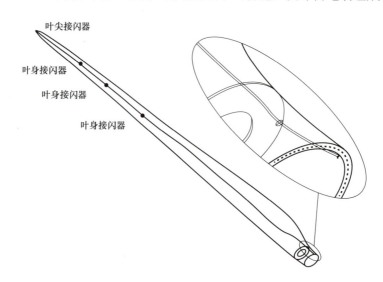

图6-10　叶片导雷系统

1. 导雷系统检查

（1）检查导雷系统可见的组件是否有受过雷击的迹象，如有雷击迹象，应更换雷电记录卡，将更换的记录卡带回并记录数据。

（2）检查导雷系统可见的组成件是否完整，运转是否灵活且安装牢固。

（3）检查避雷导线连接是否松动，若有松动应进行紧固。

（4）检查导雷系统对地电阻是否小于 4Ω。

2. 导雷系统维护

受到雷击后，雷电接闪器材料有可能汽化，并熏黑附近的胶衣。若叶片运转过程中受到雷击，变黑的区域像散开的扇形；若叶片停转时遭到雷击，雷电接闪器附近像一个环。其中，材料汽化过程的条件是雷击持续的时间、雷电的电流振幅、能量大小和各自区域的地理强度。

（1）雷电接闪器检查。检查雷电接闪器是否有雷击造成的缺陷，如果材料汽化严重，按照以下描述更换。安全要求如下：

1）只有在平均风速低于 5m/s、环境温度在 10℃ 以上时，才允许进行更换工作。

2）必须使风力发电机组停止工作，各制动器处于制动状态并将风轮锁定。

3）必须由经培训合格的叶片专业修复人员进行更换。

雷电接闪器更换步骤如下：

1）使用专用工具将损坏的雷电接闪器拆除。

2）除去雷电接闪器内旧的填充胶，然后清除孔中所有油污。

3）将新的雷电接闪器所有的面磨糙，彻底清除各个表面的油污。

4）用专用工具和扭矩扳手将雷电接闪器拧进螺纹。

5）雷电接闪器和叶片之间的缝隙，以及雷电接闪器的孔要涂上填充胶。需将缝隙和雷电接闪器的孔填满填充胶，并抹去多余的填充胶，以避免表面以下产生气泡。

以上更换工作均需要在风力发电机组停机且机械锁紧风轮后进行。

（2）雷电记录卡更换。

1）松开记录卡锁定销，从卡座上取下雷电记录卡。

2）通过读卡器读取卡内信息，并存储在适当的介质上。

3）安装新的雷电记录卡，安装前用防水笔在卡片正反两面填写文字信息。

需注意的事项有：雷电记录卡在运输、安装及使用过程中，不要与磁性物质接触，应远离移动电话、收音机、扬声器、电子工具、改锥等至少 30cm 的距离，不得刮擦、敲击和弯曲。

6.6.3　叶根螺栓检查与维护

1. 检查与维护要求

叶片根部通过高强度螺栓与叶根 T 型螺母连接，按照叶片制造商用户手册要求，叶根螺栓的预紧力矩见叶片制造商提供的用户手册。

（1）运行500h检查及维护。用100%的扭矩，检查所有螺栓，当温度低于−5℃时，应用80%的扭矩检查螺栓预紧度。当温度升高到−5℃以上时，补做100%的扭矩检查。

（2）后续检查。每半年用80%的扭矩，检查1/3的螺栓，要求均匀抽查。检查后，在已检查的螺栓上用防水记号笔做一个位置标记，且每次检查要变换标记的颜色，并优先检查没有标记的螺栓。只要一个螺栓可转动20°，就要检查该法兰内所有螺栓（不要松开螺栓）。如果螺母转动50°时，则必须更换螺栓和螺母，且该项剩余的所有螺栓必须重新紧固，更换后的螺栓应该做好相应标记，并在维护报告中记录。

需注意：允许使用的工具有液压扳手、扭力扳手；力矩误差控制在±3%之内；维护的周期由机组安装完成后开始计算。

2．防锈处理

每次维护完后，目测螺栓是否锈蚀。对于锈蚀严重的，应更换；对于已锈螺栓但不严重的，手工除锈之后应涂刷银粉漆；对于检查力矩后的螺栓，应涂刷银粉漆。

6.7 变流器水冷系统检查维护

由于变流器中的关键器件在工作时将产生大量热量，需及时给予冷却，因此配套稳定、可靠、安全的冷却系统（见图6-11），这是变流器装置能够稳定运行的基础。

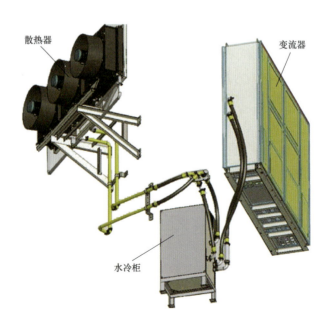

图6-11　变流器水冷系统示意图

冷却介质由主循环泵升压后流经空气散热器，得到冷却后进入被冷却器件将热量带出，再回到主循环泵，密闭式往复循环。循环管路设有气囊式膨胀罐稳压系统，为系统保持恒压并能吸收系统中冷却介质的体积变化，从而保证整个系统的正常运行。

6.7.1 水冷柜检查与清理

在进行操作前要进行安全断电作业，具体流程为：

（1）清理水冷柜外部柜体及内部灰尘，清理水冷柜排风扇、通风口防尘棉。

（2）查看水冷柜整体外观有无磕碰、损坏及变形，柜门开合是否正常。

（3）检查水冷柜密封情况，密封胶条是否粘贴牢固，锁紧接头是否锁紧，未使用的锁紧接头是否紧固并密封。

（4）检查固定水冷柜的螺栓，划线标识是否出现偏移，出现偏移应更换新的配套锁紧螺母。

（5）检查水冷柜内部水路部件是否存在渗漏、老化现象。

（6）检查水路部件固定是否可靠。

（7）检查水冷柜内部所有电气元件、电缆，表面是否有烧灼、异味，固定是否牢固等现象，如有应记录相关信息，并尽快更换、处理。

6.7.2 水冷系统常规检查

（1）检查水冷柜连接电缆走线绑扎是否牢固，电缆绝缘层是否存在破损、老化等现象。

（2）检查水路橡胶软管是否出现老化和裂纹，如有及时更换。

（3）检查水冷系统工作压力是否为约 2.0bar 的正常值。

（4）检查膨胀罐的预压力是否为约 1.5bar 的正常值。

（5）检查电机旋向是否正确，主循环泵噪声、温度和系统运行压力、温度是否存在异常。

（6）检查管路系统是否存在异常，包括管路连接、密封、螺栓紧固程度等。

（7）检查自动排气阀是否自动排气。

（8）检查仪表显示是否正常，校验仪表是否按国家相关规定执行。

（9）检查各电气元件接线端子是否紧固。

6.7.3 主过滤器清洗

定期对主过滤器进行清洗。清洗时需停止运行水冷系统，关闭过滤器进出口的阀门，然后排出该段管路内冷却液，拆开水泵入口外法兰，将过滤器取出，利用工具进行清洗，清洗完成后再装入，进行补液、排气，试运行。

6.7.4 水冷泵检查

1. 主循环泵的启动

（1）水泵泵体无水时，严禁启动水泵。

（2）水泵启动后，检查电机转向与指示转向是否相同。

（3）轻微松开排气螺塞（位于泵头上），持续排气到水自然流出，再锁紧排气螺塞，防止水泵气体无法排出导致气蚀。

2. 主循环泵的保养

保养前，要确定水泵处于断电状态，以防止意外启动。

（1）检查泵体法兰连接处密封情况。

（2）检查水冷法兰连接螺栓紧固性。

（3）泵的轴承及轴封正常工作下均不需要保养。

3. 常见故障及排除措施

变流器水冷系统常见故障及排除措施见表6-8。

表 6-8　　　　　　　　变流器水冷系统常见故障及排除措施

序号	故障状况	可能发生原因	处理方法
1	通电后电机未运转	没有电源	供电
		熔丝烧坏	更换熔丝
		断路器过载保护断开	重设
		热继电器断开	重设
		接触器接点不能闭合，或电磁线圈损坏	更换接触器或电磁线圈
		控制电路故障	检查维修
		电机出现故障	维修电机
2	电源接通后，过载保护断路器立刻跳开	其中一条熔丝烧毁	更换熔丝
		缺相运行	检查供电回路
		过载装置接点不良	更换
		电线接头松或不良	拧紧或更换
		电机绕线不良	维修
		水泵卡住不能转动	检查调整
		过载电流设定值太低	重设

续表

序号	故障状况	可能发生原因	处理方法
3	断路器偶尔断开	过载电流设定值太低	重设
		尖峰负载时，电压过低	检查供电系统
4	断路器接通后泵未运转	按"通电后电机未运转"相关内容检查	
5	泵流量不均匀	泵入口压力太低（气蚀）	检查进口状况
		吸入侧管路部分堵塞	清洁管道
		泵吸入空气	检查进口状况
6	泵运转但没有出水或水很少	吸入侧管路或水泵进口有堵塞	清洁泵入管道
		底阀或止回阀卡住造成关闭状态	维修
		吸入侧管路泄漏	维修
		管路或泵中有空气	检查进口状况和排气
		电机反转	检查电机转向
7	开关关掉时，泵反转	吸入侧管路泄漏	维修
		底阀或止回阀损坏	维修
8	水泵轴封处泄漏	水泵轴封损坏	更换水泵轴封
9	噪声大	发生气蚀	检查进口状况
		泵轴位置不正确，转动不灵活	调整泵轴位置

6.7.5 水冷换热器检查

定期用红外线温度仪对每台运行电机的温度进行测量；检查换热器及其支架与机舱连接螺栓是否紧固。启动前检查所有附件并查看各连接处是否紧密；风冷却器长期工作时，散热片表面逐渐积污垢，热交换性能下降，应定期清扫冷却板片表面及内部沉积的灰尘等杂物，每半年不少于一次，保持散热面清洁，保持空气的流动畅通。

散热板片清洗方法：用高压水枪对风冷却器散热板片污垢进行清洗，可配合使用毛刷刷洗，水压在 3～4bar，不可太高，清洗期间注意对电机的防护；也可利用 5～8bar 的压缩空气定期进行吹洗。

6.7.6 冷却液性能检测

冷却液建议每三年更换一次，失效或过期的冷却液会氧化成酸性，增加对冷却系统的腐蚀。加注新的冷却液前，应对过滤器滤网进行清洗，并按要求清理水冷管路。

（1）每年入冬前对冷却液取样进行冰点测试，查看冰点变化是否大于 ±5℃。

（2）每年使用 pH 试纸检查水冷液酸碱度，记录 pH 值（7.5 ~ 9.5）是否低于 6.5。

（3）每年检测冷却液储备碱度，查看是否低于 1.0。

（4）根据检查结果，对照冷却液检测更换指标（见表 6-9），判断是否需要更换水冷液。如果冷却液没有混浊现象（悬浮物、沉淀物或发臭），同时冰点能够满足当地最低温度要求，就可以适当延长更换周期。

表 6-9　　　　　　　　　　　冷却液检测更换指标

项 目	质量指标								试验方法
	冷却液								
	−15 号	−20 号	−25 号	−30 号	−35 号	−40 号	−45 号	−50 号	
冰点变化（℃）	> ±5								SH/T 0090
pH 值	< 6.5								SH/T 0069
储备碱度（mL）	< 1.0								SH/T 0091
使用时长（年）	> 3								—

6.7.7　冷却液更换

1. 冷却液排空

（1）切断电源，确保水冷系统已经关闭。

（2）拧松膨胀罐阀块上面、散热器顶部的自动排气阀，以及水泵上面的手动排气阀的排气帽（只是拧松排气帽，充液完毕后拧紧）。

（3）将排水管与排水球阀（与注水球阀是同一个球阀）连接到位。

（4）开启充液 / 卸压阀，排出换热器及水冷管路内的旧冷却液。由于水冷系统内部存在压力，应将排水球阀缓慢微小开启，同时空气会从排气阀进入水冷系统内部。

（5）待仅有少量水流从充液阀排出时，打开水冷泵顶部的排气阀，使管路内冷却水进一步排出。

需注意的事项有：在排空前应准备相应的储水桶、排水软管等工具，排出的废弃冷却液要收集到合适的容器，集中处理，不要使皮肤接触到冷却液。

2. 冷却液加注及排气

（1）确认各连接管路正确安装，系统内部各球阀处于开启状态，外接球阀处于关闭状态。

（2）打开注水球阀、连接注水管（注水球阀位于水泵出口阀块底部位置）。

（3）拧松自动排气阀顶部的红色小盖，系统中有多只自动排气阀，分别位于水泵泵体上部，膨胀罐顶部阀块上面，风冷却器顶部和变流器上部出水管管口（变流器一般自带排气阀，风冷却器顶部带有手动排气球阀）。

（4）启动注水泵注水，至膨胀罐压力表读数为 2.0bar 时停止注水，等待自动排气阀排气，自动排气阀会发出吱吱声响，同时压力逐渐下降。待压力低于 0.5bar 时再次启动注水泵，注水到 2.0bar 时停止。

（5）反复几次，当压力维持在 2.0bar 不下降，排气阀无排气声响时即可点动主循环泵。注水泵关闭时，需同时关闭注水球阀，避免系统内冷却液倒流。

（6）点动主循环水泵，观察水泵电机旋向是否与旋转标识一致。若电机旋向与旋转标识不一致，关闭电源，调换电机接线中任意两根线重新点动，直到电机旋向与旋转标识一致。

（7）启动主循环水泵，观察压力表的指针是否波动，如指针有波动则证明系统内部空气未排净，水泵继续运行 3 ~ 5min（部分系统或需更长时间），待压力表指针无明显波动后停止。

（8）因排出一定量的气体后系统的压力会降低，则需要再次注水至系统压力值稳定为 2.0bar。

（9）启动主循环水泵，观察压力表指针是否还存在波动，如此反复，直至压力表指针无波动、排气阀无吱吱声响。

（10）关闭主循环水泵，手动切换电动三通球阀至冷却回路，此时系统压力会降低，则继续注水至系统压力值为 2.0bar 时停止。

（11）启动主循环水泵，观察压力表指针是否波动，直至压力表指针无波动、排气阀无吱吱声响。

（12）待系统空气排净后，注水至系统技术要求压力值，完成注水排气。

（13）完成注水后，应妥善处理干净因排气喷出来或注水时泄漏的冷却液，关闭手动排气球阀。

需注意的事项有：主循环水泵不能在没有充满水的情况下干转，否则水泵轴封易被烧坏。在运行过程中，水泵若出现异常噪声，应马上停止，待排查原因并解决后才能继续注水。水冷系统在正常运行时，自动排气阀必须处于开启状态，自动排气阀偶尔会有水珠冒出，属于正常现象。如水冷系统重新注水或其他原因导致大量空气进入，则需要手动排气。

6.7.8 冷却液性能指标

水冷系统容量约 200L，使用 20 目过滤器进行加注，冷却液性能指标见表 6-10。

表 6-10　　　　　　　　　　　　冷 却 液 性 能 指 标

项　目		质量指标								试验方法
		冷却液								
		−15 号	−20 号	−25 号	−30 号	−35 号	−40 号	−45 号	−50 号	
颜色		有醒目颜色								目测
气味		无刺激性异味								嗅觉
密度[①]（kg/m³，20℃）		≥ 1036	≥ 1044	≥ 1050	≥ 1055	≥ 1060	≥ 1065	≥ 1070	≥ 1076	SH/T 0068
沸点（℃）		≥ 105.5	≥ 106	≥ 106.5	≥ 107	≥ 107.5	≥ 108	≥ 108.5	≥ 109	SH/T 0089
冰点（℃）		≥ −15	≥ −20	≥ −25	≥ −30	≥ −35	≥ −40	≥ −45	≥ −50	SH/T 0090
灰分[①]（%，质量分数）		≤ 2.5	≤ 2.5	≤ 2.5	≤ 2.5	≤ 2.5	≤ 3	≤ 3	≤ 3	SH/T 0067
pH 值		7.5 ～ 9.5								SH/T 0069
储备碱度（mL）		≥ 1.0								SH/T 0091
氯含量（mg/kg）		≤ 25								SH/T 0621
泡沫倾向	泡沫体积（mL）	≤ 150								SH/T 0066
	消泡时间（s）	≤ 5								
元素含量（mg/kg）	B	≤ 20								NB/SH/T 0828
	Si	≤ 20								
	P	≤ 20								
	Mo	≤ 20								
NO₂ 含量（mg/kg）		≤ 20								HJ/T 84
NO₃ 含量（mg/kg）		≤ 20								HJ/T 84
腐蚀试验[②]试片，变化值（mg/ 片）	1060 铝合金	±5								SH/T 0085
	6063 铝合金	±5								
	4043 铝合金	±5								
	3003 铝合金	±5								
	304 不锈钢	±5								

①　所测定的冷却液的密度与灰分超过规定值时，应将冷却液的冰点调整到该牌号的最高点，重新测定。

②　设备材料发生变化时，重新确定试验试片类型。

6.8　发电机齿轮箱检查维护

齿轮箱维护应在风力发电机组停机状态下，传动链完全停止转动后，风轮锁定销插入风轮锁定法兰的有效锁定时间内进行。半直驱齿轮箱传动示意见图6-12。

图6-12　半直驱齿轮箱传动示意图

首先拆除润滑系统零部件，拆除前检查油泵电机是否关闭，如未关闭则可能会使油液溢出，然后检查齿轮箱，并对齿轮箱进行维护。齿轮箱维护项目清单见表6-11。

表6-11　齿轮箱维护项目清单

序号	维护项目	首检（是/否）	日常维护（是/否）	维护周期
1	齿轮箱润滑	是	是	半年检
2	齿轮箱总成外壳检查	是	否	全年检
3	齿轮箱零部件的防腐检查	是	是	半年检
4	齿轮箱润滑系统工作情况、润滑油渗漏情况检查	是	是	半年检
5	齿轮箱螺栓紧固	是	否	全年检
6	齿轮箱润滑系统情况检查	是	是	半年检

6.8.1　齿轮箱维护

（1）齿轮箱的温度，特别是外壳的温度能达到80℃或更高。当触碰到外壳或其中的零件时，可能会被烫伤。为了保证安全，在维护工作前用测温枪检测齿轮箱的温度，若温度过高，待温度降下来后再工作。

（2）齿轮箱维护应在停机状态下，传动链完全停止后，风轮锁定销插入风轮锁定盘内有效锁定时进行，以防风力发电机组旋转。

（3）做好个人安全防护措施，齿轮箱的维护工作必须由专业已授权人员执行。

6.8.2 齿轮箱保养

维护周期：首检、巡检、半年检。

如风力发电机组出现较长时间停机，需要对齿轮箱包括整个传动链进行润滑，按周期向齿轮箱及主轴承内充油，每次至少 60min，并按表 6-12 所示周期用内窥镜检查齿轮箱及主轴承内部是否有生锈，如发现齿轮及主轴承有生锈，则需要立即安排冲油润滑。

需注意，对齿轮箱和主轴承做润滑保养时，需要将存油装置拆除才能启动液压站，润滑保养完成后复装存油装置。

齿轮箱不同区域润滑周期见表 6-12。

表 6-12   齿轮箱不同区域润滑周期

风场区域	齿轮箱充油周期	内窥镜检查周期	备注
西南区域风场	45 天 1 次	60 天 1 次	
华南区域风场（含广东、广西、湖南、湖北、江西、福建、海南）	45 天 1 次	60 天 1 次	6 月至次年 1 月
	30 天 1 次	30 天 1 次	每年 2—5 月
中原区域风场	45 天 1 次	60 天 1 次	
北方区域风场	45 天 1 次	60 天 1 次	
西北区域风场	45 天 1 次	60 天 1 次	
东北区域风场	45 天 1 次	60 天 1 次	
海岸区域风场	30 天 1 次	30 天 1 次	离岸 10km 内
海上机组（包括海岸型）	30 天 1 次	90 天 1 次	

齿轮箱保养方法参考如下：

（1）首先对电气部分接线，参考风力发电机组齿轮箱保养维护方案的电气接线步骤。

（2）接完线后，将数字温度计的探头放入油箱，浸入 200 ～ 300mm。

（3）开启加热器。

（4）当数字温度计读数达到30℃后，开启离心循环泵。

（5）待温度到35℃（至少1min）后，开启双泵低速运行至少60min。

（6）关闭双泵、离心循环泵、加热器。

6.8.3 齿轮箱总成外壳检查

检查齿轮箱箱体、主轴承和风轮锁定法兰外壳是否漏油，若有漏油痕迹，需查找漏油点并处理。

6.8.4 齿轮箱零部件防腐检查

检查齿轮箱箱体、主轴承、风轮锁定法兰、齿轮箱端盖、齿轮箱前端盖等零件外露表面的防腐涂层是否破坏，零件是否生锈。外观防腐维护项目见表6-13。

表6-13　　　　　　　　　　　　外观防腐维护项目

检查点	说明	修复方法
部件本体	部件表面的防腐涂层由于环境腐蚀或与工具摩擦破损	损坏的区域应马上清理并防止裸露，按照原涂层对涂层进行修复
焊接处	焊接处由于振动或应力腐蚀往往容易发生破坏	检查焊缝处是否有锈蚀，表面的锈蚀能够清楚看到，磨光这些斑点并按照涂料生产厂商提供的产品说明对表面进行修复
螺栓	例如螺栓的微小移动，可能会刮伤表面加快腐蚀和疲劳断裂	检查螺栓周围涂层是否有擦伤、剥落的痕迹。如果发现螺栓有擦伤痕迹，找出原因并修复

若在维护中发现表面防腐层已经脱落，产生了腐蚀，应及时进行修补，修补可参考如下流程：

（1）检查破损的区域，并用非油性记号笔标出位置。

（2）使用配套指定或专用工具进行清理，包括去除表面的锈蚀，以及松脱的旧涂层，例如机械打磨清除有关漆膜的破损。修理的部位需要作斜坡处理达到45°倒角，并且在原来涂层的周边达到25mm以上距离范围，以便于修补时各道涂料的搭接。

（3）确认修补的位置清洁没有油污，可使用中性清洗剂或配套的涂料稀释剂除油。

（4）清洁干燥后使用刷涂（仅限面积1m²及以下情况）方法补涂被破坏的涂层。在涂料的调配、施工过程中应严格按照涂料生产厂商提供的产品说明书进行操作。在每一涂层的施工过程中需要检查补涂区域的表面状况，确保清洁后方可施工。

（5）涂层修补完成后需检查涂层质量，漆膜应均匀，无漏涂、无针孔及无明显的流挂现象。

（6）找出受到损坏的原因，消除起因，并记录损坏原因和修复方法。发现不了原因时，通知运营商或联络生产厂商进行专业指导。

6.8.5 齿轮箱密封检查

（1）检查齿轮箱箱体与外部管路连接法兰处是否渗油或漏油。

（2）检查齿轮箱主轴承的外圈堵头（位于齿轮箱箱体与风轮锁定法兰之间）是否渗漏油，需要在塔顶以及塔底分别观察。

（3）检查齿轮箱端盖范围（包括端盖与风轮锁定法兰密封处、弹性销轴与端盖连接处、端盖上各处润滑接头处）是否渗油或漏油。

（4）若发现渗油或漏油，有可能是密封圈损坏、接口磨损、受力变形或者是螺栓松脱等造成的，需分析和查看原因并及时修复或更换零件消除漏油。

（5）在进行维护工作时，要确保没有灰尘进入到润滑系统中，否则会对齿轮箱造成很大的损害。

6.8.6 螺栓紧固

检查齿轮箱外部螺栓是否松动，进行力矩值（见表6-14）核查。如果螺栓松动或脱落，需找出原因并重新紧固。

表6-14　　　　　　　　　　　齿轮箱外部螺栓紧固力矩

序号	连接部位	检查数/总数	螺栓型号及强度等级	润滑剂或螺纹胶规格	扳手（mm）	力矩拉力（N·m）
1	弹性销轴与齿轮箱端盖	5/5	锁定螺母240（HMZ3048）		专用工具	
2	锁定螺母240（HMZ3048）	10/20	内六角 M10×20-10.9 级	Loctite 243	8	53
3	齿轮箱端盖与齿轮箱前端盖	3/10	外六角 M10×40-10.9 级	Loctite 243	19	102
4	齿轮箱端盖与齿轮箱前端盖	3/10	外六角 M10×40-12.9 级	Loctite 243	19	123

注　专用工具为锁定螺母240（HMZ3048）供货时自带工具，应配置到风力发电机组工具箱中。

6.8.7 齿轮箱润滑系统检查

充分润滑是保证齿轮箱寿命的必要措施，应时刻保证齿轮箱润滑系统正常工作。应对齿轮箱润滑系统定期维护，定期检查齿轮箱油是否足够，检查加热器、油泵、冷却风扇、控制阀和传感器等是否正常工作。检查回油管出口内及回油箱底部磁力棒/块上有无铁屑；检查滤芯表面有无大量大颗粒铁屑；检查润滑油有无异常气味、严重变色。使用望远镜观察齿轮箱底部回油管有无漏油痕迹，若有，应反馈生产厂商。

6.8.8 维护工作后的检查

维护工作结束后，齿轮箱带载荷运行一段时间，应检查如下内容：

（1）检查在齿轮箱运行时是否有异常噪声（与正常运行风力发电机组对比）。

（2）检查是否有异常振动（与正常运行风力发电机组对比）。

（3）检查是否有渗漏。

如果发现上述或其他异常情况，应找出原因及时处理或联系生产厂商。

6.9 电气控制系统检查维护

风力发电机组采用全自动控制，长期在户外运行，其恶劣的环境可能使电气控制系统的相关部件出现异常或故障。为了减小故障率，保证设备正常运行，对控制部件进行巡视检查与防护尤为重要。本节重点讲述电气控制元件的检查、功能测试、常见的故障与防护。

6.9.1 风力发电机组电气控制系统检查与测试

1. 电气控制系统检查

（1）系统参数设定检查。主要检查机组电气控制系统参数设定是否与最近参数列表一致。检查方法为：用手提计算机通过以太网与机舱 PLC 连接，打开风机监控界面，进入参数界面观察参数设定。

（2）电缆及附件检查。观察所有连接电缆及附件有无损坏及松动现象。检查方法为：目测观察电缆及附件有无破损现象，并用手轻微拉扯电缆看是否有松动现象。

（3）控制柜及内部接线检查。检查机舱控制柜安装及内部接线牢固情况。检查方法为：目测观察及用手触摸整个柜体是否有松动现象，内部元器件的固定是否牢靠，接线是否有松动；目测检查柜内是否干净，是否有遗留碎片，如有遗留碎片，应清理干净。

（4）振动传感器可靠性及安全性检查。检查方法为：用手提计算机通过以太网与机舱 PLC 连接，打开机组监控界面，在风小的情况下进行偏航，机组监控界面上可以看到由于偏航引起的振动位移情况。

（5）通信光纤检查。检查光纤通信是否正常，外观是否完好。检查方法为：目测检查光纤的外护套是否有损坏现象，是否存在应力，尤其关注拐弯处光纤情况。

（6）烟雾探测装置检查。检查烟雾探测装置功能是否正常。检查方法为：用香烟的烟雾或一小片燃着的纸来测试烟雾传感器，如果出现风机紧急触发、紧急变桨动作，则说明烟雾传感器工作正常。

（7）风速、风向传感器功能及可靠性检查。检查方法为：目测观察风速、风向传感器是否清洁，是否有破损现象，转动风杯和风向标是否顺畅，用万用表测量风速风向加热器的电源是否正常。

2. 控制柜检查

（1）检查 PE 与 TBC100 内的 X100.5 端子的连接情况。

（2）检查主要电气元件外观。

（3）检查开关、继电器等装置部件是否完好，功能是否正常。如有异常，应及时处理。

（4）检查柜内所有线路是否有松动及磨损现象，检查各接线端子、模板是否有松动、断线现象，特别注意机舱与塔基的通信线以及变频器接线插头和光纤等。如有异常，应及时处理。

（5）检查柜内所有屏蔽线及与 PE 是否可靠连接。如有异常，应及时处理。

（6）测试塔基柜内加热器是否正常，24V 熔断器熔丝备用是否齐全。

（7）检查箱体固定、密封情况，应牢固，密封良好。

3. 电气部件检查与测试

（1）变压器检查。检查变压器内是否有残留的金属导电物；检查低压侧的所有电气连接是否接触良好；测试绝缘电阻值是否在规定范围内，使用 DC 1000V 的绝缘电阻表测量 AC 690V 电路上的电阻正常值应大于 1MΩ，使用 DC 500V 的绝缘电阻表测量 AC 400V 和 AC 230V 电路上的电阻正常值应大于 0.5MΩ。

（2）接地连接检查。检查塔架内接地线是否连接紧固，变压器接地线与塔架底部接地排是否接触良好，塔基柜接地线与塔架底部接地排是否接触良好，机舱内接地线连接是否完好；检查 PE 与发电机机座、电池柜、齿轮箱、齿轮箱油泵、变桨控制柜及防雷电刷的连接是否牢固。

（3）偏航系统检查。检查偏航电动机接线是否牢固；检查偏航计数器（限位开关）接线是否牢固；检查风速风向仪的固定和接线盒中的接线；测试风速风向加热器是否正常。

（4）发电机检查。检查发电机电缆是否磨损；检查与 PE 的所有连接是否牢固；检查发电机编码器是否松动；检查自动加脂机是否工作正常；检查发电机集电环上电刷磨损程度及固定是否牢固。

（5）轮毂内检查。检查轮毂内接地；检查电缆的固定以及磨损情况；检查屏蔽线及与 PE 的连接；检查主要电气元件外观；检查所有电气元件是否安装牢固；检查柜内所有线路是否有松动及磨损现象。

（6）急停按钮测试。测试机舱柜上的急停按钮；测试齿轮箱右侧的急停按钮；测试齿轮箱左侧的急停按钮；测试塔基柜的急停按钮；检查齿轮箱左右两侧接线盒中的接线。

（7）不间断电源（UPS）测试。断开电源，如果 PLC 保持激活状态，则机舱 UPS 工作正常；对照机舱的实际绝对位置与断电前记录是否一致；检测塔基柜 UPS 工作情况。

（8）齿轮箱传感器测试。测试油位传感器、油温传感器、油压传感器、油过滤器压力开关、齿轮箱轴承温度传感器及 Pt100 等。

（9）制动器测试。当制动器打开时，测试制动盘报警功能；测试制动盘故障；测试制动器调节功能；测试制动器的压力信号。

（10）机舱加热器测试。检查机舱加热器控制柜接线；检查机舱加热器风扇是否旋转，并且转向是否正确；测试机舱加热器是否正常工作。

（11）安全链测试。按下任何紧急停机按钮，响应故障；断开 24V 超速继电器，响应故障；触发振动开关，响应故障；断开继电器的电源，响应故障；切断机舱和轮毂之间的 CAN 母线接头，响应故障。

6.9.2　风力发电机组电气控制系统常见故障与防护

1. 电气控制系统常见故障

（1）电气故障。电气故障主要是指电气装置、电气电路和连接、电气和电子元器件、电路板以及接插件所产生的故障。例如，输入信号电路脱落或腐蚀；控制电路、端子板及母线接触不良；执行输出电动机或电磁铁过载或烧毁；保护电路熔丝烧毁或空气断路器过电流保护；热继电器、中间继电器及控制接触器安装不牢固，接触不可靠，动触头机构卡住或触头烧毁；配电箱过热或配电板损坏；控制器输入输出模板功能失效、强电烧毁或意外损坏。

（2）传感器故障。传感器故障主要是指机组控制系统的信号传感器所发生的故障。例如：风速仪、风向标的损坏；温度传感器引线振断、热电阻损坏；磁电式转速电气信号传输失灵；电压变换器和电流变换器对地短路或损坏；速度继电器和振动继电器动作信号调整不准或给输入信号不动作；开关状态信号传输线断开或接触不良造成传感器不能工作等。

（3）变频器故障。

1）启动变频器到电网侧同步，变频器状态为故障，可能是由于更换电网侧接触器故障或使用型号错误。

2）PLC 主站指示灯不闪烁。为变频器通信故障，应检查线路连接情况，包括 24V

供电线路连接及与 PLC 的通信线路；检查通信光纤是否有光信号，没有光信号的光纤所连变频器为故障变频器。

3）变频器运行几十秒后直流母线电压突升。为变频器 IGBT 故障，应连接 PLC，检查是否为发电机侧连带故障，再测量电网侧 IGBT 导通性，若阻值小于 100kΩ，说明变频器故障。

4）变频器电源板故障。变频器自检不通过，继电器指示灯不正常。该问题可能是由于输出 24V 线路虚接或变频器大电路板故障导致，可以通过紧固输出 24V 线路或更换变频器大电路板排除故障。

5）变桨变频器通信指示灯不闪烁。应检查偏航及三个变桨变频器通信开关设置；检查 PLC 从站到各个变桨变频器的通信电缆；如果偏航也没通信，检查从站 PLC 至偏航通信板线路连接是否正确，以及从站 PLC 的 CAN-open 配置是否正确。

6）变桨通信故障代码随机变化，不固定。应检查偏航及三个变桨变频器通信开关设置；检查 PLC 从站到各个变桨变频器的通信电缆。若线路正常可判断为集电环损坏，传输信号失真。

（4）并网时不能同步。并网时不能同步，主要是指变频器输出频率（转速）与电网频率（容积）不匹配的情况。当轮毂转速大于 1750r/min，变频器没有到同步或变频器同步时间超过 20s 没有得到并网反馈时，故障产生。引发并网时不能同步的原因可归为以下四类：

1）控制、检测相关线路故障。用万用表分别检测定子接触器 AC 230V 和 DC 24V 控制回路，以及闭合反馈线路连接是否有断路、虚接现象；检查线路中的控制继电器是否有损坏；检查变频器电网侧和发电机定子侧电压电流检测回路是否有松动或接线错误；检查发电机定子、转子电缆相序是否有接错（一般在调试和更换发电机、变频器及集电环时有可能发生此情况）。可用示波器进行电网侧和发电机定子侧电压和频率监测。

2）变频器功率输出故障。用万用表在风机并网时检测发电机侧变频器第 2 号端口是否有 24V 输出。如果没有 DC 24V 输出，则可能是变频器内部故障或发电机故障。可以用示波器检测电网电压和发电机定子电压和频率，观察其波形，如果电网侧和定子侧的电压、频率和相位已同步，则基本可以确定故障点在发电机侧变频器，此时需更换发电机侧变频器。

3）定子接触器 / 断路器故障。用万用表在风机并网时检测发电机侧变频器第 2 号端口是否有 24V 输出，为了安全起见，可用导线并入变频器相应端口，将信号引出并进行检测。如果有 DC 24V 输出，则故障点应该发生在定子接触器 / 断路器。此时，可断开机组内 AC 690V 电源，对定子接触器 / 断路器进行观察和检查。定子接触器的损坏一般为控制板烧毁和接触器吸合接触不良。断路器故障一般有辅助触头、欠电压线圈、闭合线圈、操作机构卡涩等故障。若出现不可修复故障，则需更换定子接触器 / 断路器。

4）发电机故障。用示波器检测电网电压和发电机定子电压和频率，观察其波形，如果电网侧和定子侧的电压、频率或相位不同步，且发电机定、转子相序没有异常，可用电桥进一步检测发电机定子、转子绕组内阻，以及检测发电机集电环及电刷装置，根据所测的三相内阻值判断是否存在绕组匝间短路使三相绕组不平衡。也可用同样的方法检查集电环，若出现严重的不可修复故障，应更换发电机或集电环。

（5）其他欠电压或通信线路故障。

1）PLC 死机或无响应。当对急停回路进行复位时，主站 PLC 和从站 PLC 均发生死机的情况。应检查端子接地情况，检查风速仪接线是否正确。若电网长时间停电再送电后塔基无法启动（交换机指示灯闪烁），而断开其中任何一路 DC 24V 输出可正常启动，此时可以通过手动断其中任何一路 DC 24V 或更换 UPS 排除故障。

PLC 损坏判断方法：通过检测 PLC 电源接口正负间电阻值，判断 PLC 是否损坏。PLC 电源接口正负间电阻正常情况下应为无穷大，接上线路后电阻值应为 $1.2k\Omega$ 左右，若偏小则为异常。

2）控制面板无响应。控制面板无通信，PLC 程序不能启动，但一直显示连接状态，PLC 模块 err 指示灯常亮，通过软件可以将 cfc0 文件及程序写入，但 PLC 程序不能启动，重新登录 PLC 显示内存卡程序丢失。该问题是由于柜内的相关模块损坏导致。

3）急停回路异常。急停回路断开，风机紧急停机，制动器抱死。该问题一般是由于线路虚接或反馈信号电压偏低（低于 20V）导致。可通过以下方法检查：若故障无法复位，检查整个急停回路，寻找断点；若故障能够复位，且时常发生，采用排查方法，将急停回路逐一短接，用排除法确定故障点。通常塔架急停线路损坏，可使用备用线；多功能继电器损坏，需更换；急停或复位回路浪涌保护器损坏，导致回路电压低于 DC 20V，更换浪涌保护器后可消除故障。

4）电池检查故障。若无电池电压检测值，机组无法启动，可能是由于电池电压检测电阻损坏导致，也可能是电池放电接触器没有吸合导致。若电池测试不能通过，则应检查电池测试电阻（$100\Omega/200W$）相关测试元件的状况，该问题也可能是由于电池本身电压低导致。电池状态显示快充（快速充电），实际接触器不吸合，此时机组报相关故障。

5）接地保护故障。检查汇流排电流互感器接线是否松动或损坏；检查变频器插针是否松动或变频器损坏；检查发电机转子接地；检查发电机有无损坏。

6）偏航就报故障。应检查机舱到轮毂的通信线，测量 CAN 总线间电阻跳变。

2．电气控制系统防护

（1）正确使用电气设备。禁止使用超过有效期的元器件，严格按照其额定工作条件使用。实际应用中，硬件故障许多是由于使用不当造成的，如加错电源、设备工作环境恶劣，以及在加电压的情况下插拔元器件或电路板等。

（2）改善电气控制系统工作环境。

1）温度的影响。温度升高，微机系统故障率明显增加。有些元器件，当温度增加 10℃时，其失效率可以增加一个数量级；温度过低时，也可对控制系统产生影响。为此，温度过高时，要增加通风，强制风冷或水冷。温度太低时，要采取相应的保温措施。

2）湿度的影响。湿度过高会使密封不良、气容性较差的元器件受到侵蚀。

3）电源的影响。电源自身的波动、浪涌及瞬时掉电都会对电子元器件带来影响，加速其失效的速度。电源的冲击、通过电源进入微机应用系统的干扰，以及电源自身的强脉冲干扰同样也会使系统的硬件产生暂时性或永久性故障。

4）振动、冲击的影响。振动和冲击可以损坏系统的部件或者使元器件断裂、脱焊及接触不良，所以要注意检查和维护机架振动装置。

除上述环境因素外，还有电磁干扰、压力及盐雾等诸多因素的影响，这些都可能对机组控制系统的运行和寿命造成不良影响。因此，必要时采用屏蔽或接地措施，以及增加降低湿度、粉尘及腐蚀等影响的设施。

（3）避免结构及工艺方面缺陷。由于元器件本身结构不合理或制造工艺存在问题引起的故障也时有发生。例如，某些元器件太靠近热源、通风不良，或焊点虚焊、印制电路板加工不良、金属氧化孔断开等工艺原因，都会使系统产生故障。

（4）定期检查变桨系统和制动系统。

1）定期检查变桨系统。安全链断开，风机停机。检查变桨变频器三相对地绝缘电阻，绝缘阻值应足够大。运行变桨系统，观察每个叶片的力矩值，若力矩值过大，需加注变桨轴承润滑剂。凡是出现无法复位的变桨驱动故障，检查柜内接线之前，应先检查轮毂内所有外接电缆是否紧固。更新变桨变频器程序。检查接近开关线路及轮毂内部卫生。检查叶片限位开关所在线路的电线连接牢固情况及浪涌保护器。

2）定期检查制动系统。叶片顺桨，风机停机。检查制动器液压油位、压力传感器供电及反馈信号回路；将控制柜门上开关打到手动，手动反复启动制动器，同时测量制动器反馈 DC 24V 信号；制动器打开时，应有反馈 DC 24V 信号；检查制动器压力传感器。

6.10 风力发电场站箱式变压器检查维护

风力发电场站配备箱式变压器，由变压器、高压控制设备、低压控制设备有机组合而成，其主要原理是通过电磁感应作用来实现电压的变换。箱式变压器通常由两个或多个线圈组成，其中一个线圈称为主线圈，另一个线圈称为副线圈。主线圈和副线圈之间通过铁芯相连，形成一个密封的箱体，从而形成一种特定的变压器。

6.10.1 日常巡检

日常巡检主要是对箱式变压器本体、高压室、低压室内各装置、设备及连接母排、电缆等运行中的状态是否正常所进行的定期巡回检查工作。重点为箱式变压器的电压、电流、温度、温升等运行参数及变化是否在正常范围内，从而可及时发现箱式变压器运行中出现的设备缺陷和异常现象。主要包括以下几个方面：

（1）变压器运行声音是否正常，有无异响及放电现象。

（2）变压器温度计指示是否正常，远方测控装置指示是否正确。

（3）绝缘子、套管是否清洁，有无破损裂纹、放电痕迹及其他异常现象。

（4）变压器外壳接地点接触是否良好。

（5）冷却系统的运行是否正常。

（6）各控制箱及二次端子箱是否关严，电缆穿孔封堵是否严密，有无受潮。

（7）警示标志牌悬挂是否正确，各种标志是否齐全明显。

6.10.2 特殊巡视

除日常巡视检查外，变压器的特殊巡视检查还包括：

（1）大风天气时，检查变压器上是否有悬挂物。

（2）雷雨天气后，检查是否有闪络放电现象，避雷器放电计数器是否动作。

（3）暴雨天气时，检查变压器周边及电缆沟积水情况，是否有洪水、滑坡、泥石流、塌陷等自然灾害的隐患。

（4）大雾天气时，检查有无放电现象，并应重点监视电缆头、避雷器、连接铜排等部分有无放电现象。

（5）下雪天气时，根据积雪检查变压器周边情况，并及时处理积雪和冰柱。

（6）变压器保护动作跳闸后，应检查变压器本体有无损坏、变形，各部连接有无松动。

（7）变压器满负荷或过负荷运行时，应加强巡视。

6.10.3 点检维护

变压器的点检维护是对变压器本体、低压侧、高压侧、冷却系统各装置、各设备运行中的状态是否正常所进行的点检维护工作，主要是箱式变压器的保养工作：

（1）维护检修箱式变压器时，应穿戴绝缘鞋、绝缘手套。

（2）按时对箱式变压器的外壳进行清洗，并检查外壳是否有裂痕或者线路老化的现象。

（3）为了确保箱式变压器拥有一个良好的通风环境，应对箱式变压器周围的配件定期清洁。

（4）应严格检查所有的接口、螺栓、连接母线安装是否严实。变压器的检修项目及检修工艺见表6-15。

表6-15　　　　　　　　　　　变压器的检修项目及检修工艺

序号	维护项目	维护标准	维护方法
1	变压器整体清扫	（1）变压器线圈的绝缘无破损、过热老化、放电等，变压器铁芯无变形、过热等，各部螺栓紧固无松动； （2）引接线间连接紧固，不发热； （3）无变形及松动现象； （4）仓内外清洁	（1）彻底清扫变压器表面和线圈层间，严禁用有腐蚀性的清洗剂清理绝缘表面； （2）拆除变压器上高压侧、低压侧和中性点引线，需注意不得将金属件掉入变压器线圈层间的风道内，并妥善保管好拆下的螺栓； （3）检查变压器基础和底座有无异常； （4）仓门周围清扫干净
2	变压器冷却回路检修	（1）风扇电机绝缘不低于0.5MΩ； （2）风扇电机运行平稳，声音和谐，转动方向正确； （3）风道无堵塞，冷却效果良好	（1）冷却风扇的滚筒风扇叶拆下以后妥善保管，不得碰撞变形； （2）风扇电机检修工艺参见生产厂商资料； （3）风扇启动回路清扫试验； （4）清除风道内部杂物，更换破损网罩
3	变压器回路检查	（1）各部件完整无位移，环氧树脂无损伤； （2）铁芯表面无锈蚀，局部无过热变色现象； （3）紧固件压紧垫块及螺栓不松动； （4）接地装置牢靠，接地螺栓紧固	（1）检查本体各部件情况； （2）检查铁芯； （3）检查各紧固件及绝缘垫块； （4）检查接地装置
4	变压器引线检查	引线接头表面平整，无熔化现象	检测变压器线圈抽头与固定引线之间连接是否牢固、引线的接线连接器片是否牢实
5	变压器温度表校验	（1）温度计接线端子固定应牢固； （2）温度计指示正确，表面无裂纹	（1）拆下温度表的测温线和信号线，并做好记号； （2）拆下温度表校验； （3）对温度表探针检查测试

续表

序号	维护项目	维护标准	维护方法
6	收尾工作	（1）连接器片要清洗干净，并涂上凡士林； （2）变压器本体及周围无杂物； （3）所属回路完整，符合运行条件	（1）接一次引线； （2）清理现场，变压器顶部不应有遗留杂物； （3）做好工作记录，组织验收，总结工作票

6.10.4　变压器新投运前检查维护

变压器新投运前应仔细检查、确认变压器及其保护装置在良好状态，具备带电运行条件后，方可投入运行。长期停用、新安装、大修或试验后的变压器投运前应检查以下项目：

（1）各接触点良好，引线、母线桥完好，相序标志正确清楚。

（2）分接开关位置与调度通知相符合。

（3）通风冷却装置能够手动或自动投入运行，信号正确。

（4）远方测温装置与就地温度计正常，指示相符。

（5）变压器本体无遗留物，临时安全措施完全拆除。

（6）变压器基础没有下沉或裂纹现象。

（7）外壳应两点接地，且接地可靠。

（8）变压器本体无缺陷，油漆完整。

（9）相应的图纸资料齐全，包括绝缘电阻在内的各项试验数据，各种检修、试验项目均符合送电要求。

（10）变压器投运前，必须按规定投入相应保护，严禁在变压器无保护的状态下充电。

6.11　风力发电场站配套测风装置检查维护

测风装置用于风能资源的测量，可以用于风能资源分析、风场微观选址、风力发电机组及风场发电量计算、进行风场风能资源分析等。测风塔可以测量不同高度的风能，对风速、风向、温度、湿度、大气压力、太阳辐射、雨量等要素值进行全天候的监测。数据记录仪可以连接风速传感器，以及风向、温度、湿度、大气压力、太阳辐射、雨量等传感器，内置大容量数据存储器，可以通过有线、数传电台、GPRS 移动通信等多种通信方法与中心计算机进行通信，将风能数据传输到中心计算机数据库中，用于统计分析和处理。测风装置有激光测风装置、超声波测风装置、测风塔等，常使用的是测风塔。下面以测风塔为例进行重点介绍。

6.11.1　测风塔概述

测风塔是作为风资源数据采集的一种塔型，测风塔架设在目标风场内，目的是监测该风力发电场站内风能资源的实际情况。

测风塔是一种用于测量风能参数的高耸塔架结构，即一种对近地面气流运动情况进行观测、记录的塔形构筑物。测风塔在塔体不同高度处安装有风速计、风向标，以及温度、气压等监测设备。国内现役测风塔高度一般为 10～150m。

1．测风塔的作用

环境监测，风、气压、湿度等资源数据采集，为相应仪器设备安装提供支撑，并且用于产能的预测与分析。通过测风塔上面的风资源实时监测系统可计算出理论发电量，将理论发电量与实际发电量进行对比，既可监测生产又可对风力发电机的实际工作效率进行监查，对风力发电场站的资源评估、生产等起到关键性的作用。

2．测风塔的分类

测风塔的种类有自立塔、桁架塔等。

自立塔：塔体下部较宽，塔架材料用量相对较大，对基础要求也较高。

桁架塔：一般自重较轻，跨度小，都采用钢绞线加固方式。

3．测风塔的组成

测风塔见图6-13。一般由塔底座、塔柱、横杆、斜杆、支架、避雷针、拉线等组成。

图 6-13　测风塔

6.11.2 测风塔管理

1. 测风塔管理重点

测风塔管理主要体现在重建、迁移和撤销，对于出现下列情况之一的，应对已建测风塔进行重建、迁移或撤销：

（1）已发生测风塔倒塌或折断事故的。

（2）经检查评估后，确认测风塔存在重大安全隐患的。

（3）测风塔处于南方低温冰冻易发地区，建成后每年结冰厚度超过现有设计标准，经检查评估确需重建的。

（4）测风塔获取资料能够满足风能资源详查和评价要求，后续没有服务需求、本身又难以长期维持运行的。

（5）经风能资料应用部门评估分析，认为可以撤销的。

2. 测风塔建设要求

（1）安装地点应能代表该风力发电场站的风能资源特征，测风塔应选择周边没有突变地形、树木和建筑物的区域。

（2）测风塔观测风速、风向、温度和大气压力等气象要素。

（3）每个观测装置上装有风速传感器、风向传感器，数量按需要配置，在10、50、70m等高度安装风速传感器、风向传感器。

（4）风资源数据记录仪具备通信接口，将各气象要素的测量数据传送至风力发电场站风功率预测系统。

（5）风资源观测装置各传感器应定期校验。

6.11.3 测风塔巡视维护

为保证风能观测数据的有效完整率，确保风能观测安全可靠运行，需对测风塔进行必要的巡视及维护。

1. 安全巡视巡检

测风塔所属部门负责测风塔的日常看护和安全巡视，每周至少巡检一次，并填写巡检记录。在预报即将出现台风、寒潮、大风、暴雨、雷电、低温雨雪冰冻等气象灾害后，应及时做好安全防范准备。应及时组织设立安全警告标志，在灾害发生后及时派人巡检测风塔安全情况。

巡检内容包括铁塔垂直度是否在允许范围、拉线是否正常、连接件是否紧固、铁塔平台锁是否正常、地面电池组铁罩锁是否正常、防雷设备是否正常、仪器安装横臂是否正常，以及每个风向风速传感器和气压、温度传感器等是否正常等情况。发现问题应及时处理，不能当场处理的，应立即报告管理部门，视情况采取相应措施予以解决。管理部门应建立测风塔安全巡视制度，每年至少组织两次安全大检查，并不定期抽查台站安全巡视情况，对于安全责任落实不到位的，应及时采取措施予以纠正。

2. 运行维护

测风塔运行维护分为定期维护和不定期维护两种方式。

定期维护：要求每年对测风塔开展两次系统维护，每次维护周期不得超过半年。定期维护内容包括：按照验收相关标准要求，检查测风塔地基、地锚牢靠程度，拉线和紧固件紧固程度，测风塔垂直度，观测仪器和通信设备状态，防雷设施状态，测风塔周围地形地貌变异情况，测风塔现场读取数据平台和安全标示状态等；针对上述各环节进行系统维护，拉线进行上油处理，紧固件、线缆、接口等进行必要的紧固处理或更换，铁塔垂直度进行调节，以及其他涉及稳定运行有关问题的处理等。

不定期维护：要求每周巡检、现场读取观测数据、各传感器应定期校验时，或者重大灾害发生后，对所发现的问题及时处理解决。

（1）测风塔的维护内容。

1）由于受气候影响，测风塔拉线的松紧度会发生变化，需要经常检查和紧固，避免测风塔倒塌，避免损坏设备，以及可能会造成的周边住户、牲畜的伤亡等。

2）观察测风塔，确保测风塔保持垂直状态。

3）检查、校准和加固所有传感器的支架。

4）检查测风塔基础及拉线基础，检查塔架基础螺栓是否缺失、是否紧固。测风塔和拉线基础为隐蔽验收工程，建议立塔时进行旁站检查。基础底部应避免有垃圾废弃物等杂质。

（2）测风设备的维护。

1）检查所有传感器的运行状态。

2）经常要对记录仪防护箱进行除尘、防雨、安全检查。

3）整理加固接线端子。

4）检查记录仪、无线传输的运行状态。

5）经常对直流供电的太阳能板表面进行除尘。

6）经常对太阳能电池进行维护、保养。

7）经常读取数据、清空数据卡、保障数据存储。

8）经常对天线角度进行调整，尽可能使天线迎向移动信号塔，确保传输信号质量。

9）检查测风塔时可以同时检查通信电缆情况，是否有磨损，或风刮开现象。

10）检查太阳能电池板是否有灰尘，以及是否有破损，并进行清洁。在容易冰冻地区，需检查清理冰雪。

11）检查供电系统蓄电池是否有长期亏电情况。如果电压低，先拆下来充电24h，电压能达到12.5V，再接回原来测风塔上，观察几天。如果没有低压情况，则可以正常使用；如果充电后还是低电压，则需更换新的蓄电池。

12）每年在雷雨季节之前，检查测风塔接地防雷是否合格、是否有破坏。

不定期维护与周巡检、观测数据现场读取、仪器设备检定等工作应结合进行，每次维护应填写维护记录。

6.12　风力发电机组沉降观测与特殊防腐

6.12.1　风力发电机组沉降观测

1. 风力发电机组沉降观测的重要性

风力发电机组沉降是指风力发电机组基础结构在使用过程中由于各种因素引起的沉降现象。风力发电机组沉降会导致风力发电机组叶轮与塔筒之间的间隙变化，进而影响风力发电机组的运行状态和性能。因此，风力发电机组沉降观测是风力发电场站运营过程中非常重要的环节。

2. 风力发电机组沉降观测的要求

（1）观测周期：风力发电机组沉降观测周期应为1年一次。

（2）观测方法：风力发电机组沉降观测应采用无人机、合成孔径雷达（SAR）等高精度测量方法，以确保数据的准确性和可靠性。

（3）观测数据：风力发电机组沉降观测数据应包括风力发电机组塔筒沉降、风力发电机组基础沉降、风力发电机组叶轮与塔筒之间的间隙变化等数据。

（4）数据处理与分析：应对风力发电机组沉降观测数据进行专业处理与分析，绘制沉降曲线图和沉降图，确认沉降量，并进行合理评价。

3. 风力发电机组沉降观测的规定

（1）风力发电机组沉降观测数据应在风力发电场站的数据中心进行保存和归档，以备查验。

（2）风力发电机组沉降观测数据应及时上报监管部门，并根据要求进行评估和公示。

（3）风力发电机组沉降观测数据应作为风力发电场站设备维护和调度的重要依据。

4. 建议

（1）风力发电机组沉降观测应由专业机构或技术团队进行操作和管理。

（2）风力发电机组沉降观测周期可根据实际情况进行相应调整，但最长不得超过3年一次。

（3）风力发电机组沉降观测数据应在不同时期进行比对，以排除误差和异常情况。

6.12.2　风力发电机组特殊防腐

除风力发电机组日常维护外，其他特殊事项，如紫外线、热、冷、沙尘暴，以及海洋气候对零部件表面的防腐系统有着很大的影响。因此，即使涂料能够坚持15年，也必须经常检查，如果条件允许，至少每5年进行一次修补。

6.13　风力发电场站设备油品检测与管理

绝缘油、润滑油和润滑脂作为风力发电场站设备主要用油，油品质量和油品管理水平直接关系着设备的安全经济运行，是风力发电场站设备运行维护管理的一项重要内容，因此设备油品的检测与管理应高度重视。

6.13.1　绝缘油检测与管理

绝缘油通常也称为变压器油，它是由石油精炼而成的一种精加工产品，主要成分为碳氢化合物，具有良好的绝缘性、传热性、流动性和氧化安定性，起到绝缘、冷却和灭弧的作用。另外，由于绝缘油多使用在户外的设备中，因此必须能承受多变的气候环境，尤其是低温环境。

1. 绝缘油的作用

（1）绝缘作用。绝缘油比空气绝缘能力强，绝缘材料浸在油中，增加了介电强度，避免了设备内部被击穿，同时使设备免受潮气的侵蚀。

（2）散热冷却作用。变压器运行时产生的热量很大，使靠近铁芯和绕组的油受热膨胀而上升，产生的热量先被油吸收，然后通过油的循环而使热量散发，保证变压器正常运行。

（3）灭弧作用。在变压器的有载调压开关上，固定触头和滑动触头切换时会产生电弧。由于绝缘油导热性能好，并且在电弧的高温作用下能分解大量气体，产生较大压力，从而提高了介质的灭弧性能，使电弧快速熄灭。

为了确保充油设备的正常运行，需要定期对设备中绝缘油进行取样检测，油的取样工作尤为重要。取样要在晴天并且干燥的环境下规范地进行取样。

绝缘油理化指标的检测可以评定绝缘油的品质，诊断变压器等充油电气设备是否存在内部潜伏性故障及故障发展趋势，绝缘油常规分析及检测项目包括外状、色谱分析、水分、击穿电压、介质损耗因数、体积电阻率、酸值、水溶性酸值、闪点和界面张力等。

2．绝缘油的检测标准

（1）新油验收。应对接收的全部油样进行监督，以防止出现差错或带入脏物。所有样品应进行外观检查，国产新绝缘油应按 GB 2536—2011《电工流体　变压器和开关用的未使用过的矿物绝缘油》等标准验收；进口设备用油，应按合同规定验收。

（2）新油净化后注入设备前检测。按照 GB/T 14542—2017《变压器油维护管理导则》要求，新油注入设备前必须用真空滤油设备进行过滤净化处理，以脱除油中的水分、气体和其他颗粒杂质。

（3）电气装置安装工程电气设备交接试验的变压器油评定。绝缘油的试验项目及标准，应执行 GB 50150—2016《电气装置安装工程　电气设备交接试验标准》的规定。

（4）运行中变压器油评定。运行中变压器油质量标准应符合规定，依据 GB/T 14542—2017《变压器油维护管理导则》和 DL/T 722—2014《变压器油中溶解气体分析和判断导则》，运行中绝缘油检测项目及标准应符合要求。投运前变压器等绝缘油检测项目及标准应符合要求。运行中变压器、电抗器和套管油、互感器油溶解气体含量应符合要求。

3．绝缘油污染与控制

防止绝缘油被污染的主要措施如下：

（1）充油电气设备的油箱、储油罐、瓷套等的内部，以及安装在互感器内部的零部件，在装配前，必须按工艺要求清洗干净，特别要注意检查储油柜和油箱内部的焊接不能有飞溅物，油箱最底部的放油导管里不应有脏物，导管内应清洁畅通。

（2）做好互感器、变压器铁芯硅钢片的防锈、除锈工作。铁芯、绕组组装成器身后，要及时进行浸油处理，尽量缩短铁芯在空气中的暴露时间。铁芯在装配完进行清洁后，可以在铁芯表面及时涂上专用防锈漆，以便更有效地防止铁芯生锈。

（3）定期对充油设备进行绝缘油检测工作，确保绝缘油品质和设备正常有效运行。

4．绝缘油管理

（1）绝缘油品存储管理。根据 DL/T 1552—2016《变压器油储存管理导则》、GB/T 14542—2017《变压器油维护管理导则》、GB/T 7595—2017《运行中变压器油质量》相关要求规定，绝缘油的存储管理应注意以下事项：

1）新购进的油必须先验明油种、牌号，检验油质是否符合相应的新油标准。库存备用的新油与合格的油应分类、分牌号存放，并挂牌建账。对长期储存的备用油，应定期检验，以保证油质处于合格备用状态。

2）油的储存罐是加盖封闭的，防止水及灰尘落入。如果是较长时间储存，为防止油表面与空气的长期接触而加速老化，应采用真空储存或在油面上充以干燥的氮气。

3）储油设备周围环境必须保持整齐清洁，备有适当的消防器材。在上述场所应严禁吸烟和明火作业，并不得存放易燃物品。

（2）绝缘油品补充与更换。绝缘油品的补充与更换需要根据各项指标的综合变化趋势进行判断。绝缘油的补充与更换应遵循以下原则：

1）电气设备充油不足，需要补充油时，优先选用符合相关新油标准的、未使用过的绝缘油。最好补加同一油基、同一牌号及同一添加剂类型的油品。补加油品的各项特性指标都应不低于设备内的油。当新油补加量较少时，例如小于 5% 时，通常不会出现任何问题；但如果新油的补加量较多，在补油前应先做油泥析出试验，确认无油泥析出，酸值、介质损耗因数值不大于设备内油时，方可进行补油。

2）不同油基的油原则上不宜混合使用。在特殊情况下，如需将不同牌号的新油混合使用，按混合油的实测凝点决定是否适于属地的要求，然后进行混油试验，并且混合样品的结果应不比最差的单个油样差。

3）如在运行油中混入不同牌号的新油或已使用过的油，除应事先测定混合油的凝点以外，还应进行老化试验和油泥试验，并观察油泥析出情况，无沉淀方可使用。所获得的混合样品的结果应不比原运行油差，才能决定是否可混合使用。

4）对于进口油或产地、生产厂商来源不明的油，原则上不能与不同牌号的运行油混合使用，当必须混用时，应预先对混用前的油及混合后的油进行老化试验，在无油泥沉淀析出的情况下，混合油的质量应不低于原运行油时，方可混合使用。若相混的都是新油，其混合的质量应不低于最差的一种油，并需要按实测凝点决定是否可以适于该地区使用。

5）在进行混油试验时，油样的混合比应与实际使用的比例相同。如果混油比无法确定时，则采用 1:1 质量比例混合进行试验。

6）换油注意事项基本上与补油要求相同，但应尽量把绝缘油放净，以免新油质量下降。

6.13.2　润滑油检测与管理

润滑油是指在各种设备上使用的石油基液体润滑剂，主要用于减少运动部件表面间的摩擦，同时对设备具有冷却、密封、防锈等作用，性能指标主要包括黏度、氧化安定性和润滑性。

润滑油的作用有降低摩擦、减少磨损、冷却降温、防止腐蚀、防锈、密封、传递动力、减振等。对润滑油品进行检测和维护管理是保证生产运行稳定的有效途径。

设备都存在润滑和磨损问题。大部分设备失效是由于润滑故障导致异常磨损，设备润滑与磨损状态的许多信息都会在其所使用的润滑油品种中以各种指标的变化反映出来。风力发电机组的润滑与磨损状态检测及故障诊断，是确保风力发电机组安全运行的重要工作内容之一。

通过对风力发电机组在用润滑油的取样分析检测，一方面能有效分析设备在用润滑油的质量状态，判别油品是否可继续使用，从而确保设备的可靠润滑；另一方面能有效地分析设备的磨损状态及磨损故障原因，指导设备维护和保养，确保风力发电机组安全运行。

润滑油的取样需按照要求，采用规范的取样工具、取样位置、取样时间、取样量，并形成取样记录。润滑油的常规分析及监测包括油品外观、黏度、酸值、水分、元素光谱、清洁度、闪点、抗乳化、抗氧化安定性和机械杂质等。

1. 润滑油的使用及检测指标

风力发电机组润滑油主要用于主齿轮箱、变桨齿轮箱和偏航及液压控制系统，主轴承、偏航轴承、变桨轴承及发电机轴承等，其中主齿轮箱是风力发电机组最关键的部分。主齿轮箱作为风力发电机组传动系统的核心部分，在整个系统运作中承担着极为重要的角色，一旦出现故障，将会为风力发电场站带来极大的损失。

一般风力发电机组主齿轮箱的润滑油使用寿命是 3 年，而主齿轮箱保修期却只有 1 年左右。风力发电机组主齿轮箱的保修期结束后润滑油的维护及定期检测就尤为重要。油品各项指标的检测应该在标准使用范围之内，如果不符合标准，则需要处理或换油。每年润滑油的相关费用可能会占到单台风力发电机组运行维护费用的 1/5。

（1）新装或检修后的检测。根据 NB/T 10111—2018《风力发电机组润滑剂运行检测规程》要求，新装或检修后的主齿轮箱油在运行 1 个月后进行首次检测，检测项目及质量指标应符合要求。

（2）运行期间的检测。

1）每 3 个月检查齿轮油外观，并记录油温、油位、滤芯压差及油系统管路的密封状况。

2）主齿轮箱油检测周期及质量指标应符合要求，必要时可缩短检测周期。

（3）液压油的运行检测。

1）每 3 个月检查并记录油品外观、色度、油温、油位、滤芯压差及油系统管路渗漏情况。

2）运行中液压油的检测周期及质量指标应符合要求。

3）当检测结果超过标准要求质量指标时，应缩短检测周期。

2. 风力发电机组运行油油质异常现象及处理

（1）齿轮油。齿轮箱运行油油质异常原因及处理方式见表6-16。具体要求详见NB/T 10111—2018《风力发电机组润滑剂运行检测规程》的有关规定。

表6-16　　　　　　　齿轮箱运行油油质异常原因及处理方式

项目	异常原因	处理方式
外观	（1）油品出现乳化或游离水； （2）油中有固体颗粒	（1）脱水过滤处理； （2）进行检测以确认是否换油
运动黏度（40℃）上升	（1）齿轮箱持续高温运行，冷却不良，油品长期高温运行发生氧化； （2）油品使用时间过长，轻组分过快蒸发； （3）过量水分污染导致油品乳化； （4）固体颗粒污染	（1）检查散热器、加热器工作是否正常，控制油温； （2）加强过滤净化，降低固体颗粒浓度； （3）缩短取样周期，关注趋势变化，并查明原因； （4）当增长值超过新油的15%时，考虑换油
水分上升	（1）齿轮箱呼吸口干燥剂失效； （2）密封不严，空气中水分进入	（1）更换呼吸器的干燥剂； （2）进行脱水处理； （3）结合油品外观及其他检测指标，视情况换油
酸值上升	（1）油温过高，导致油品氧化； （2）水分含量高，油品发生水解； （3）油品被污染或抗氧化剂消耗	（1）检查散热器、加热器，控制油温； （2）检查呼吸器是否污染，干燥剂是否失效，过滤器是否破损失效，视情况更换呼吸器、干燥剂及滤芯； （3）缩短取样周期，关注趋势变化； （4）当增长值超过新油的100%时，考虑换油
铁、铬、锰含量上升	齿轮、轴承出现腐蚀或磨损	（1）进行磨粒分析进行综合判断，关注油温变化； （2）结合振动、噪声等监测手段，对齿轮箱进行全面监控； （3）加强油液的净化处理，必要时增加外置过滤设备进行循环过滤； （4）缩短取样周期，加强运行监控
铜含量上升	轴承保持架磨损或腐蚀	（1）进行铜片腐蚀及磨粒分析综合判断，关注轴承温度及振动变化； （2）加强油液的净化处理，必要时增加外置过滤设备进行循环过滤； （3）缩短取样周期，关注趋势变化，如有异常，及时进行检修

（2）液压油。液压油油质异常的原因及处理方式见表6-17。具体要求详见NB/T 10111—2018《风力发电机组润滑剂运行检测规程》的有关规定。

表6-17 液压油油质异常原因及处理方式

项目	异常原因	处理方式
外观	（1）油品乳化，颜色泛白或游离水； （2）油中有固体污染物； （3）油品氧化，颜色发黑	考虑换油
运动黏度（40℃）上升或下降	油品污染或氧化	（1）缩短取样周期，加强跟踪监测； （2）当变化率超过新油的±15%时，建议换油
水分上升	（1）油箱呼吸口干燥剂失效； （2）密封不严，潮气进入	（1）更换呼吸器的干燥剂，或采用外循环过滤器脱水处理； （2）视情况换油
酸值上升	（1）油温过高，导致油品氧化； （2）水分含量高，油品发生水解； （3）油品被污染或抗氧化剂消耗	（1）缩短取样周期，加强跟踪监测； （2）视情况换油

3. 润滑油污染与控制

润滑系统中的润滑油，由于被周围环境污染及系统工作过程中产生的各种杂质、尘埃、水分、磨屑、微生物及油泥等污染，使被润滑零件表面磨损及损伤、腐蚀、润滑剂劣化、变质，从而使润滑系统和元件容易发生故障，可靠性降低，使用寿命缩短。

润滑油的污染源主要有化学变质和使用环境的污染。减少润滑油的污染，应主要控制或减少污染源的产生或混入，首先要求加强生产设备及现场的管理，尽量减少润滑系统的污染源。由于润滑油自身变质产生物和工况介质的互相渗透，污染源本身有时是无法避免的，在润滑循环系统仍需引入除去污染物的措施，例如装设过滤器等。此外，在润滑油中加入适当的添加剂也有助于提高润滑油的抗污染性能。采用缩短检测周期或提前更换润滑油等办法，可以避免发生几种污染物并存的复合效应，导致严重危害。

4. 润滑油管理

（1）润滑油的选用。受运行环境限制，正确选用润滑油是保证风力发电机组可靠运行的重要条件之一，设备生产厂商提供了机组所用润滑油型号、用量及更换周期等内容，维护人员一般只需要按要求使用润滑油即可。为更好地保证机组安全、经济运行，需不断提高运行管理的科学性、合理性，要求运行人员对润滑油的基本性能指标和选用原则有所了解，以选择最适合现场实际的润滑油。选用何种油品应尽可能根据生产厂商的建议进行。

（2）润滑油的使用。

1）向润滑油供应厂商及机械设备生产厂商咨询，选用适当规格的润滑油，尽量减少用油种类。

2）明确加油部位、油品名称、加油周期等并由专人负责，避免用错油品。

3）每次加润滑油前须清洁容器和工具。

4）润滑油的专用容器要防止交叉污染。

5）更换润滑油前须将机械冲洗干净，不可用水溶性清洗剂。

6）每次添加或更换润滑油后，做好设备维护记录。

7）发现润滑油品异常或已到换油周期，应取样交由专业机构化验检定。

（3）润滑油的存储。为提高油品运行质量，确保油质稳定和设备安全运行，同时进一步降低充油设备运行和检修成本，在油品管理方面，应当遵循有关国家、电力行业、公司以及生产厂商的有关规定和要求等，同时还应注意结合现场实际情况实施。

润滑油的存储应以室内为主，正确的放置方式是垫高桶的一侧，使两个桶盖处于一个水平线上，避免外界水分因热胀冷缩作用被吸进油桶。长期存储的润滑油建议不超过 10 年。

（4）润滑油的补充与更换。合理的换油周期首先以保证对机械设备提供良好的润滑为前提。由于机械设备的设计、结构、工况及润滑方式不同，润滑油在使用中的变化也有差异。一般来说，换油周期必须视具体的机械设备在长期运行中积累和总结的实际情况，制定必须换油的特定极限值，凡超过此极限值，就应该换油。原则上换油前应尽量彻底地清除原系统中的残留旧油、污染物及氧化沉积物。

关于润滑油的补充与更换需要考虑前后油品的相容性、前后油品的性能差异、系统运行状况以及换后油品的状况。

设备中使用的润滑油应定期检测，分析润滑故障的表现形式和原因，对润滑故障进行监测和诊断。

6.13.3 润滑脂检测与管理

润滑脂是润滑剂的一种，润滑脂在机械中受到运动部件的剪切作用时，能产生流动并进行润滑，降低运动表面间的摩擦和磨损。当剪切作用停止后，它又能恢复一定的稠度，这种特性决定了它使用环境的特殊性，应当加强在选择、使用和更换周期方面的管理。

润滑脂是稠厚的油脂状半固体，润滑脂主要是由稠化剂、基础油、添加剂三部分组成。润滑脂用于机械的摩擦部分，起润滑和密封作用，也用于金属表面，起填充空隙和防锈作用。

绝大多数润滑脂用于润滑，称为减摩润滑脂。有一些润滑脂主要用来防止金属生锈或腐蚀，称为保护润滑脂。润滑脂的工作原理是稠化剂将油保持在需要润滑的位置上，有负载时，稠化剂将油释放出来，从而起到润滑作用。

在常温和静止状态时它像固体，能保持自己的形状而不流动，能黏附在金属上而不滑落。在高温或受到超过一定限度的外力时，它又像液体能产生流动。润滑脂在机械中受到运动部件的剪切作用时，它能产生流动并进行润滑。当剪切作用停止后，它又能恢复一定的稠度，使其可以在不适用于润滑油的部位进行润滑。

按照规定对润滑脂取样，分析润滑脂稠度等级、高温性能、低温性能、抗磨和极压性、抗水性、防腐性能、胶体安定性、氧化安定性、机械安定性等指标，进行润滑脂检测及性能评价，可有效保证设备运行的可靠性。

1. 润滑脂使用及检测指标

（1）风力发电机组润滑脂主要用于主轴承、偏航轴承、变桨轴承以及发电机轴承等，主轴承是支持主轴的旋转，同时承受径向的载荷，而偏航轴承中偏航回转支撑承受整个机舱及叶片的质量比较大，所以润滑脂需具备良好的品质和垂直附着力，满足不同温度下的润滑要求。

（2）润滑脂的运行检测要求：

1）每半年检查风力发电机组润滑脂外观，如发现异常应对轴承进行进一步检查。

2）当润滑脂出现外观或气味异常、析油、乳化发白等现象，或轴承存在异响、超温等异常现象时，应对润滑脂进行检测。润滑脂质量指标等其他要求详见 NB/T 10111—2018《风力发电机组润滑剂运行检测规程》的有关规定。

2. 润滑脂异常现象及处理方式

润滑脂异常的原因及处理方式见表 6-18。具体要求详见 NB/T 10111—2018《风力发电机组润滑剂运行检测规程》的有关规定。

表 6-18　　　　　　　　润滑脂异常的原因及处理方式

项目	异常原因	处理方式
外观变硬，工作锥入度下降	（1）高温导致润滑油蒸发； （2）润滑脂劣化变质； （3）磨粒、粉尘等固体颗粒污染	加注新脂至旧脂排出
铁含量上升	滚动体、被迫磨损或腐蚀	（1）提高进脂频率； （2）关注轴承噪声、温度的变化； （3）缩短取样周期，加强运行监控

3. 润滑脂的变质与控制

（1）润滑脂的品种牌号很多，性能多样且比油更容易变质，润滑脂中混入杂质不易处理，所以加强润滑脂的储存管理意义重大。储存中引起润滑脂变质的原因包括外部引入杂质、水分及润滑脂本身的物理化学变化等。

（2）延缓润滑脂储存中变质的措施主要包括：

1）润滑脂优先入库，减少温度、水分、尘土等的影响。

2）降低储存温度。

3）针对不同种类润滑脂的特点，加强有针对性的管理。

4）注意密封储存。

5）注意取润滑脂工具、容器的清洁。

6）对于不同用户，采用大、中、小不同的包装形式。

7）注意对库存润滑脂的定期检测。

4. 润滑脂管理

（1）润滑脂的选用。结合钙基润滑脂、钠基润滑脂、钙钠基润滑脂、锂基润滑脂、复合钙基润滑脂、复合铝基润滑脂、复合锂基润滑脂、复合磺酸钙基润滑脂的不同特性，合理选用润滑脂，在工程实际应用过程中，选用润滑脂还应注意以下几点：

1）所选润滑脂应与摩擦副的供脂方式相适应。

2）所选润滑脂应与摩擦副的工作状态相适应。

3）所选润滑脂应与其使用目的相适应。

4）所选润滑脂应尽量保证减少脂的品种，提高经济效益。

（2）润滑脂的使用。

1）所加注润滑脂的量要适当。

2）注意防止不同种类、牌号及新旧润滑脂的混用。

3）更换新润滑脂时，应先经试验合格后方可正式使用；在更换新润滑脂时，应先清除废润滑脂，将部件清洗干净。

4）重视加注润滑脂的过程管理。

5）注意季节用润滑脂的及时更换。

6）注意定期加换润滑脂。

（3）润滑脂的存储。润滑脂在使用和储存中，润滑脂的结构将会受各种外界因素的影响而变化。在库房存储时，温度不宜高于35℃，包装容器应密封，不能漏入水分和外来杂质，不能用木制或纸制容器包装润滑脂，并且应存放于阴凉干燥的地方。当开桶取样品后，不要在包装桶内留下孔洞状，应将取样品后的润滑脂表面抹平，防止出现凹坑；否则基础油将被自然重力压挤而渗入取样留下的凹坑，而影响产品的质量。

（4）润滑脂的补充与更换。

1）加入量要适宜。加润滑脂量过大，会使摩擦力矩增大，温度升高，耗润滑脂量增大；而加润滑脂量过少，则不能获得可靠润滑而发生干摩擦。一般来讲，润滑脂适宜加注量为轴承内总空隙体积的 1/3 ～ 1/2。

2）禁止不同品牌的润滑脂混用。由于润滑脂所使用的稠化剂、基础油及添加剂有所区别，混合使用后会引起胶体结构的变化，使分油程度、稠度、机械安定性等都受影响。

6.13.4　危险废弃物处置

为了加强危险废弃物的管理，防止危险废弃物污染环境，保障人身健康，采用分类管理、集中处置的原则，对危险废物的产生、收集、贮存、运送、转移、处置等活动做好监督管理。

危险废弃物的管理应当成立专门的组织管理架构，建立危险废弃物管理制度，安排专人负责危险废弃物的管理，建设危险废弃物暂存间。管理人员要配备必要的防护用品，同时接受相关法律、专业技术、安全防护以及紧急处理等知识的培训。严格执行 GB 18597—2023《危险废物贮存污染控制标准》和 HJ 2025—2012《危险废物收集、贮存、运输技术规范》中关于危险废物收集、暂存、运输的相关规定及日常运行的管理要求。危险废弃物在收集、运送、贮存、利用和处置过程中发生污染事故或者其他突发性污染事故时，应立即启动应急预案，采取防止或者减轻污染危害的措施，及时向可能受到污染危害的单位和居民通报情况，同时向事故发生地环保部门报告。

1. 危险废弃物的产生及收集

风力发电场站运营期固体废物主要为风力发电机组维修过程产生的废润滑油、废抹布、废电池，见表 6-19。

表6-19　　　　　　　　　危 险 废 物 汇 总 表

序号	危险废物名称	危险废物类别	危险废物代码	产生工序及装置	形态	主要成分	有害成分	危险特性	产生量
1	废润滑油	HW08 废矿物油、含矿物油废物	900-217-08	风机维护	液态	链长不等的碳氢化合物	油类	T，I	根据具体参数
2	废抹布		900-249-08	风机维护	固态	纤维		T，I	根据具体参数

续表

序号	危险废物名称	危险废物类别	危险废物代码	产生工序及装置	形态	主要成分	有害成分	危险特性	产生量
3	废电池	HW49	900-044-49	风机等电器照明	固态	阳极板、阴极板	铅	T	根据具体参数
4	事故漏油	HW08	900-220-08	事故状态	液态	链长不等的碳氢化合物	油类	T，I	根据具体参数

注 危险特性 T 指毒性，I 指易燃性。

风力发电机组和齿轮需要定期维护检修，根据 DL/T 1461—2015《发电厂齿轮用油运行及维护管理导则》和 DL/T 2408—2021《电力用矿物绝缘油现场处理及换油规范》的有关要求，维护检修过程中需要更换润滑油。风力发电机组润滑油半年更换一次，风力发电机组每次是逐台依次检修，检修完一台运转正常后再检修下一台，维护检修过程中需要更换润滑油。风力发电机组润滑油半年更换一次，齿轮油箱润滑油每三年更换一次。更换后的废油脂属于危险废物，危废类别为 HW08（废矿物油与含矿物油废物），危废代码为：900-217-08，危险特性为 T，I。更换后需将其使用密闭容器收集后暂存于危废暂存间。

每台风力发电机组配备一台箱式变压器，正常运行状况下，箱式变压器油不会泄漏。突发事故与检修时，可能会发生箱式变压器油泄漏。每台箱式变压器下方应有防渗坑，用以收集事故漏油，一旦发生泄漏，事故油进入防渗坑。事故废油属于危险固废，危废类别为 HW08（废矿物油与含矿物油废物），危废代码为：900-220-08，危险特性为 T，I。若发生泄漏，经收集后暂存于危险废弃物暂存间内。

风力发电机组维护过程中将产生废抹布，废抹布属于危险废物，危废类别为 HW08（废矿物油与含矿物油废物），危废代码为：900-249-08，危险特性为 T，I。维护时需将其使用密闭容器收集后暂存于危废暂存间。

风力发电机组应急照明等采用铅酸蓄电池，发生故障的概率较小，使用寿命到期后，将分批更换蓄电池。废弃蓄电池属于危险废物，危废类别为 HW49（其他废物），危废代码为：900-044-49，危险特性为 T。更换后需将其收集暂存于危废暂存间。

2. 危险废弃物暂存管理

风力发电场站产生的危险废弃物包括风机和齿轮检修产生废润滑油、废抹布，以及风机产生的废电池。各类危险废弃物经集中收集后暂存于风力发电场站的升压站危险废弃物暂存间内。危险废弃物暂存间及危险废物管理应严格按照 GB 18597—2023《危险废物贮存污染控制标准》要求设置。

（1）建立危险废弃物的管理制度，配备专职人员，根据 HJ 1259—2022《危险废物管理计划和管理台账制定技术导则》的要求设立危险废弃物的产生、收集、贮存、处置台账，记录反映整个危险废物的产生量、收集量、处置去向和处置数量，做到记录详细、完整。记录上注明危险废弃物的名称、来源、数量、特性和包装容器的类别、入库日期、存放库位、出库日期及接收单位名称。

（2）将危险废弃物暂存间进行分区，每个区域存放一种危险废弃物，并做好标记工作。

（3）危险废弃物贮存场所必须根据 HJ 1276—2022《危险废物识别标志设置技术规范》的要求设置危险废弃物警告标志，盛装危险废弃物的容器上必须粘贴符合标准的标签。标志标签必须保持清晰、完整，如有损坏、褪色等不符合标准的情况，应当及时修复或更换。

（4）危险废弃物交由有资质的单位处置或回收、利用，在转运过程中应按环保规定向主管环保部门提出申请办理转移联单，杜绝非法转移。

（5）按 GB 15562.2—1995/XG1—2023《环境保护图形标志 固体废物贮存（处置）场》要求设置环境保护图形标志。收集、贮存危险废弃物过程中按危险废弃物特性进行分类包装。包装容器的外面必须有表示危险废弃物形态、性质的明显标志，并向运输者和接受者提供安全保护要求的文字说明。

（6）危险废弃物的贮存设施必须符合国家标准和有关规定，有防风、防雨、防渗漏、防晒措施，并必须设置识别危险废弃物的明显标志。定期对所贮存的危险废弃物包装容器及贮存设施进行检查，发现破损，应及时采取措施清理更换，杜绝跑、冒、滴、漏现象的产生。

（7）固体危险废弃物堆存场所，对地面进行硬化和防渗漏处理。防渗漏措施：应有防风、防晒、防雨、防渗漏设施，同时其地面必须为耐腐蚀的硬化地面，地面无裂隙；基础防渗层可用厚度在 2mm 以上的高密度聚乙烯或其他人工防渗材料组成，渗透系数应小于规定值。

（8）危险废弃物贮存时间不得超过 1 年。

3. 危险废弃物转移

风机更换废润滑油时，应注意换油系统的稳定，防止更换过程发生滴漏、溅落。废变压器油、废润滑油采用铁质密闭容器储存，不得随意倾倒，由车辆运至危险废弃物暂存库。运输基本在风电场内，运输车应保证危险废弃物堆放整齐、牢固，防止运输过程发生散落、泄漏。危险废物收集、贮存、运输、转移必须符合 HJ 2025—2012《危险废物收集、贮存、运输技术规范》的要求。

4. 危险废弃物委托处置

企业应根据周边危废处置单位的分布情况，处理能力及资质类别，委托专业的危险废物处理单位进行收集处理，产生的废变压器油、废润滑油、废抹布、废电池，应分类收集后暂存于危险废弃物暂存间，定期交由有资质单位处理。

风力发电场站配套的其他设备产生的危险废弃物管理参考以上流程执行。

7 输电线路维护

7.1 输电线路组成及作用

电力系统是由各种电压的电力线路将发电厂、变电站和电力用户联系起来的一个发电、输电、变电、配电和用电的整体。电力线路就是把发电厂、变配电站和电能用户联系起来的纽带，能够完成输送电能和分配电能的任务。对于常规风力发电场站，输电线路一般包含集电线路（35kV）和送出线路。

输电线路从结构上可分为架空线路、电缆线路与电缆和架空混合线路三类，本节主要针对架空线路进行介绍。构成架空输电线路的主要部件有导线、避雷线、金具、绝缘子、杆塔、基础、拉线、接地装置等。

7.1.1 导线

导线的主要作用是输送电能、连接电路。导线是固定在杆塔上输送电流用的金属线，导线常年在大气中运行，经常承受拉力，并受风、冰、雨、雪和温度变化的影响，以及空气中所含化学杂质的侵蚀。架空输电线路导线主要采用钢芯铝绞线、钢芯铝合金绞线，这两种导线具有良好的导电性能、足够的机械强度、耐振动疲劳和抵抗空气中化学杂质腐蚀等特性。为了提高线路的输送能力，减少电晕、降低对无线电通信的干扰，通常采用每相两根或四根导线组成的分裂导线。

7.1.2 避雷线

避雷线，也称架空地线，一般分为镀锌钢绞线、钢芯铝绞线、光纤复合架空地线（OPGW）。35kV 线路一般只在进、出发电厂或变电站两端架设避雷线，110kV 及以上线路一般沿全线架设避雷线。

避雷线的作用是防止雷电直接击于导线上，并把雷电电流引入大地。避雷线悬挂于杆塔顶部，并在每基杆塔上均通过接地线与接地体相连接，当雷云放电雷击线路时，因避雷线位于导线的上方，雷电首先击中避雷线，并将雷电电流通过接地体流入大地，从而减少雷击导线的概率，起到防雷保护作用。

7.1.3 金具

金具是在输电线路上，将杆塔、绝缘子、导线、地线及其他电气设备按照设计要求，连接组装成完整的输电线路所用的定型零件。

金具按照其性能与用途，可分为线夹、连接金具、接续金具、防护金具、拉线金具。

（1）线夹。悬垂线夹用于悬挂导线（跳线）与绝缘子串上和悬垂地线于横担上；耐张线夹是在一个线路耐张段的两端固定架空线的金具，主要用在耐张、转角、终端杆塔的绝缘子串上。

（2）连接金具。用于绝缘子串与杆塔、绝缘子串与其他金具、绝缘子串之间的连接，是承受机械荷载的金具。常用的连接金具有球头挂环、碗头挂环、U形挂环、直角挂板等。

（3）接续金具。用于导线的接续、架空地线的接续，以及耐张杆塔跳线的接续。接续金具的类型包括钳接续金具、液压接续金具、螺栓接续金具、爆压接续金具。

（4）防护金具。用于保护导线、绝缘子及其他金具免受机械振动、电腐蚀等损伤。防护金具的类型包括防振金具、防舞动金具、防电晕金具。

（5）拉线金具。由杆塔至地锚之间连接、固定、调整和保护拉线的金属器件，用于拉线的连接和承受拉力。主要包括可调式UT型线夹、钢线卡子，以及双拉线联板等。

金具的作用：在架空线路上，用于悬挂、固定、保护、连接、接续架空线或绝缘子，以及在拉线结构上用于连接拉线。

7.1.4 绝缘子

绝缘子是指安装在不同电位的导体或导体与接地构件之间的能够耐受电压和机械应力作用的器件。

绝缘子的分类如下：

（1）按介质分类，分为盘形悬式瓷质绝缘子、盘形悬式玻璃绝缘子、半导体釉和棒形悬式复合绝缘子。

（2）按连接方式分类，分为球型和槽型。

（3）按承载能力的大小分类，分为40、60、70、100、160、210、300kN七个等级。

每种绝缘子又分为普通型、耐污型、空气动力型和球面型等类型。

绝缘子的作用：支持导线，并使导线与杆塔可靠绝缘，承受导线垂直荷载和水平荷载的作用。

7.1.5 杆塔

架空线路的杆塔一般根据其材质、用途、导线回路数、结构形式等进行分类。

（1）按材质分类，分为钢筋混凝土电杆、钢管杆、角钢塔、钢管塔。

（2）按用途分类，分为直线（杆）塔、耐张（杆）塔、分歧（杆）塔、直线小转角（杆）塔、跨越（杆）塔。

（3）按导线回路数分类，分为单回路、双回路、多回路。

（4）按结构形式分类，分为拉线型铁塔、自立式铁塔、自立式钢管铁塔。

7.1.6 基础

基础是杆塔的地下部分，基础的类型如下：

（1）电杆基础。电杆的基础通常称为三盘，分别是底盘、卡盘、拉盘。基本特点是采用钢筋混凝土或天然石材制作而成，石材三盘常选用抗压强度高、吸水率小、抗冻及耐磨性好的岩石。

（2）现浇混凝土基础。主要有地脚螺栓基础和插入式基础两种。

（3）钢筋混凝土基础。混凝土标号一般不低于C15，优点：尺寸、形式多样化，满足不同塔型的要求，材料可零星运至塔位，比预制混凝土基础方便。缺点：混凝土量大，耗费人工多，存在现场养护的问题，施工质量管理难度大。

（4）桩式基础。适用于输电线路跨越江河或经过湖泊、沼泽地等软弱土质（淤泥、淤沙）地区时。这种土质通常在不太深处有较厚的坚实土层，且地下水位较高，施工时排水困难。桩式基础的桩尖部均埋置于原状土中，基础受力后变形小、抗压抗拔抗倾覆的能力强，且节约土石方。从埋设深度上将桩式基础分为浅桩基础和深桩基础。按施工方式不同分为打入桩式基础、爆扩桩式基础、机扩桩式基础、钻孔灌注桩式基础。

（5）掏挖式基础。属于现浇基础，又称原状土模基础。掏挖式基础是将柱的钢筋骨架用混凝土直接浇入人工掏挖成形的土胎模内。掏挖式基础与普通大开挖基础相比，土质结构未被破坏，可充分发挥原状土的承载能力。同样荷载条件下基础可减小尺寸，减少大量土石方量，节约钢材、混凝土和模板，简化了施工，施工中没有支模、拆模及回填土等工序。

7.1.7 拉线

拉线用来平衡作用于杆塔的横向荷载和导线张力。一方面，提高杆塔的强度，承担外部荷载对杆塔的作用力，以减少杆塔的材料消耗量，降低线路造价；另一方面，连同拉线棒和托线盘，一起将杆塔固定在地面上，以保证杆塔不发生倾斜和倒塌。

拉线材料一般用镀锌钢绞线，拉线上端是通过拉线抱箍和拉线相连接，下部是通过可调节的拉线金具与埋入地下的拉线棒、拉线盘相连接。拉线由拉线抱箍、拉线挂环、楔型线夹、钢绞线、UT 线夹、拉线棒、拉盘 U 形螺栓、拉盘组成。

拉线的常见类型如下：

（1）普通拉线，主要用于固定电力杆，防止其因外力（如风、雨、雪等）导致的倾斜或倒塌。

（2）弓形拉线，跨越交通要道等使用。

（3）水平拉线，主要用于受横向荷载较大的杆塔。

（4）防风拉线，装于直线杆两侧，用以增强电杆的抗风能力。

（5）共同拉线，加强杆塔导线不平衡受力和抗风能力，增加杆塔稳定性。

（6）十字形拉线，平衡多层导线的张力。

（7）V 形拉线，当电杆高、横担多、架设导线较多时，在拉力的合力点上下两处各安装一条拉线，其下部合为一条，构成 V 形拉线。

7.1.8　接地装置

1. 接地装置概述

接地装置是为了保障电网安全运行而必须配置的装置。输电线路在正常工作中，需保持绝缘状态，但在某些情况下需要进行接地操作，如进行维护保养、发生故障或雷击等。接地装置的基本作用是将输电线路接地，保证电流可以通过接地装置进入地下，从而避免因接地引起的短路和电击事故。

2. 接地装置构成

（1）接地线。接地线是连接输电线路与接地装置的导线，通常采用铜质导线或镀铜钢丝，直径一般为 16～32mm，长度可根据需求定制。接地线在连接输电线路的接地装置时，必须牢固可靠，确保接地线电阻低于规定值，以保证接地的有效性。

（2）接地棒。接地棒是一种带有锤击钉的金属棒，一般采用高强度的铜、镀锌钢、不锈钢等制成，其长度和直径分别为 1m 和 3cm 左右。接地棒安装在一个基础上，通过被锤击钉连接接地线，起到导流和固定接地线的作用。

3. 接地装置作用

（1）保障电网正常工作。接地装置能够保障电网正常工作，使电网的各个节点均保持在同一参考电位下，防止接地电阻引起的线路过电压和过电流现象。

（2）保护人身安全。一旦发生线路接地，电势将会从线路传到接地棒上，可将接地电压限制在安全范围内，保证人身安全。

（3）保护设备安全。由于接地装置的作用，当线路发生短路或过电流时，接地装置会自动将电流传输到地下，从而保障设备和电力系统的安全性，避免由接地引起设备损坏。

7.2 输电线路投运前检查验收

线路的运行工作必须严格执行电力安全工作规程的有关规定。运行单位应全面做好线路的巡视、检测、维修和管理工作，应积极采用先进技术，实行科学管理，不断总结经验、积累资料、掌握规律，保证线路安全运行。线路验收项目见表 7-1。

表 7-1　　　　　　　　　　　线路验收项目

项目	验收内容	质量标准	检查方法
基础及防洪设施	检查杆塔基础是否设置在可靠的地基上，基础周围的边坡距离是否满足杆塔安全要求，严禁在可能滑坡的地区设置基础	符合设计要求，牢固整齐美观	与设计核对，现场观察
	检查易被冲刷的基础周围是否做护坡或排水设施，设计要求做的排水设施和护坡是否按设计要求处理	符合设计要求，牢固整齐美观	与设计核对，现场观察
	检查杆塔侧面山体上可能危害杆塔安全的浮石是否已经清理	清理	现场观察
	检查基础周围的回填土是否夯实，铁塔基础内是否有积水的可能，回填后的杆塔基础坑，应设置防土层，培土高度应超出地面300mm	应超出地面300mm	现场观察
	检查铁塔地脚螺母是否松动、缺损	无松动、缺损	现场观察
	检查杆塔及拉线基础有无变异，周围土壤有无突起或沉陷，基础有无裂纹、损坏、下沉或上拔，护基有无沉塌或被冲刷	无变异	现场观察
	检查基础边坡易塌方的地方是否砌挡土墙	符合设计要求，牢固整齐美观	与设计核对，现场观察
	检查浇筑基础及保护帽表面是否平整且接缝严密	平整、接缝严密	现场观察
杆塔及拉线	检查杆塔有无倾斜、横担有无歪斜、铁塔主材有无弯曲	参照 DL/T 741—2019《架空输电线路运行规程》要求	使用经纬仪测量
	检查拉线有无松弛、张力是否不均，拉棒有无弯曲	拉线正常	现场观察

项目	验收内容	质量标准	检查方法
杆塔及拉线	检查杆塔螺栓是否已全部拧紧，穿向是否符合要求，是否按规范及设计要求采取防松、防盗措施	受剪螺栓紧固扭矩值不应小于 GB 50233—2014《110kV ～ 750kV 架空输电线路施工及验收规范》的相关规定	用扭力扳手抽查
	检查杆塔上是否遗留有其他材料、物品	无遗留	现场观察
	水泥杆钢圈口焊缝应比钢圈表面高出 2mm，并要覆盖过两头钢圈边线 2 ～ 3mm，封口紧密。焊好后应清除表面，进行防腐处理。焊缝不允许有裂缝	符合要求	卡尺测量
	检查水泥杆顶端是否紧密封口	紧密	观察
	检查双杆有无偏差、移位、迈步等	无偏差	使用经纬仪测量
	检查杆身有无裂纹	无裂纹	现场观察
	X 形拉线的交叉点应留足够的空隙，避免相互磨碰	不磨碰	现场观察
导地线	检查导线、地线损伤、断股情况	无损伤、断股	用无人机或高分倍望远镜观察
	检查导线、地线弧垂变化，相分裂导线间距变化，间隔棒松动、移位	符合要求	用无人机或高分倍望远镜观察
	检查跳线弧垂，与杆塔、拉线的空气间隙	设计值	用经纬仪测量弧垂、用钢尺测量空气间隙
	检查导线、地线上有无悬挂异物	无异物	用无人机或高分倍望远镜观察
	检查设计不允许有接头的档距是否按设计要求施工	符合要求	登杆检查
线路金具	检查金具有无变形、磨损、腐蚀、裂纹	完好	登杆检查
	检查开口销有无缺损或脱出，螺栓、穿钉及销子穿向是否符合验收规范	参照 GB 50233—2014《110kV ～ 750kV 架空输电线路施工及验收规范》的相关规定	登杆检查
	检查接续金具外观是否鼓包、裂纹、烧伤、滑移或出口处有无断股，弯曲度是否符合相关规程要求	弯曲度不得大于 2%	使用游标卡尺测量
	检查防震锤安装的距离及个数是否符合设计要求，安装的距离误差不应大于 ±30mm	符合设计要求	钢尺测量

续表

项目	验收内容	质量标准	检查方法
绝缘子部分	检查绝缘子串是否达到设计规定的片数	符合设计要求	登杆检查
	对重要跨越，如铁路、高等级公路和高速公路、通航河流以及人口密集地区，检查是否按规程采用独立挂点的双悬垂绝缘子结构	符合设计、反措要求	现场观察
	检查弹簧销有无缺损或脱出，弹簧销的穿向是否统一并符合验收规范	无缺损、无脱出	登杆检查
	检查玻璃绝缘子有无自爆；瓷质绝缘子瓷质有无损坏、裂纹；合成绝缘子伞裙有无破裂，金具、均压环有无变形、扭曲；绝缘子钢帽、绝缘件、钢脚是否在同一轴线上等	符合要求	登杆检查
	直线杆塔绝缘子串顺线路方向的偏斜角不应大于5°（除设计要求的预偏外），且其最大偏移值不得大于200mm，绝缘横担端部偏移值不得大于100mm	符合要求	登杆检查
线路防护区与通道	线路防护区通道为两边线向外延伸10m，检查通道内及线路外侧是否还有影响线路安全运行的树、竹等	符合设计要求	现场观察
	检查通道内设计要求拆迁的建筑物是否已进行拆迁，设计未要求拆迁的建筑物是否满足安全运行要求	符合设计要求	现场观察
	检查线路附近（约220m内）有无施工爆破、开山炸石的情况，设计要求封闭的采石场是否已经封闭，未要求封闭的是否会影响线路运行	符合设计要求	现场观察
	线路通道内应无易燃、易爆物的堆积，无腐蚀性的化工污染出现	满足要求	现场观察
	检查有无其他通道协议	符合要求	现场观察
接地	检查接地引下线与杆塔的连接是否紧固	紧固	现场用扳手检查
	检查接地线的埋深和长度是否符合设计要求	符合设计要求	卷尺测量
	接地沟回填后是否设置防土层，培土高度是否超出地面100～300mm	符合要求	现场观察
	检查测量杆塔接地电阻值是否符合设计要求	符合设计要求	地阻仪测量
交叉跨越	检查线路保护区内与本线路交叉跨越的公路、铁路、电力线、通信线或其他设施，交叉跨越设施与导线的安全距离是否满足要求	满足要求	测量

7.3 输电线路巡视与检查

输电线路巡视与检查需要按照对应的巡视周期进行设施及通道巡视。线路巡视以地面巡视为基本手段，并辅以带电登杆（塔）检查、无人机巡视等。

7.3.1 设施巡视类别与项目

设施巡视应沿线路逐基逐档进行并实行立体巡视，不得出现漏点（段），巡视对象包括线路本体和附属设施、通道环境等。设施巡视以地面巡视与无人机巡视相结合，可以按照一定的比例进行带电登杆（塔）检查，重点对导线、绝缘子、金具、附属设施、通道、地面设施的完好情况进行全面检查。线路本体和附属设施巡视项目见表7-2。

表7-2　　　　　　　　　　　　线路本体和附属设施巡视项目

巡视对象		检查线路本体和附属设施有无以下缺陷、变化或情况
线路本体	地基与基面	回填土下沉或缺土、水淹、冻胀、堆积杂物等
	杆塔基础	破损、酥松、裂纹、漏筋、基础下沉、保护帽破损、边坡保护不够等
	杆塔	杆塔倾斜、主材弯曲、地线支架变形、塔材丢失、螺栓是否丢失、严重锈蚀、脚钉缺失、爬梯变形、土埋塔脚等；混凝土杆未封顶、破损、裂纹等
	接地装置	断裂、严重锈蚀、螺栓松脱、接地带丢失、接地带外露、接地带连接部位有雷电烧痕等
	拉线及基础	拉线金具等被拆卸、拉线棒严重锈蚀或蚀损、拉线松弛、断股、严重锈蚀、基础回填土下沉或缺土等
	绝缘子	伞裙破损、严重污秽、有放电痕迹、弹簧销缺损、钢帽裂纹、断裂、钢脚严重锈蚀或蚀损、绝缘子串顺线路方向倾角大于7.5°或300mm
	导线、地线、引流线、屏蔽线、OPGW	散股、断股、损伤、断线、放电烧伤、导线接头部位过热、悬挂漂浮物、弧垂过大或过小、严重锈蚀、有电晕现象、导线缠绕（混线）、覆冰、舞动、风偏过大、对交叉跨越物距离不够等
	线路金具	线夹断裂、裂纹、磨损、销钉脱落或严重锈蚀；均压环、屏蔽环烧伤、螺栓松动；防振锤跑位、脱落、严重锈蚀、阻尼线变形、烧伤；间隔棒松脱、变形或离位；各种连接板、连接环、调整板损伤、裂纹等
附属设施	防雷装置	避雷器动作异常、计数器失效、破损、变形、引线松脱；放电间隙变化、烧伤等
	防鸟装置	固定式：破损、变形、螺栓松脱； 活动式：动作失灵、褪色、破损； 电子、光波、声响式：供电装置失效或功能失效、损坏等

巡视对象		检查线路本体和附属设施有无以下缺陷、变化或情况
附属设施	各种监测装置	缺失、损坏、功能失效等
	杆号、警告、防护、指示、相位等标识	缺失、损坏、字迹或颜色不清、严重锈蚀等
	航空警示器材	高塔警示灯、跨江线彩球缺失、损坏、失灵
	防舞防冰装置	缺失、损坏等
	ADSS 光缆	损坏、断裂、松弛度变化等

7.3.2 通道巡视要求

（1）通道环境巡视应对线路通道、周边环境、沿线交跨、施工作业等情况进行检查，及时发现和掌握线路通道环境的动态变化情况。

（2）在确保对线路设施巡视到位基础上，宜适当增加通道环境巡视的次数，根据线路路径的特点安排步行巡视或乘车巡视，对通道环境上的各类隐患或危险点安排定点检查。线路通道环境巡视项目见表 7-3。

表 7-3　　　　　　　　　　　　线路通道环境巡视项目

巡视对象		检查线路通道环境有无以下缺陷、变化或情况
线路通道环境	建（构）筑物	有违章建筑，建（构）筑物等
	树木（竹林）	树木（竹林）与导线安全距离不足等
	施工作业	线路下方或附近有危及线路安全的施工作业等
	火灾	线路附近有烟火现象，有易燃、易爆物堆积等
	交叉跨越	出现新建或改建电力、通信线路、道路、铁路、索道、管道等
	防洪、排水、基础保护设施	坍塌、淤堵、破损等
	自然灾害	地震、洪水、泥石流、山体滑坡等引起通道环境的变化
	道路、桥梁	巡线道、桥梁损坏等
	污染源	出现新的污染源或污染加重等
	采动影响区	出现裂缝、坍塌等情况
	其他	线路附近有人放风筝、有危及线路安全的漂浮物、线路跨越鱼塘无警示标志牌、采石（开矿）、射击打靶、藤蔓类植物攀附杆塔等

7.3.3 巡视周期要求

（1）运行维护单位应根据线路设施和通道环境特点划分区段，结合状态评价和运行经验确定线路（区段）巡视周期。同时，依据线路区段和时间段的变化，及时对巡视周期进行必要的调整。

（2）不同区域线路（区段）巡视周期一般规定：

1）城市（城镇）及近郊区域的巡视周期一般为 1 个月。

2）远郊、平原等一般区域的巡视周期一般为 2 个月。

3）高山大岭、沿海滩涂、戈壁沙漠等车辆人员难以到达区域的巡视周期一般为 3 个月。在大雪封山等特殊情况下，采取空中巡视、在线监测等手段后可适当延长周期，但不应超过 6 个月。

4）以上应为设备和通道环境的全面巡视，对特殊区段宜增加通道环境的巡视次数。

（3）不同性质的线路（区段）巡视周期要求：

1）单电源、重要电源、重要负荷、网间联络等线路的巡视周期不应超过 1 个月。

2）运行情况不佳的老旧线路（区段）、缺陷频发线路（区段）的巡视周期不应超过 1 个月。

3）对通道环境恶劣的区段，如易受到外力破坏区、树竹速长区、偷盗多发区、采动影响区、易建房区等在相应时段加强巡视，巡视周期一般为半个月。

4）运行维护单位每年应进行巡视周期的修订，必要时应及时调整巡视周期。

7.4 输电线路检测

输电线路检测是发现设备隐患、开展设备状态评估、提供状态检修科学依据的重要手段。检测项目与周期要求规定见表 7-4。

表 7-4 检测项目与周期要求

项目		周期（年）	要求
杆塔	杆塔、铁件锈蚀情况检查	3	对新建线路投运 5 年后，进行一次全面检查，以后结合巡视情况而定；对杆塔进行防腐处理后应做现场检验
	杆塔倾斜、挠度	必要时	根据实际情况选点测量
	钢管塔	必要时	对新建线路投运 1 年后，进行一次全面检查，满足 DL/T 5486—2020《架空输电线路杆塔结构设计技术规程》的要求
	表面锈蚀情况	1	对新建线路投运 2 年内，每年测量一次，以后根据巡视情况
	挠度测量	必要时	

续表

项目		周期（年）	要求
杆塔	绝缘子污秽度测量	1	根据实际情况定点测量，或根据巡视情况选点测量
	绝缘子金属附件检查	2	投运后第5年开始抽查
	瓷绝缘子裂纹、钢帽裂纹、浇装水泥及伞裙与钢帽移位	必要时	每次清扫时
	玻璃绝缘子钢帽裂纹、伞裙闪烁损伤	必要时	每次清扫时
	合成绝缘子伞裙、护套、黏接剂老化、破损、裂纹；金具及附件锈蚀	2～3	根据运行需要
	复合绝缘子电气机械抽样检测试验	5	投运5～8年后开始抽查，以后至少每5年抽查
导线	导线、地线磨损、断股、破股、严重锈蚀、放电损伤外层铝股、松动等	每次检修时	抽查导线、地线线夹必须及时打开检查
	导线、地线舞动观测	舞动发生时	在舞动发生时应及时观测
	导线弧垂、对地距离、交叉跨越距离测量	必要时	线路投入运行1年后测量1次，以后根据巡视结果决定
金具	导流金具的测试	必要时	接续管采用望远镜观察接续管口导线有无断股、灯笼泡或最大张力后导线拔出移位现象；每次线路检修测试连接金具螺栓扭矩值应符合标准；红外测试应在线路负荷较大时抽测，根据测温结果确定是否进行测试
	直线接续金具	必要时	
	并沟线夹、跳线连接板、压接式耐张线夹	必要时	
	金具锈蚀、磨损、裂纹、变形检查	每次检修	外观难以看到的部位，要打开螺栓、垫圈检查或用仪器检查。如果开展线路远红外测温工作，每年进行一次测温，根据测温结果确定是否进行测试
防雷设施及接地装置	杆塔接地电阻测量	5	根据运行情况可调整时间，每次雷击故障后的杆塔应进行测试
	线路避雷器检测	5	根据运行情况或设备的要求进行调整
基础	铁塔、钢管杆(塔)基础(金属基础、预制基础、现场浇制基础、灌注桩基础)	5	检查，挖开地面1m以下，检查金属件锈蚀、混凝土裂纹、酥松、损伤等变化情况
	拉线（拉棒）装置、接地装置	5	拉棒直径测量；接地电阻测试必要时开挖
	基础沉降测量	必要时	根据实际情况选点测量

7.5 输电线路维修

维修项目应按照设备状况、巡视和检测的结果、反事故措施的要求等确定。线路维修工作应做到以下几点:

(1)维修工作应根据季节特点和要求安排,要及时落实各项反事故措施。

(2)维修时,除处理缺陷外,应对杆塔上各部件进行检查,检查结果应在现场记录。

(3)维修工作应遵守有关检修工艺要求及质量标准。更换部件维修(如更换杆塔、横担、导线、地线、绝缘子等)时,要求更换后新部件的强度和参数不低于原设计要求。

(4)抢修应注意以下几点:

1)运行维护单位应建立健全抢修机制。

2)运行维护单位应配备抢修工具,根据不同的抢修方式分类配备工具,并分类保管。

3)运行维护单应根据线路的运行特点研究制定不同方式的应急抢修预案,应急抢修预案应经过审核和审定批准程序,批准后的抢修预案应定期演练和完善。

4)运行维护单位应根据事故备品配件管理规定,配备充足的事故备品,抢修工具、照明设备及必要的通信工具,不应挪作他用。抢修后,应及时清点补充。事故备品配件应按有关规定及设备特点和运行条件确定种类和数量。事故备品应单独保管,定期检查测试,并确定各类备件轮回更新使用周期和办法。

(5)有条件的公司,线路维修检测工作可开展带电作业,以提高线路运行的可用率。对紧凑型线路开展带电作业应计算或实测最大操作过电压倍数,认真核对塔窗的最小安全距离,严格按照线路带电作业规程进行,确保人身安全。

(6)线路维修工作应逐步向状态维修过渡和发展,状态维修应根据运行巡视、检测和运行状态监测等数据结果,在充分进行技术分析和评估的基础上开展,确保维修及时和维修质量。线路维修的主要项目及周期见表7-5,线路根据巡视结果实际情况需维修的项目见表7-6。

表7-5　　　　　　　　　　线路维修的主要项目及周期

序号	项目	周期(年)	备注
1	杆塔紧固螺栓	必要时	新线投运1年后需紧固1次
2	绝缘子清扫	1～3	根据污秽情况、盐密测量、运行经验调整周期
3	防振器和防舞动装置维修调整	必要时	根据测振仪监测结果调整周期进行

序号	项目	周期（年）	备注
4	砍修剪树、竹	必要时	根据巡视结果确定，发现危急情况随时进行
5	修补防汛设施	必要时	根据巡视结果随时进行
6	修补巡线道、桥	必要时	根据现场需要随时进行
7	修补防鸟设施和拆巢	必要时	根据需要随时进行
8	各种在线监测设备维修调整	必要时	根据监测设备监测结果进行

表7-6　　　　　　　　　线路根据巡视结果实际情况需维修的项目

序号	项目	备注
1	更换或补装杆塔构件	根据巡视结果进行
2	杆塔铁件防腐	根据铁件表面锈蚀情况决定
3	杆塔倾斜扶正	根据测量、巡视结果进行
4	金属基础、拉线防腐	根据检查结果进行
5	调整、更新拉线及金具	根据巡视、测试结果进行
6	更换绝缘子	根据巡视、测试结果进行
7	更换导线、地线及金具	根据巡视、测试结果进行
8	导线、地线损伤补修	根据巡视结果进行
9	调整导线、地线弧垂	根据巡视、测量结果进行
10	处理不合格交叉跨越	根据测量结果进行
11	并沟线夹、跳线连接板检修紧固	根据巡视、测试结果进行
12	间隔棒更换、检修	根据检查、巡视结果进行
13	接地装置和防雷设施维修	根据检查、巡视结果进行
14	补齐线路名称、杆号、相位等各种标志及警告指示、防护标志、色标	根据巡视结果进行

7.6　输电线路特殊区段管理

7.6.1　特殊区段定义

输电线路特殊区段是指线路设计及运行中不同于其他常规区段，根据线路沿线地形、地貌、环境、气象条件等特点，结合运行经验，逐步摸清并划定特殊区域（区段），经超常规设计建设的线路区段。特殊区段除了大跨越段线路外，还有位于重污区、重冰区、多雷区、洪水冲刷区、不良地质区、采矿塌陷区、盗窃多发区、导线易舞动区、易受外力破坏区、微气象区、鸟害多发区、跨越树（竹）林区、人口密集区等区域。

7.6.2 特殊区段管理

运行单位应将特殊区域纳入危险点及预控措施管理体系。结合不同区段运行维护的需求，配备必要的仪器、设备、工器具等，及时做好巡视和检测工作，并对搜集的数据和测试结果进行统计、分析，适时采取有效措施，确保线路安全可靠运行。

7.7 输电线路技术管理

输电线路技术管理的重点是做好输电线路有关资料管理。输电线路有关资料应保存完整、连续，图纸的内容和数量按表 7-7 的规定要求执行。

表 7-7　　　　　　　　　　　线路竣工图纸的资料要求一览表

序号	竣工图纸的内容	要求份数
1	杆塔组装图	至少 1 份
2	杆塔基础型式图	至少 1 份
3	绝缘子组装图各一份（包括合成绝缘子单、双串组装图，玻璃绝缘子单、双串组装图、地线绝缘子组装图、金具组装图和跳线组装图）	至少 1 份
4	各种型号导线弧垂表	至少 1 份
5	设计路径走向图	至少 1 份
6	设计总说明书	至少 1 份
7	施工记录（含导线、地线、绝缘子、杆塔、基础等施工记录）	至少 1 份
8	设计变更记录	至少 1 份
9	线路青苗赔偿和相关协议	至少 1 份
10	OPGW 光缆记录	至少 1 份

根据线路的实际情况，完善和修改各种运行资料，并保持其完整和准确。线路运行资料的内容及修改周期按表 7-8 的要求执行。

表 7-8　　　　　　　　　　　线路运行资料及修改周期

序号	运行资料的内容	修改周期
1	杆塔明细表	铁塔改造、线路变更或其他情况导致杆塔明细表与实际运行情况不符时

续表

序号	运行资料的内容	修改周期
2	基础配置表	基础改造、线路变更或其他情况导致基础配置表与实际运行情况不符时
3	线路相序图	线路改造或其他情况导致相序变更时
4	导线、地线接续管记录	线路改造或其他情况导致接续金具位置变更时
5	污区分布表	线路污区发生改变时
6	巡视记录（含周期巡视、特殊巡视记录、夜间巡视记录等）	每次巡视后
7	设备管控级别清单	线路管控级别发生变更后
8	各种检测记录（含导线、地线线夹及接续金具检查、红外测温、线路杆塔地下部分检查、接地电阻测量、交叉跨越测量等记录）	进行各项对应的检测后
9	安全隐患整改通知书	每次检查新发现或跟进处理后

变电站设备维护

变电站是电力生产、输送、配送的重要环节，它通过变压器进行降压或升压，使电能转换成适宜输送、使用和分配的电能。变电站设备一般包括变电系统、控制系统、保护系统、照明及电源系统、辅助系统和通信系统等，其功能主要是完成电量的变压、变频控制、保护和测量等。

本章对变电站变压器、全封闭组合电器、高压断路器、高压隔离开关、互感器等主要一次设备和二次设备运行维护知识进行介绍。

8.1 变压器维护管理

8.1.1 变压器简述

变压器是一种静止的电器，用以将一种电压和电流等级的交流电能转换成同频率的另一种电压和电流等级的电能。变压器的主要部件是铁芯和绕组，输入电能的绕组叫原边绕组（初级绕组），输出电能的绕组叫副边绕组（次级绕组）。原边绕组、副边绕组具有不同的匝数，缠绕在同一铁芯上，其工作原理是电磁感应。变压器工作时，当原边绕组通上交流电，变压器铁芯产生交变磁场，副边绕组就产生感应电动势，输出与输入相同频率而不同电压和电流等级的电能。变压器的线圈的匝数比等于电压比。

变压器（见图 8-1）的作用是：确保用户的用电安全，确保电压可以满足不同用电器的用电需求；对电压进行变换，让高压被降低，或者是低压被提高；起安全隔离作用，当变压器的原边或者副边出现异常时，也不会影响到另外一边的正常用电；可以把发电机组所传输出来的电能由低电压变换为适合长距离输送的高电压，再将高压变换为各个用户端供电所需的低压。

图 8-1 变压器

1. 技术资料的交接

（1）变压器在投入运行前应取得安装和试验的验收合格证明，各种保护装置完好并已投入。

（2）变压器安装竣工后应向运行单位移交下列文件：

1）制造厂商提供的说明书、图纸及出厂试验报告。

2）本体、冷却装置及各附件（套管、互感器、分接开关、气体继电器、压力释放器及仪表等）在安装时的交接试验报告，器身吊检时的检查及处理记录等。

3）安装全过程记录。

4）变压器冷却系统、有载调压装置的控制及保护回路的安装竣工图，油质化验及色谱分析记录。

5）备品配件清单。

（3）变压器检修竣工后应移交下列记录：

1）变压器及附属设备的检修原因、检修全过程记录。

2）变压器及附属设备的试验记录。

3）变压器的干燥记录。

4）变压器的油质化验、色谱分析、油处理记录。

2. 设备的验收

（1）本体、冷却装置及所有附件应无缺陷，且不渗油。

（2）轮子的制动装置应牢固。

（3）油漆应完整，相色标志正确。

（4）变压器顶盖上应无遗留杂物。

（5）事故排油设施应完好，消防设施齐全。

（6）储油柜、冷却装置、净油器等油系统上的油阀门应打开，且指示正确。

（7）接地引下线及其与主接地网的连接应满足设计要求，接地应可靠。

（8）储油柜和充油套管的油位应正常。

（9）分接头的位置应符合运行要求，有载调压装置的远程操作应动作可靠，指示位置正确。

（10）变压器的相位及绕组的接线组别应符合技术协议，有并列运行要求时，各项参数应满足并列运行条件。

（11）测温装置指示应正确，整定值符合要求。

（12）冷却装置无异常。

8.1.3 变压器投运

（1）新装、大修和长期停运的变压器投入运行前，应用 2500V 的绝缘电阻表测量绕组的绝缘电阻，与初始值比较，在相近的温度下不宜低于原值的 70%，并记录在有关记录中。

（2）在初送电时，应在空载情况下全电压做冲击合闸 5 次。

（3）冲击时应检查励磁涌流对差动保护的影响，记录空载电流值。

（4）发现变压器有异常现象时，立即汇报有关部门，并按有关规程和规定处理，不可强行送电。

（5）空载试运 24h 无异常，转入带载。

（6）带载试运满 48h，经全面检查无问题后，移交生产单位使用。

需注意，在 110kV 及以上中性点有效接地系统中，投运或停运变压器的操作，中性点必须先接地，投入后按系统需要决定中性点是否断开。

8.1.4 变压器日常巡视检查

1. 本体及储油柜

（1）顶层温度计、绕组温度计外观应完整，表盘密封良好，无进水、凝露，温度指示正常，并应与远方温度显示比较，相差不超过 5℃。

（2）油位计外观完整，密封良好，无进水、凝露，指示应符合油温油位标准曲线的要求。

（3）法兰、阀门、冷却装置、油箱、油管路等密封连接处应密封良好，无渗漏痕迹，油箱、升高座等焊接部位质量良好，无渗漏油。

（4）无异常振动声响。

（5）铁芯、夹件外引接地应良好。

（6）油箱及外部螺栓等部位无异常发热。

2. 冷却装置

（1）散热器外观完好，无锈蚀，无渗漏油。

（2）阀门开启方向正确，油泵、油路等无渗漏，无掉漆及锈蚀。

（3）运行中的风扇和油泵、水泵运转平稳，转向正确，无异常声音和振动，油泵油流指示器密封良好，指示正确，无抖动现象。

（4）水冷却器压差继电器、压力表、温度表、流量表的指示正常，指针无抖动现象。

（5）冷却器无堵塞及气流不畅等情况。

（6）冷却塔外观完好，运行参数正常，各部件无锈蚀，管道无渗漏，阀门开启正确，电机运转正常。

3. 套管

（1）瓷套完好，无脏污、破损、放电现象。

（2）防污闪涂料、复合绝缘套管伞裙、辅助伞裙无龟裂老化脱落。

（3）套管油位应清晰可见，观察窗玻璃清晰，油位指示在合格范围内。

（4）各密封处应无渗漏。

（5）套管及接头部位无异常发热。

（6）电容型套管末屏应接地可靠，密封良好，无渗漏油。

4. 吸湿器

（1）外观无破损，干燥剂变色部分不超过 2/3，不应自上而下变色。

（2）油杯的油位在油位线范围内，油质透明无浑浊，呼吸正常。

（3）免维护吸湿器应检查电源，排水孔畅通，加热器工作正常。

5. 分接开关

（1）无励磁分接开关。

1）密封良好，无渗漏油。

2）挡位指示器清晰，指示正确。

3）机械操作装置应无锈蚀。

4）定位螺栓位置应正确。

（2）有载分接开关。

1）机构箱密封良好，无进水、凝露，控制元件及端子无烧蚀发热。

2）挡位指示正确，指针在规定区域内，与远方挡位一致。

3）指示灯显示正常，加热器投切及运行正常。

4）开关密封部分、管道及其法兰无渗漏油。

5）储油柜油位指示在合格范围内。

6）户外变压器的油流控制（气体）继电器应密封良好，无集聚气体，户外变压器的防雨罩无脱落、偏斜。

7）有载开关在线滤油装置无渗漏，压力表指示在标准压力以下，无异常噪声和振动；控制元件及端子无烧蚀发热，指示灯显示正常。

8）冬季寒冷地区（温度持续保持零下）机构控制箱与分接开关连接处齿轮箱内应使用防冻润滑油，并定期更换。

6．气体继电器

（1）密封良好，无渗漏。

（2）防雨罩完好（适用于户外变压器）。

（3）集气盒无渗漏。

（4）视窗内应无气体（有载分接开关气体继电器除外）。

（5）接线盒电缆引出孔应封堵严密，出口电缆应设防水弯，电缆外护套最低点应设排水孔。

7．压力释放装置

（1）外观完好，无渗漏，无喷油现象。

（2）导向装置固定良好，方向正确，导向喷口方向正确。

8．突发压力继电器

突发压力继电器应外观完好，无渗漏。

9．断流阀

（1）密封良好，无渗漏。

（2）控制手柄在运行位置。

10．冷却装置控制箱和端子箱

（1）柜体接地应良好，密封、封堵良好，无进水、凝露。

（2）控制元件及端子无烧蚀过热。

（3）指示灯显示正常，投切温湿度控制器及加热器工作正常。

（4）电源具备自动投切功能，风力发电机组能正常切换。

8.1.5 变压器异常故障及处理

1. 变压器异常现象

值班人员发现运行中的变压器有异常现象，如漏油、油位、温度、声音不正常及瓷绝缘破坏等，应尽快排除，并报告有关部门和人员，在值班记录中记载事件发生的经过。

2. 故障及处理

（1）立即停止变压器运行的故障有：

1）变压器内声音很大并有爆裂声。

2）正常的负荷和冷却条件下，变压器温度不断上升。

3）储油柜或压力释放器喷油冒烟。

4）漏油严重，已见不到油位。

5）油色变化很快，油内可见碳粒。

6）瓷套管损坏，有放电现象。

7）接线端子熔断造成两相运行。

8）变压器着火。

9）瓦斯继电器内充有可燃气体。

（2）请示有关部门批准后处理的故障有：

1）变压器的实际负荷超过规定值。

2）应与调度联系停止一些生活和辅助生产设施的用电，停止或减少用电负荷。

3）变压器上层油温或温升超过允许值。

4）因油温、气温升高导致油位上升超过标准线时应放油，而当油位低时则应及时补油。

5）因低温造成油凝滞时，应逐步加大负荷，同时监视上层油温。

（3）变压器发生严重故障，可不经事先请示，必须立即停止运行，按下列步骤进行处理：

1）立即断开故障变压器两侧的断路器及隔离开关，做好检查检修的安全措施。

2）拉开与变压器有关的直流电源、测量装置和风扇电源。

3）变压器着火时，应尽快打开底部的放油阀进行放油，并用电气专用灭火器灭火。

4）投入备用电源。

5）及时向电力调度和有关部门汇报故障情况。

6）对已停止运行的故障变压器进行检查和试验，鉴定出变压器的损坏程度，提出处理意见。

8.1.6　变压器检修

1. 检修周期

（1）大修周期。

1）变电站新投入的主变压器在投入运行的第5年和之后每隔5～10年应大修1次。

2）承受过正常过负荷和事故过负荷运行的变压器，应提前进行大修。

3）运行中的变压器，发现异常状况或经试验判明内部有故障时，应提前进行大修。

4）承受过出口短路的变压器，应视情况提前进行大修。

（2）小修周期。

变压器小修每年不得少于1次。

2. 检修项目

（1）大修项目。

1）检查和清扫外壳（包括本体、大盖、衬垫、储油柜、散热器、阀门、防爆装置和滚轮等），消除渗油、漏油现象。

2）检查和清扫油再生装置，更换吸潮剂。

3）对变压器油进行化验或色谱分析，根据油质情况过滤或更换变压器油。

4）检查铁芯紧固、铁芯接地及穿芯（夹紧）螺钉、轭梁的绝缘情况。

5）检查清理绕组、绕组压紧装置、垫块、引线、各部位螺钉、油路、接线板等。

6）清理油箱内部异物。

7）更换密封衬垫。

8）受潮湿绕组的干燥处理。

9）检查并修理无载分接头切换装置（包括附加电抗器、动静触点及传动机构）。

10）检查并清扫套管、检查充油式套管的油质情况。

11）校验及调整温度表。

12）检查并清扫呼吸装置，更换吸潮剂。

13）检查并清洁油标。

14）检查及校验测量装置、保护装置、控制、信号回路等。

15）检查接地装置。

16）室外变压器外壳及附件除锈、刷漆。

17）电气性能试验按《电力设备预防性试验规程》要求进行。

（2）小修项目。

1）消除已发现的缺陷。

2）检查并拧紧绝缘套管引出线的接头。

3）检查并清扫套管瓷绝缘表面，检查套管密封情况。

4）检查并清洁油标。

5）检查变压器油再生装置及排油阀门。

6）检查散热器、储油柜、瓦斯继电器、呼吸装置及防爆装置。

7）充油套管及本体补充变压器油。

8）外壳及附件除锈、刷漆。

9）检查和校验测量装置、保护装置及控制、信号回路。

10）电气性能试验按《电力设备预防性试验规程》要求进行。

8.2 全封闭组合电器维护管理

8.2.1 全封闭组合电器简述

全封闭组合电器（GIS）也称为气体绝缘开关设备，其将变电站中的断路器、隔离开关、接地开关、电流互感器、电压互感器、避雷器等主要元件按一定的接线方式组装在密封的金属壳体内，壳体内充一定压力的六氟化硫（SF_6）或其他气体作为绝缘介质，并加装电缆终端或母线套管等组合为一个整体，实现相应的功能。某 110kV GIS 组成示意如图 8-2 所示。

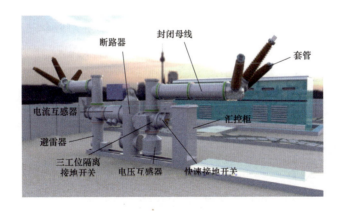

图 8-2　110kV GIS 组成示意图

由于外界环境（如雨雪、污秽等）对 GIS 设备内部几乎无影响，GIS 内部的各个元件工作环境状况明显好于常规类型的开关设备（如空气绝缘的开关设备）。另外，

SF_6 气体具有卓越的灭弧特性和绝缘特性，这些优良特性最大限度地延长了设备使用寿命，使 GIS 设备几乎成为免维护和检查的设备。当 GIS 运行到规定时间或设备出现异常及动作达到规定次数时，要开展以下工作：

（1）检查长期暴露在外界环境中的部分，断路器、隔离开关、接地开关的操作机构，外壳、构件和气路连通无异常。

（2）检查六氟化硫（SF_6）气体密度、水分及成分，操作特性及开合性能（断路器、隔离接地开关、接地开关）无异常。

（3）在产品出现异常的情况下，检查 GIS 有关元件，断路器、隔离开关、接地开关达到规定的操作次数，检查其特性。

8.2.2 专业巡视要点

1. GIS 整体巡视

（1）外壳、支架等无锈蚀、松动、损坏，外壳漆膜无局部颜色加深或焦黑起泡。

（2）环氧树脂胶注的绝缘子外露部分无颜色异常焦黑、剥落、裂纹。

（3）GIS 内部无异常声响，机构内无烧焦气味或痕迹。

（4）GIS 本体上各个高压开关（断路器、隔离开关、接地开关）分、合指示正确到位。

（5）操作机构外露传动装配上的卡圈或开口销无脱落，紧固件无松懈。

（6）操作机构的门、盖关严密封，瓷套无破损、开裂。

（7）汇控柜内无烧焦的现象，二次线和电缆无烧焦痕迹，线头无脱落，汇控柜面板上模拟线上各高压开关分、合指示（或信号灯）与 GIS 相对应开关的实际状态相符，带电显示信号正常，检查汇控柜报警装置正常，加热器按规定投切。

（8）二次电缆护管无破损、锈蚀，内部无积水。

（9）记录断路器与操作机构动作次数和当时日期，记录避雷器的动作次数。

（10）GIS 本体无漏气现象，压力释放装置正常。

（11）记录每个气室的气压值及当时日期。

2. 断路器单元巡视

（1）SF_6 气体密度值正常，无泄漏。

（2）无异常声响或气味，防松螺母无松动。

（3）分、合闸到位，指示正确。

（4）对于三相机械联动断路器检查相间连杆与拐臂所处位置无异常，连杆接头和连板无裂纹、锈蚀；对于分相操作断路器，检查各相连杆与拐臂相对位置一致。

（5）拐臂箱无裂纹。

（6）机构内金属部分及二次元器件无腐蚀。

（7）机构箱密封良好，无进水受潮、无凝露，加热驱潮装置功能正常。

（8）对于液压机构，分析后台打压频度及打压时长记录，无异常。

（9）对于液压机构，机构内管道、阀门无渗漏油，液压压力指示正常，各功能微动开关触点与行程杆间隙调整无逻辑错误，液压油油位、油色正常。

（10）对于弹簧机构，分、合闸脱扣器和动铁芯无锈蚀，机芯固定螺栓无松动，齿轮无破损，咬合深度不少于1/3，挡圈无脱落，轴销无开裂、变形、锈蚀。

（11）加热装置功能正常，按要求投入。

（12）分合闸缓冲器完好，无渗漏油等情况发生。

（13）储能电机无异常。

3.　隔离开关单元巡视

（1）SF_6气体密度值正常，无泄漏。

（2）无异常声响或气味。

（3）分、合闸到位，指示正确。

（4）传动连杆无变形、锈蚀，连接螺栓紧固。

（5）卡、销、螺栓等附件齐全，无锈蚀、变形、缺损。

（6）机构箱密封良好。

（7）机械限位螺钉无变位，无松动，符合生产厂商标准要求。

4.　接地开关单元巡视

（1）SF_6气体密度值正常，无泄漏。

（2）无异常声响或气味。

（3）分、合闸到位，指示正确。

（4）传动连杆无变形、锈蚀，连接螺栓紧固。

（5）卡、销、螺栓等附件齐全，无锈蚀、变形、缺损。

（6）机构箱密封情况良好。

（7）接地连接良好。

（8）机械限位螺钉无变位，无松动，符合生产厂商标准要求。

5.　电流互感器单元巡视

（1）SF_6气体密度值正常，无泄漏。

（2）无异常声响或气味。

（3）二次电缆接头盒密封良好。

6. 电压互感器单元巡视

（1）SF_6 气体密度值正常，无泄漏。

（2）无异常声响或气味。

（3）二次电缆接头盒密封良好。

7. 避雷器单元巡视

（1）SF_6 气体密度值正常，无泄漏。

（2）无异常声响或气味。

（3）放电计数器（在线监测装置）无锈蚀、破损，密封良好，内部无积水，固定螺栓计数器接地端紧固，无松动、锈蚀。

（4）泄漏电流不超过规定值的 10%，三相泄漏电流无明显差异。

（5）计数器（在线监测装置）二次电缆封堵可靠，无破损，电缆保护管固定可靠、无锈蚀、开裂。

（6）避雷器与放电计数器（在线监测装置）连接线连接良好，截面积满足要求。

8. 母线单元巡视

（1）SF_6 气体密度值正常，无泄漏。

（2）无异常声响或气味。

（3）波纹管外观无损伤、变形等异常情况。

（4）波纹管螺柱紧固符合生产厂商技术要求。

（5）波纹管波纹尺寸符合生产厂商技术要求。

（6）波纹管伸缩长度裕量符合生产厂商技术要求。

（7）波纹管焊接处完好，无锈蚀。固定支撑检查无变形和裂纹，滑动支撑位移在合格范围内。

9. 进出线套管和电缆终端单元巡视

（1）SF_6 气体密度值正常，无泄漏。

（2）无异常声响或气味。

（3）高压引线连接正常，设备线夹无裂纹、过热。

（4）外绝缘无异常放电，无闪络痕迹。

（5）外绝缘无破损或裂纹，无异物附着，辅助伞裙无脱胶、破损。

（6）均压环无变形、倾斜、破损、锈蚀。

（7）充油部分无渗漏油。

（8）电缆终端与组合电器连接牢固，螺栓无松动。

（9）电缆终端屏蔽线连接良好。

10. 汇控柜巡视

（1）汇控柜外壳接地良好，柜内封堵良好。

（2）汇控柜密封良好，无进水受潮，无凝露，加热驱潮装置功能正常。

（3）汇控柜内干净整洁，无变形和锈蚀。

（4）钢化玻璃无裂纹、损伤。

（5）柜内二次元件安装牢固，元件无锈蚀，无烧伤过热痕迹。

（6）柜内二次线缆排列整齐美观，接线牢固无松动，备用线芯端部进行绝缘包封。

（7）智能终端装置运行正常，装置的闭锁告警功能和自诊断功能正常。

（8）空调运行正常，温度满足智能装置运行要求。

（9）断路器、隔离开关及接地开关位置指示正确，无异常信号。

（10）带电显示器安装牢固，指示正确。

8.2.3 检修周期

（1）基准周期为 3 年。

（2）可依据设备状态、地域环境等特点，在基准周期的基础上酌情延长或缩短检修周期，调整后的检修周期一般不小于 1 年，也不大于基准周期的 2 倍。

（3）对于未开展带电检测的设备，检修周期不大于基准周期的 1.4 倍；对于未开展带电检测的老旧设备（大于 20 年运龄），检修周期不大于基准周期。

（4）110（66）kV 及以上新设备投运满 1 ～ 2 年，以及连续停运 6 个月以上重新投运的设备，应进行检修。

（5）现场备用设备应视同运行设备进行检修，备用设备投运前应进行检修。

（6）有下列情形之一的设备，需提前或尽快安排检修：

1）巡检中发现有异常，此异常可能是重大质量隐患所致。

2）带电检测（如有）显示设备状态不良。

3）以往的例行试验有朝着注意值或警示值方向发展的明显趋势，或者接近注意值或警示值。

4）存在重大家族缺陷。

5）经受了较为严重的不良工况，不进行试验无法确定其是否对设备状态有实质性损害。

6）如初步判定设备继续运行有风险，情况严重时，应尽快退出运行，进行检修。

（7）符合以下各项条件的设备，检修可以在周期调整后的基础上最多延迟 1 个年度：

1）巡视中未见可能危及该设备安全运行的任何异常。

2）带电检测（如有）显示设备状态良好。

3）上次试验与其前次（或交接）试验结果相比无明显差异。

4）没有任何可能危及设备安全运行的家族缺陷。

5）上次检修以来，没有经受严重的不良工况。

8.3　高压断路器维护管理

8.3.1　高压断路器简述

高压断路器（见图8-3）是能关合、承载以及开断正常电路条件下的电流，也能在规定的异常电路条件（如短路）下关合、承载一定时间和开断电流的机械开关器件。

图 8-3　高压断路器

高压断路器的作用：高压断路器能够根据电力系统的需要，具有切断和接通电流的作用。根据电网需要或电流异常情况，通过断路器合闸或分闸，可以将部分或全部电气设备，以及部分或全部线路投入或退出运行。高压断路器还有保护作用，电力系统部分区域发生故障时，高压断路器和保护装置、自动装置相配合，将该故障部分从系统中迅速切除，减少停电范围，防止事故扩大。

高压断路器动、静触头带有完善的灭弧装置，因此它不仅能通断正常负荷电流，而且还能通断一定的短路电流，并且在继电保护的作用下自动跳闸，切除短路故障。行业内110kV及以上电压等级灭弧介质主要是六氟化硫。近年来，绿色环保型开关设备在加紧研制，110kV真空断路器已挂网运行，220kV真空断路器也已研制成功，2024年已挂网试运行。高压断路器所配操动机构常见的有液压操动机构、弹簧操动机构和液压弹簧操动机构。

8.3.2 专业巡视要点

1. **本体巡视**

（1）本体及支架无异物。

（2）外绝缘放电不超过第二片伞裙，不出现中部伞裙放电。

（3）覆冰厚度不超过设计值（一般为 10mm），冰凌桥接长度不宜超过干弧距离的 1/3。

（4）外绝缘无破损或裂纹，无异物附着，增爬裙无脱胶、变形。

（5）均压电容、合闸电阻外观完好，气体压力正常，均压环无变形、松动或脱落。

（6）无异常声响或气味。

（7）SF_6 密度继电器指示正常，表计防震液无渗漏。

（8）套管法兰连接螺栓紧固，法兰无开裂，胶装部位无破损、裂纹、积水。

（9）高压引线、接地线连接正常，设备线夹无裂纹，无发热。

2. **液压（液压弹簧）操动机构巡视**

（1）分、合闸到位，指示正确。

（2）对于三相机械联动断路器，检查相间连杆与拐臂所处位置无异常，连杆接头和连板无裂纹、锈蚀。对于分相操作断路器，检查各相连杆与拐臂相对位置一致。

（3）拐臂箱无裂纹。

（4）液压机构压力指示正常，液压弹簧机构弹簧压缩量正常。

（5）压力开关微动接点固定螺杆无松动。

（6）机构内金属部分及二次元器件外观完好。

（7）储能电机无异常声响或气味，外观检查无异常。

（8）机构箱密封良好，清洁无杂物，无进水受潮，加热驱潮装置功能正常。

（9）液压油油位、油色正常，油路管道及各密封处无渗漏。

（10）分析后台打压频度及打压时长记录，无异常。

3. **弹簧操动机构巡视**

（1）分、合闸到位，指示正确。

（2）对于三相机械联动断路器，检查相间连杆与拐臂所处位置无异常，连杆接头和连板无裂纹、锈蚀。对于分相操作断路器，检查各相连杆与拐臂相对位置一致。

（3）拐臂箱无裂纹。

（4）储能指示正常，储能行程开关无锈蚀，无松动。

（5）分合闸弹簧外观完好，无锈蚀。

（6）齿轮无破损、啮合深度不少于2/3，挡圈无脱落，轴销无开裂、变形、锈蚀。

（7）储能链条无松动、断裂、锈蚀现象。分、合闸弹簧固定螺栓紧固无松动、脱落现象。

（8）分、合闸缓冲器无渗漏油。

（9）分、合闸脱扣器和动铁芯无锈蚀，机芯固定螺栓无松动。

（10）机构内金属部分及二次元器件外观完好。

（11）机构箱密封良好，清洁无杂物，无进水受潮，加热驱潮装置功能正常。

8.3.3 检修项目与周期

1. 检修项目

包含专业巡视、带电进行的 SF_6 气体补充、液压油补充、密度继电器校验及更换、压力表校验及更换、辅助二次元器件更换、金属部件防腐处理、传动部件润滑处理及箱体维护等工作。

2. 检修周期

依据设备运行工况，及时安排检修，保证设备正常功能。

（1）基准周期为3年。

（2）可依据设备状态、地域环境等特点，在基准周期的基础上酌情延长或缩短检修周期，调整后的检修周期一般不小于1年，也不大于基准周期的2倍。

（3）对于未开展带电检测的设备，检修周期不大于基准周期的1.4倍；对于未开展带电检测的老旧设备（大于20年运龄），检修周期不大于基准周期。

（4）110（66）kV及以上新设备投运满1～2年，以及连续停运6个月以上重新投运的设备，应进行检修。对核心部件或主体进行解体性检修后重新投运的设备，可参照新设备要求执行。

（5）现场备用设备应视同运行设备进行检修，备用设备投运前应进行检修。

（6）符合以下各项条件的设备，检修可以在周期调整后的基础上最多延迟1个年度：

1）巡视中未见可能危及该设备安全运行的任何异常。

2）带电检测（如有）显示设备状态良好。

3）上次试验与其前次（或交接）试验结果相比无明显差异。

4）没有任何可能危及设备安全运行的家族缺陷。

5）上次检修以来，没有经受严重的不良工况。

8.4 高压隔离开关维护管理

高压隔离开关是在分闸位置时，动、静触头间产生明显可见的隔离断口，即明显可见的电气断点，并在空气介质中保持足够的绝缘安全距离的机械装置。当开断或闭合微小电流时，或当隔离开关的每极两接线端子间的电压波动很小时，隔离开关能使电路分合，也能承载异常条件（如短路电流）下规定时间内的电流。

隔离开关（见图 8-4）的主要作用：隔离电源，以及接通或断开小电流电路。

图 8-4　隔离开关

8.4.2 专业巡视要点

1. **本体巡视**

（1）隔离开关外观清洁无异物，五防装置完好无缺失。

（2）触头接触良好，无过热，无变形，合、分闸位置正确，符合相关技术规范要求。

（3）引弧触头完好，无缺损、移位。

（4）导电臂及导电带无变形、开裂，无断片、断股，连接螺栓紧固。

（5）接线端子或导电基座无过热、变形，连接螺栓紧固。

（6）均压环无变形、倾斜、锈蚀，连接螺栓紧固。

（7）绝缘子外观及辅助伞裙无破损、开裂，无严重变形，外绝缘放电不超过第二伞裙，中部伞裙无放电现象。

（8）本体无异响及放电、闪络等异常现象。

（9）法兰连接螺栓紧固，胶装部位防水胶无破损、裂纹。

（10）防污闪涂料涂层完好，无龟裂、起层、缺损。

（11）传动部件无变形、锈蚀、开裂，连接螺栓紧固。

（12）连接卡、销、螺栓等附件齐全，无锈蚀、缺损，开口销打开角度符合技术要求。

（13）拐臂过死点位置正确，限位装置符合相关技术规范要求。

（14）机械闭锁盘、闭锁板、闭锁销无锈蚀、变形，闭锁间隙符合产品技术要求。

（15）底座部件无歪斜、锈蚀，连接螺栓紧固。

（16）铜质软连接无散股、断股，外观无异常。

（17）隔离开关支柱绝缘子浇注法兰无锈蚀、裂纹等异常现象。

2. 操动机构巡视

（1）箱体无变形、锈蚀，封堵良好。

（2）箱体固定可靠，接地良好。

（3）箱内二次元器件外观完好。

（4）箱内加热驱潮装置功能正常。

3. 引线巡视

（1）引线弧垂满足运行要求。

（2）引线无散股、断股。

（3）引线两端线夹无变形、松动、裂纹、变色。

（4）引线连接螺栓无锈蚀、松动、缺失。

4. 基础构架巡视

（1）基础无破损、沉降、倾斜。

（2）构架无锈蚀，无变形，焊接部位无开裂，连接螺栓无松动。

（3）接地无锈蚀，连接紧固，标志清晰。

5. 检修周期

（1）基准周期为 3 年。

（2）可依据设备状态、地域环境等特点，在基准周期的基础上酌情延长或缩短检修周期，调整后的检修周期一般不小于 1 年，也不大于基准周期的 2 倍。

（3）对于未开展带电检测的设备，检修周期不大于基准周期的 1.4 倍；对于未开展带电检测的老旧设备（大于 20 年运龄），检修周期不大于基准周期。

（4）110（66）kV 及以上新设备投运满 1～2 年，以及连续停运 6 个月以上重新投运的设备，应进行检修。对核心部件或主体进行解体性检修后重新投运的设备，可参照新设备要求执行。

（5）现场备用设备应视同运行设备进行检修，备用设备投运前应进行检修。

（6）符合以下各项条件的设备，检修可以在周期调整后的基础上最多延迟1个年度：

1）巡视中未见可能危及该设备安全运行的任何异常。

2）带电检测（如有）显示设备状态良好。

3）上次试验与其前次（或交接）试验结果相比无明显差异。

4）没有任何可能危及设备安全运行的家族缺陷。

5）上次检修以来，没有经受严重的不良工况。

（7）依据设备运行工况，及时安排检修，保证设备正常功能。

8.5 电流互感器维护管理

8.5.1 电流互感器简述

电流互感器是将交流电大电流按比例降到可以用仪表直接测量数值的设备。

电流互感器的作用：与测量仪表配合，对线路的电流进行测量；与继电保护装置配合，对电力系统和设备实施保护；使测量仪表、继电保护装置与线路高电压进行隔离，以保证运行人员和二次设备的安全；将线路电流变换成统一的标准值，以利于仪表和继电保护装置的标准化。

8.5.2 专业巡视要点

1. 油浸式电流互感器巡视

（1）设备外观完好，无渗漏；外绝缘表面清洁，无裂纹及放电现象。

（2）金属部位无锈蚀，底座、构架牢固，无倾斜变形，设备外表面无掉漆或锈蚀现象。

（3）一次、二次、末屏引线接触良好，接头无过热，各连接引线无发热、变色，本体温度无异常，一次导电杆及端子无变形、无裂痕。

（4）油位正常。

（5）本体二次接线盒密封良好，无锈蚀，无异常声响、异常振动和异常气味。

（6）接地点连接可靠。

（7）一次接线板支撑绝缘子无异常。

（8）一次接线板过电压保护器表面清洁，无裂纹。

2. SF_6 电流互感器巡视

（1）设备外观完好，外绝缘表面清洁，无裂纹及放电现象。

（2）金属部位无锈蚀，底座、构架牢固，无倾斜变形。

（3）设备外涂漆层清洁，无大面积掉漆。

（4）一次、二次引线接触良好，接头无过热，各连接线无发热迹象，本体温度无异常。

（5）检查密度继电器（压力表）指示在正常规定范围，无漏气现象。

（6）本体二次接线盒密封良好，无锈蚀，无异常声响、异常振动和异常气味。

（7）无异常声响、异常振动和异常气味。

（8）接地点连接可靠。

8.5.3 检修周期

（1）基准周期为 3 年。

（2）可依据设备状态、地域环境等特点，在基准周期的基础上酌情延长或缩短检修周期，调整后的检修周期一般不小于 1 年，也不大于基准周期的 2 倍。

（3）对于未开展带电检测的设备，检修周期不大于基准周期的 1.4 倍；对于未开展带电检测的老旧设备（大于 20 年运龄），检修周期不大于基准周期。

（4）新设备投运满 1 ～ 2 年，以及连续停运 6 个月以上重新投运的设备，应进行检修。对核心部件或主体进行解体性检修后重新投运的设备，可参照新设备要求执行。

（5）现场备用设备应视同运行设备进行检修，备用设备投运前应进行检修。

（6）符合以下各项条件的设备，检修可以在周期调整后的基础上最多延迟 1 个年度：

1）巡视中未见可能危及该设备安全运行的任何异常。

2）带电检测（如有）显示设备状态良好。

3）上次试验与其前次（或交接）试验结果相比无明显差异。

4）没有任何可能危及设备安全运行的家族缺陷。

5）上次检修以来，没有经受严重的不良工况。

（7）依据设备运行工况，及时安排检修，保证设备正常功能。

8.6 电压互感器维护管理

8.6.1 电压互感器简述

电压互感器是用来变换电压的设备，将交流高电压按照比例关系变换成同频率的设定的交流低电压。

电压互感器的作用：一是测量，在正常电压范围内向测量、计量装置提供电网电压信息；二是保护，在电网故障状态下向继电保护等装置提供电网故障电压信息；三是使测量仪表、继电保护装置与线路高压进行隔离，以保证运行人员和二次设备的安全。常见的电压互感器有油浸式电压互感器和 SF_6 电压互感器。

8.6.2　专业巡视要点

1. 油浸式电压互感器巡视

（1）设备外观完好，无渗漏；外绝缘表面清洁，无裂纹及放电现象。

（2）金属部位无锈蚀，底座、构架牢固，无倾斜变形。

（3）一次、二次引线连接正常，各连接接头无过热迹象，本体温度无异常。

（4）本体油位正常。

（5）端子箱密封良好，二次回路主熔断器或自动开关完好。

（6）电容式电压互感器二次电压（包括开口三角形电压）无异常波动。

（7）无异常声响、振动和气味。

（8）接地点连接可靠。

（9）上、下节电容单元连接线完好，无松动。

（10）外装式一次消谐装置外观良好，安装牢固。

2. SF_6 电压互感器巡视

（1）设备外观完好，外绝缘表面清洁，无裂纹及放电现象。

（2）金属部位无锈蚀，底座、构架牢固，无倾斜变形。

（3）一次、二次引线连接正常，各连接接头无过热迹象，本体温度无异常。

（4）密度继电器（压力表）指示在正常区域，无漏气现象。

（5）二次回路主熔断器或自动开关应完好。

（6）二次电压（包括开口三角形电压）无异常波动。

（7）无异常声响、振动和气味。

（8）接地点连接可靠。

（9）外装式一次消谐装置外观良好，安装牢固。

8.6.3　检修周期

（1）基准周期为 3 年。

（2）可依据设备状态、地域环境等特点，在基准周期的基础上酌情延长或缩短检修周期，调整后的检修周期一般不小于 1 年，也不大于基准周期的 2 倍。

（3）对于未开展带电检测的设备，检修周期不大于基准周期的 1.4 倍；对于未开展带电检测的老旧设备（大于 20 年运龄），检修周期不大于基准周期。

（4）新设备投运满 1～2 年，以及连续停运 6 个月以上重新投运的设备，应进行检修。对核心部件或主体进行解体性检修后重新投运的设备，可参照新设备要求执行。

（5）现场备用设备应视同运行设备进行检修，备用设备投运前应进行检修。

（6）符合以下各项条件的设备，检修可以在周期调整后的基础上最多延迟 1 个年度：

1）巡视中未见可能危及该设备安全运行的任何异常。

2）带电检测（如有）显示设备状态良好。

3）上次试验与其前次（或交接）试验结果相比无明显差异。

4）没有任何可能危及设备安全运行的家族缺陷。

5）上次检修以来，没有经受严重的不良工况。

（7）依据设备运行工况，及时安排检修，保证设备正常功能。

8.7　避雷器维护管理

8.7.1　避雷器简述

避雷器是一种过电压限制器。避雷器的作用：避雷器通常与被保护电气设备并联，当过电压出现时，限制其两端子间的电压不超过规定值，使被保护的电气设备免遭过电压损坏。过电压作用后，能使系统迅速恢复正常工作状态。

8.7.2　专业巡视要点

1. 本体巡视

（1）接线板连接可靠，无变形、变色、裂纹现象。

（2）复合外套及瓷外套表面无裂纹、破损、变形，无明显积污。

（3）复合外套及瓷外套表面无放电、烧伤痕迹。

（4）瓷外套防污闪涂层无龟裂、起层、破损、脱落。

（5）复合外套及瓷外套法兰无锈蚀、裂纹。

（6）复合外套及瓷外套法兰黏合处无破损、裂纹、积水。

（7）避雷器排水孔通畅，安装位置正确。

（8）避雷器压力释放通道处无异物，防护盖无脱落、翘起，安装位置正确。

（9）避雷器防爆片应完好。

（10）避雷器整体连接牢固，无倾斜，连接螺栓齐全，无锈蚀、松动。

（11）避雷器内部无异响。

（12）带并联间隙的金属氧化物避雷器，外露电极表面应无明显烧损、缺失。

（13）避雷器铭牌完整，无缺失，相色正确、清晰。

（14）低式布置的金属氧化物避雷器遮栏内无异物。

（15）避雷器无运行隐患。

（16）避雷器反措项目执行情况。

（17）避雷器无家族性缺陷。

2. 绝缘底座、均压环、监测装置巡视

（1）绝缘底座排水孔应通畅，表面无异物、破损、积污。

（2）绝缘底座法兰无锈蚀、变色、积水。

（3）均压环无变形、锈蚀、开裂、破损。

（4）监测装置固定可靠，外观无锈蚀、破损。

（5）监测装置密封良好，观察窗内无凝露、进水现象。

（6）监测装置绝缘小套管表面无异物，无破损，无明显积污。

（7）监测装置及支架连接可靠，无松动、变形、开裂、锈蚀。

（8）监测装置与避雷器如果采用绝缘导线连接，导线表面应无破损、烧伤，两端连接螺栓无松动、锈蚀。

（9）监测装置与避雷器如果采用硬导体连接，硬导体表面应无变形、松动、烧伤，两端连接螺栓无松动、锈蚀，固定硬导体的绝缘支柱无松动、破损，无明显积污。

（10）避雷器泄漏电流的增长不应超过正常值的20%，在同一次记录中，三相泄漏电流应基本一致。

（11）充气并带压力表的避雷器气体压力无异常。

（12）监测装置二次电缆封堵可靠，无破损、脱落，电缆标识牌齐全、正确、清晰。

（13）监测装置二次电缆保护管固定可靠，无锈蚀、开裂。

（14）监测装置二次接线应牢靠，接触良好，无松动、锈蚀现象。

（15）避雷器在线监测装置数据采集及显示正常。

3. 引流线及接地装置巡视

（1）引流线拉紧绝缘子紧固可靠，受力均匀，轴销、档卡完整可靠。

（2）引流线无散股、断股、烧损，相间距离及弧垂符合技术标准。

（3）引流线连板（线夹）无裂纹、变色、烧损。

（4）引流线连接螺栓无松动、锈蚀、缺失。

（5）避雷器接地装置应连接可靠，无松动、烧伤，焊接部位无开裂、锈蚀。

4. 基础及构架巡视

（1）基础无破损、沉降。

（2）构架无锈蚀、变形。

（3）构架焊接部位无开裂，连接螺栓无松动。

（4）构架接地无锈蚀、烧伤，连接可靠。

8.7.3 检修周期

（1）基准周期为 3 年。

（2）可依据设备状态、地域环境等特点，在基准周期的基础上酌情延长或缩短检修周期，调整后的检修周期一般不小于 1 年，也不大于基准周期的 2 倍。

（3）对于未开展带电检测的设备，检修周期不大于基准周期的 1.4 倍；对于未开展带电检测的老旧设备（大于 20 年运龄），检修周期不大于基准周期。

（4）新设备投运满 1～2 年，以及连续停运 6 个月以上重新投运的设备，应进行检修。对核心部件或主体进行解体性检修后重新投运的设备，可参照新设备要求执行。

（5）现场备用设备应视同运行设备进行检修，备用设备投运前应进行检修。

（6）符合以下各项条件的设备，检修可以在周期调整后的基础上最多延迟 1 个年度：

1）巡视中未见可能危及该设备安全运行的任何异常。

2）带电检测（如有）显示设备状态良好。

3）上次试验与其前次（或交接）试验结果相比无明显差异。

4）没有任何可能危及设备安全运行的家族缺陷。

5）上次检修以来，没有经受严重的不良工况。

（7）按照设备状态评价决策进行。

8.8 开关柜维护管理

开关柜是一种电气设备。开关柜外线先进入柜内主控开关，然后进入分控开关，各分路按其需要设置。开关柜的主要作用是在电力系统进行发电、输电、配电和电能转换过程中，进行开合、控制和保护用电设备。风力发电场站通常采用 35kV 高压开关柜（见图 8-5）和 0.4kV 低压开关柜。

8.8.1 高压开关柜

35kV 高压开关柜常见的是铠装移开式金属封闭开关设备，由柜体和可抽出部件（即手车）两部分组成，见图 8-6。柜体分四个单独隔室，即断路器室、母线室、电缆室、仪表室。按照功能需要，可设计架空进出线、电缆进出线及其他功能方案，经排列、组合后能成为各种方案形式的配电装置。

图 8-5 35kV 高压开关柜

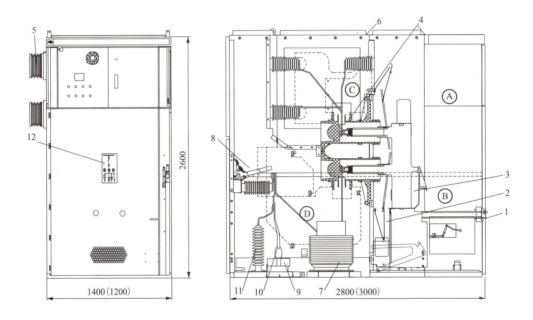

图 8-6 开关柜基本结构图

A—仪表室；B—断路器室；C—母线室；D—电缆室

1—外壳；2—活门支架；3—断路器手车；4—触头盒；5—母线套管；6—泄压装置，7—电流互感器，

8—接地开关；9—零序互感器；10—电缆；11—避雷器；12—模拟牌

1. 高压开关柜结构

（1）柜体。开关设备的柜体选用敷铝锌薄钢板加工而成，采用组装式结构，用拉铆螺母和高强度的螺栓联接而成。

（2）手车。手车与柜体绝缘配合，机械联锁安全可靠、灵活。根据用途不同，手车可分为断路器手车、电压互感器手车、熔断器手车、隔离手车。同规格手车可以自由互换。手车在柜体内有断开位置、试验位置和工作位置，每一位置都分别有定位装置，以保证联锁可靠，必须按联锁防误操作程序进行操作。各种手车均采用涡轮、涡杆摇动推进、退出，其操作轻便、灵活，适合于各种值班人员操作。当手车需要移开柜体时，用一台专用转运托盘，就可以方便取出，进行各种检查、维护，而且采用落地式，整个小车体积小，检查、维护方便。

2. 高压开关柜专业巡视要点

（1）开关柜巡视。

1）漆面无变色、鼓包、脱落。

2）外部螺钉、销钉无松动、脱落。

3）观察窗玻璃无裂纹、破碎。

4）柜门无变形，柜体密封良好，无明显过热。

5）泄压通道无异常。

6）开关柜无异响、异味。

7）各功能隔室照明正常。

8）开关柜间母联桥箱、进线桥箱应无沉降变形。

9）铭牌完整清晰。

10）接地开关能可靠闭锁电缆室柜门。

（2）断路器室巡视。

1）断路器无异响、异味、放电痕迹。

2）断路器分、合闸、储能指示正确。

（3）电缆室巡视。

1）电缆室应无异响、异味，电缆终端头、互感器、避雷器绝缘表面无凝露、破损、放电痕迹。

2）接线板无位移、过热、明显弯曲，固定螺栓螺母无松动。

3）电缆相位标记清晰，电缆屏蔽层接地线固定牢固，接触良好，且屏蔽接地引出线应在开关柜封堵面上部，一次、二次电缆孔洞封堵良好。

4）零序电流互感器应固定牢固。

5）电缆终端不同相之间不应交叉接触。

6）分支接线绝缘包封良好。

7）接地开关位置正常。

8）电缆室内无异物。

9）电流互感器、带电显示装置二次线应固定牢固，无松动现象。

（4）仪表室巡视。

1）带电显示装置显示正常，自检功能正常。

2）断路器分合闸、手车位置及储能指示显示正常，与实际状态相符。

3）接地开关位置指示显示正常，与实际运行位置相符。

4）若加热驱潮装置采用自动温湿度控制器投切，自动温湿度控制器应工作正常。

5）额定电流 2500A 及以上金属封闭高压开关柜的风力发电机组自动 / 手动投切功能应工作正常。

6）二次线及端子排无锈蚀松动，柜内无异物。

3．检修周期

（1）基准周期为 4 年。

（2）可依据设备状态、地域环境等特点，在基准周期的基础上酌情延长或缩短检修周期，调整后的检修周期一般不小于 1 年，也不大于基准周期的 2 倍。

（3）对于未开展带电检测的设备，检修周期不大于基准周期的 1.4 倍；对于未开展带电检测的老旧设备（大于 20 年运龄），检修周期不大于基准周期。

（4）对核心部件或主体进行解体性检修后重新投运的设备，可参照新设备要求执行。

（5）现场备用设备应视同运行设备进行检修，备用设备投运前应进行检修。

（6）符合以下各项条件的设备，检修可以在周期调整后的基础上最多延迟 1 个年度：

1）巡视中未见可能危及该设备安全运行的任何异常。

2）带电检测（如有）显示设备状态良好。

3）上次试验与其前次（或交接）试验结果相比无明显差异。

4）没有任何可能危及设备安全运行的家族缺陷。

5）上次检修以来，没有经受严重的不良工况。

（7）依据设备运行工况，及时安排检修，保证设备正常功能。

8.8.2　低压开关柜

1．低压开关柜结构

低压开关柜结构如图 8-7 所示。按照用途和柜体结构可分为以下几种柜型：

（1）PC 柜。主要安装框架式断路器或者大容量刀熔开关，一般用于进线开关柜和大电流配电出线柜。

（2）MCC 柜。主要安装塑壳开关、接触器、热继电器或者小容量的刀熔开关，一般用于电动机控制中心或者小电流的配电中心。

图 8-7　低压开关柜

（3）PC 与 MCC 混装柜。开关柜部分为 PC 回路，部分为 MCC 回路，采用混装结构可以提高柜体元件的安装效率，减少开关柜数量。

（4）无功功率补偿柜。主要安装低压电力电容器和其相应的控制回路，用于系统的低压无功补偿。

根据实际的项目要求，MCC 柜具有抽出式和插拔／固定式两种结构形式。抽出式开关柜的功能单元为抽屉形式，抽出抽屉后即可进行元器件的更换和检修工作；插拔式开关柜的功能单元不可移出，利用可插拔的开关等元件进行更换和检修工作。

2. 专业巡视要点

（1）检查开关装置、控制、联锁、保护、信号和其他装置的功能是否可靠。

（2）检查抽屉单元隔离触头的表面状况。从柜内抽出抽屉单元，目测检查柜内多功能板和抽屉上的动触头。若触头表面的镀银层磨损到露出铜，或表面严重腐蚀，出现损伤或过热痕迹（表面变色），需更换触头。

（3）检查开关柜的附件、辅助装置、绝缘板等，是否保持干燥和清洁。

3. 配电柜保养

（1）发现开关装置肮脏（若在热带或亚热带气候中，盐雾、霉菌、昆虫、凝露等都可能引起污染）时，应仔细擦拭设备，特别是绝缘层表面。

1）用干燥的软布擦去附着力不大的灰尘。

2）用软布浸轻度碱性的家用清洁剂，擦去黏性／油脂性脏物。

3）用清水擦干净，再干燥。

4）对绝缘材料和严重污染的元件，用无卤清洁剂清洁（注意：严禁使用三氯乙烷、三氯乙烯或四氯化碳）。

（2）抽屉单元插入系统的机构和接触点的润滑不足或润滑消失时，应加中性润滑剂。

（3）拧紧松动的母线和接地系统的螺栓。

（4）给开关柜内的滑动、滚动和轴承表面（如导轨、联锁系统、操作手柄机构和抽屉滚轮等）上油。

4.　检修周期

配电柜检修周期同 8.8.1 节高压开关柜的相关要求。

8.9　无功补偿装置维护管理

8.9.1　无功补偿装置简述

无功补偿装置（即 SVG 设备）是风力发电场站系统中用来进行无功补偿的装置，如图 8-8 所示。

SVG 设备的作用：在电力供电系统中提高电网的功率因数，减少传输的无功功率，降低供电变压器及输送线路的损耗，提高电能效率，改善供电环境，提高电网质量。

SVG 设备的工作原理：在电力系统中把具有容性功率负荷的装置与感性功率负荷并接在同一电路，当容性负荷释放能量时，感性负荷吸收能量，而感性负荷释放能量时，容性负荷吸收能量，能量在两种负荷之间交换，感性负荷所吸收的无功功率可从容性负荷输出的无功功率中得到补偿。

图 8-8　SVG 成套设备

　　SVG 设备可实现从感性无功到容性无功的连续快速调节，由控制部分、功率部分、启动部分、连接电抗器和冷却系统等设备组成。

　　SVG 设备的接线原理见图 8-9，其基本原理是将自换相桥式电路通过变压器或者电抗器并联在电网上，适当调节桥式电路交流侧输出电压的幅值和相位，或者直接控制其交流侧电流，可使该电路吸收或者发出满足要求的无功电流，实现动态无功补偿。

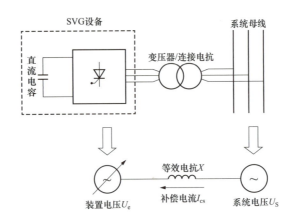

图 8-9　降压式 SVG 设备原理图

8.9.2　无功补偿装置运行

　　1. SVG 设备投运前的检查步骤

　　（1）所有与本次送电有关的电缆等均敷设完毕。

　　（2）设备静态调试已完毕且合格，具备送电条件。

　　（3）设备各项试验均已进行完毕且试验合格，并有试验报告。

　　（4）操作用安全工器具已齐备，且试验合格。

　　（5）装置各盘柜接线及电缆压接完毕，并按照设计图复核，接线正确。

　　（6）有根据现场实际制定的设备异常处置方案和预防性措施。

　　（7）操作人员具备操作能力和应急处置能力，必要时由设备生产厂商进行示范操作。

　　2. 设备投运后要求

　　（1）检查各项测量和参数是否正确合适。

　　（2）逐步调整容量至额定容量，无异常后调整至合适的范围。

　　（3）装置的处理方式和控制方式按现场实际和调度规定执行，应避免过补、欠补和反补的情况出现。

（4）各种电气的测量数据应保证远程和就地一致，如不一致需及时查明原因。

3．SVG 设备投运操作步骤

（1）检查对应的 SVG 设备的一次侧断路器在分位，接地开关在分位。

（2）SVG 本体启动开关在分位，各功率单元门已锁好。

（3）确认一次开关具备合闸条件。

（4）确认 SVG 设备本体无告警和异常，具备投运条件。

（5）先给二次控制系统上电，控制系统根据检测到的各种状态量判断系统状态，若装置正常，则复位后"就绪"指示灯点亮。在装置就绪的情况下才能上电运行。

（6）停运操作步骤与上述相反。

4．安全注意事项

（1）动态补偿装置操作使用时必须严格遵守操作规程，任何错误的操作方法都可能导致人员伤害和设备损害。动态补偿装置的操作维护人员必须经过专业培训，取得电气设备操作许可证，同时应熟悉设备生产厂商的维护手册。

（2）启动柜、功率柜均属高压危险区域，在高压通电情况下绝对不能打开柜门进行作业。

（3）控制柜与其他柜体采用光纤隔离技术，不存在 6kV 或 10kV 的高电压，但存在 380V 交流电，因此也必须是经过培训的授权人员才能进行操作。

8.9.3　无功补偿装置维护

1．运行期间维护工作

（1）运行中应每天巡视 SVG 装置状态，如果 SVG 装置内发出异常声响，排风口处没有出风或风量比平时小，则应立即停机更换风扇，当 SVG 装置出现异味（特别是臭氧味）时，应立即处理。针对水冷等型式，需注重巡视循环泵的异常声响及水冷的密封状况等。

（2）室内应保持清洁，避免灰尘积累。

（3）每季度对 SVG 装置的所有防尘网的积灰做一次清理工作。

（4）室内需做防鼠害处理，避免小型动物进入 SVG 装置。

（5）注意保持室内温度，当室内温度高于 40℃应尽快做降温处理，如加强室内外通风，开启空调等。

（6）经常检查 SVG 是否有异常响声、振动及异味。

（7）经常检查所有电力电缆、控制电缆有无损伤，电力电缆缩子是否松动，高压绝缘热缩管是否松动。

（8）SVG投入运行第一年内，将变压器所有进出线电缆、功率单元进出线电缆紧固一遍，并用吸尘器清除柜内灰尘。

2．停机后维护工作

（1）重新检查所有电气件连接的紧固情况，用修补漆修补生锈或外露的地方。

（2）用吸尘器彻底清洁柜内部，保证柜内无尘。

（3）目视检查框体框架等绝缘件，如果在清洁之后仍然发乌、发黑，应立即通知生产厂商处理。

（4）检查所有冷却风扇的转动情况，如果出现偏转、转动不稳等现象应更换风扇。

（5）在停电状态下，建议用2500V绝缘电阻表测量每一个功率单元对地的绝缘电阻，应不小于100MΩ。

8.9.4　检修周期

（1）基准周期为4年。

（2）可依据设备状态、地域环境等特点，在基准周期的基础上酌情延长或缩短检修周期，调整后的检修周期一般不小于1年，也不大于基准周期的2倍。

（3）对于未开展带电检测的设备，检修周期不大于基准周期的1.4倍；对于未开展带电检测的老旧设备（大于20年运龄），检修周期不大于基准周期。

（4）现场备用设备应视同运行设备进行检修，备用设备投运前应进行检修。

（5）符合以下各项条件的设备，检修可以在周期调整后的基础上最多延迟1个年度：

1）巡视中未见可能危及该设备安全运行的任何异常。

2）带电检测（如有）显示设备状态良好。

3）上次试验与其前次（或交接）试验结果相比无明显差异。

4）上次检修以来，没有经受严重的不良工况。

（6）依据设备运行工况，及时安排检修，保证设备正常功能。

8.10　母线及绝缘子维护管理

8.10.1　专业巡视要点

1．硬母线巡视

（1）相序及运行编号标示清晰。

（2）导线或软连接无断股、散股及腐蚀，无异物悬挂。

（3）管型母线本体或焊接面无开裂、变形、脱焊。

（4）每节管母线固定金具应仅有一处，并宜位于全长或两母线伸缩节中点。

（5）导线、接头及线夹无过热。

（6）固体绝缘母线的绝缘层无破损。

（7）封端球正常无脱落。

（8）管型母线固定伸缩节应无损坏、满足伸缩要求。

（9）管型母线最低处、终端球底部应有排水孔。

2. 软母线巡视

（1）相序及运行编号标示清晰。

（2）导线无断股、散股及腐蚀，无异物悬挂。

（3）导线、接头及线夹无过热。

（4）分裂母线间隔棒无松动、脱落。

（5）铝包带端口无张口。

3. 地电位全绝缘母线巡视

（1）相序及运行编号标示清晰。

（2）支架、托架、抱箍、固定金具无锈蚀，无过热、放电痕迹。

（3）外绝缘无脱皮、过热及放电痕迹。

（4）屏蔽接地线接地牢固可靠。

4. 母线金具巡视

（1）无变形、锈蚀、裂纹、断股和折皱现象。

（2）伸缩金具无变形、散股及支撑螺杆脱落现象。

5. 母线引流线巡视

（1）引流线无过热。

（2）线夹与设备连接平面无缝隙，螺栓出丝 2～3 螺扣。

（3）引线无断股或松股现象，无腐蚀现象，无异物悬挂。

（4）压接型设备线夹安装角度朝上 30°～90° 时，应有直径 6mm 的排水孔，排水口通畅。

6. 悬式绝缘子巡视

（1）绝缘子无异物附着，无位移或非正常倾斜。

（2）绝缘子瓷套或护套无裂痕、破损，表面无严重积污。

（3）绝缘子碗头、球头无腐蚀，锁紧销及开口销无锈蚀、脱位或脱落。

（4）绝缘子无放电、闪络或电蚀痕迹。

（5）防污闪涂层完好，无破损、起皮、开裂。

7．支柱绝缘子巡视

（1）支柱绝缘子无倾斜、破损、异物。

（2）支柱绝缘子外表面及法兰封装处无裂纹，防水胶完好无脱落。

（3）支柱绝缘子表面无严重积污，无明显爬电或电蚀痕迹。

（4）防污闪涂层完好，无破损、起皮、开裂。

（5）增爬伞裙无塌陷变形，表面无击穿，黏接界面牢固。

8.10.2 检修周期

（1）基准周期为 3 年。

（2）可依据设备状态、地域环境等特点，在基准周期的基础上酌情延长或缩短检修周期，调整后的检修周期一般不小于 1 年，也不大于基准周期的 2 倍。

8.11 穿墙套管维护管理

8.11.1 专业巡视要点

（1）外绝缘放电不超过第二片伞裙，不出现中部伞裙放电。

（2）外绝缘无破损或裂纹，无异物附着，增爬裙无脱胶、破裂。

（3）高压引线连接正常，设备线夹无裂纹、无过热。

（4）金属安装板可靠接地，不形成闭合磁路，四周无雨水渗漏。

（5）套管四周应无危及其安全运行的异常情况。

8.11.2 检修周期

（1）基准周期为 3 年。

（2）可依据设备状态、地域环境等特点，在基准周期的基础上酌情延长或缩短检修周期，调整后的检修周期一般不小于 1 年，也不大于基准周期的 2 倍。

8.12 电力电缆维护管理

电力电缆专业巡视包括本体巡视、附件巡视及附属设备巡视。

8.12.1 本体巡视

1．35kV 及以下本体巡视

（1）外护层无损伤痕迹，进出管口电缆无压伤变形，电缆无扭曲变形，保证电缆弯曲半径符合规程要求。

（2）电缆路径上无杂物、建房及腐蚀性物质等。

（3）电缆标志牌、路径指示牌完好，相色标志齐全、清晰，电缆固定、保护设施完好。

（4）无异常声响或气味。

（5）多条并联运行的电缆宜检测电流分配和电缆表面及接头温度。

（6）对电缆线路靠近热力管或其他热源、电缆排列密集处，应进行土壤温度和电缆表面温度监测。

2. 110（66）kV 及以上本体巡视

（1）电缆无过度弯曲、过度拉伸、外部损伤等情况，充油电缆无渗漏油情况。

（2）电缆抱箍、电缆夹具和电缆衬垫无锈蚀、破损、缺失及螺栓松动等情况。

（3）电缆的蠕动变形没有造成电缆本体与金属件、构筑物距离过近。

（4）电缆防火设施无脱落、破损等情况。

（5）无异常声响或气味。

（6）充油电缆油压报警系统运行正常，油压在规定范围之内。

8.12.2 附件巡视

1. 35kV 及以下附件巡视

（1）电缆附件无变形、开裂或渗漏，防水密封良好。

（2）电缆接头保护盒无变形或损伤。

（3）金属部件无明显锈蚀或破损。

（4）接地线无断裂，紧固螺栓无锈蚀，接地可靠。

（5）电缆附件上相色标志清晰，无脱落。

（6）无放电痕迹，无异常声响或气味。

（7）电缆终端温度应符合相关要求，无异常发热现象。

2. 110（66）kV 及以上电缆终端巡视

（1）电缆终端套管无渗油、严重污垢、裂纹及倾斜，油压值正常，无异常放电现象。

（2）支柱绝缘子外观无破损及严重污秽，支柱绝缘子的上、下端面应保持水平。

（3）法兰盘同终端头尾管、电缆头支架、电缆套管应紧固良好，无锈蚀。

（4）密封件密封良好，无渗漏。

（5）接地线同电缆终端尾管、接地箱、接地极间应紧固良好，无锈蚀，接地装置外观良好。

（6）设备线夹外观无异常，无弯曲、氧化、灼伤等情况，线夹紧固螺栓无锈蚀、松动、螺帽缺失等情况。

（7）有补油装置的交联电缆终端应检查油位是否在规定的范围之间。

（8）检查 GIS（如有）筒内有无放电声响，必要时测量局部放电。

（9）电缆终端温度应符合相关要求，引出线连接点无异常发热现象。

（10）电缆终端构架周围无影响电缆安全运行的树木、爬藤、堆物及违章建筑等，运行标志应齐全。

（11）电缆终端杆塔及围栏无变形、歪斜及严重锈蚀现象。

8.12.3　附属设备巡视

1. 接地装置巡视

（1）接地线及回流线完好，连接牢固。

（2）接地箱无损伤及严重锈蚀，密封完好，箱体接地良好，安装牢固。

（3）接地装置与接地线端子紧固螺栓无锈蚀、断裂。

（4）通过短路电流后应检查护层过电压限制器有无烧熔现象，接地箱内连接排接触是否良好。

（5）必要时测量连接处温度和单芯电缆金属护层接地线电流，有较大突变时应停电进行接地系统检查，查找接地电流突变原因。

（6）接地标志清晰，无脱落。

2. 支架巡视

（1）金属支架无锈蚀、破损、部件缺失。

（2）复合支架无老化现象。

（3）金属支架接地性能良好。

（4）支架固定装置无松动、脱落现象。

3. 其他附属设备巡视

（1）电缆标志标牌无锈蚀、老化、破损、缺失现象。

（2）电缆标志标牌字体清晰，内容完整规范，符合运行要求。

（3）电缆通道内防火设施、涂料、防火墙完好。

（4）各类电缆检测设备（电缆环流监测装置、电缆局放监测装置、电缆测温装置等）数据准确，与中控室通信正常。

4. 附属设施巡视

（1）电缆沟盖板应齐全、完整，无破损，封盖严密，电缆井盖无破损、丢失。

（2）电缆结合（竖）井、电缆沟内无积水、积油、杂物。

（3）通道内电缆应排列整齐，固定可靠。

（4）孔洞封堵严密，保护电缆所填砂及 C15 混凝土护层无破损。

（5）电缆沟、管应无挖掘痕迹，线路标桩应完整无缺，电缆保护范围内无开挖等异常。

（6）电缆结合（竖）井、电缆沟内无生活垃圾腐败气味等异常气味。

（7）电缆沟、管、结合井（竖井）上方无违章建筑物、堆积物，沟体无倾斜、变形及渗水。

（8）电缆沟、管、结合井（竖井）沿线应能正常开揭，便于施工及检修。

（9）电缆通道内照明、通风和排水装置工作正常。

8.12.4 检修周期

根据最近一次设备状态评价结果，结合场站的实际情况进行检修。

8.13 高压熔断器维护管理

8.13.1 专业巡视要点

（1）外绝缘无放电痕迹，支持绝缘件表面无裂纹、损坏。

（2）底座、熔断件触头间无放电、过热、烧伤。

（3）熔断器位置指示装置应指示正常。

（4）喷射式熔断器、户外限流熔断器载熔件密封良好。

（5）引线端子、底座触头无明显开裂、变形。

（6）底座架接地装置接地部分应完好。

8.13.2 检修周期

根据最近一次设备状态评价结果，结合场站的实际情况进行检修。

8.14 接地装置维护管理

8.14.1 专业巡视要点

（1）变电站设备接地引下线连接正常，无松弛脱落、位移、断裂及严重腐蚀等情况。

（2）接地引下线普通焊接点的防腐处理完好。

（3）接地引下线无机械损伤。

（4）引向建筑物的入口处和检修临时接地点应设有"⊥"接地标识，刷白色底漆并标以黑色标识。

（5）明敷的接地引下线表面涂刷的绿色和黄色相间的条纹应整洁、完好，无剥落、脱漆。

（6）接地引下线跨越建筑物伸缩缝、沉降缝设置的补偿器应完好。

8.14.2　检修周期

根据最近一次设备状态评价结果，结合场站的实际情况进行检修。

8.15　端子箱及电源箱维护管理

8.15.1　专业巡视要点

（1）端子箱及检修电源箱基础无倾斜、开裂、沉降。

（2）箱体无严重锈蚀、变形，密封良好，内部无进水、受潮、锈蚀，接线端子无松动，接线排及绝缘件无放电及烧伤痕迹，箱体与接地网连接可靠。

（3）电缆孔洞封堵到位，密封良好，通风口通风良好。

（4）驱潮加热装置运行正常，温湿度控制器设置符合相关标准、规范或生产厂商说明书的要求。

（5）接地铜排应与电缆沟道内等电位接地网连接可靠。

8.15.2　检修周期

根据最近一次设备状态评价结果，结合场站的实际情况进行检修。

8.16　站用变压器维护管理

8.16.1　专业巡视要点

1. 油浸式站用变压器巡视

（1）套管巡视。

1）瓷套完好无脏污、破损，无放电。

2）防污闪涂料、复合绝缘套管伞裙、增爬伞裙无龟裂老化脱落。

3）各部密封处应无渗漏。

4）套管及接头部位无异常发热。

（2）站用变压器本体及储油柜巡视。

1）温度计、防雨罩完好，温度指示正常。

2）油位指示正确。

3）箱体（含散热片、储油柜、分接开关、压力释放阀等）无渗漏油、锈蚀。

4）无异常振动声响，油箱及引线接头等部位无异常发热。

5）站用变压器接地应完好。

（3）吸湿器巡视。

1）外观无破损，吸湿器应留有 1/5 ～ 1/6 高度的空隙，吸湿剂变色部分不超过 2/3。

2）油杯的油位在油位线范围内，内油面或外油面应高于呼吸管口，油质透明无浑浊，呼吸正常。

（4）端子箱巡视。

1）柜体接地应良好，密封、封堵良好，无进水、凝露。

2）端子应无过热痕迹。

3）加热器（如有）应检查是否正常工作。

2．干式站用变压器巡视

（1）设备外观完整无损，器身上无异物。

（2）绝缘支柱无破损、裂纹、爬电。

（3）温度指示器指示正确。

（4）无异常振动和声响。

（5）整体无异常发热部位，导体连接处无异常发热。

（6）风冷控制及风扇运转正常（如有）。

（7）相序正确。

（8）本体应有可靠接地，且接地牢固。

8.16.2　检修周期

（1）基准周期为 4 年。

（2）可依据设备状态、地域环境等特点，在基准周期的基础上酌情延长或缩短检修周期，调整后的检修周期一般不小于 1 年，也不大于基准周期的 2 倍。

（3）对于未开展带电检测的设备，检修周期不大于基准周期的 1.4 倍；对于未开展带电检测的老旧设备（大于 20 年运龄），检修周期不大于基准周期。

（4）连续停运 6 个月以上重新投运的设备，应进行例行试验。对核心部件或主体进行解体性检修后重新投运的设备，可参照新设备要求执行。

（5）现场备用设备应视同运行设备进行检修。

（6）符合以下各项条件的设备，检修可以在周期调整后的基础上最多延迟 1 个年度：

1）巡视中未见可能危及该设备安全运行的任何异常。

2）带电检测（如有）显示设备状态良好。

3）上次试验与其前次（或交接）试验结果相比无明显差异。

4）没有任何可能危及设备安全运行的家族缺陷。

5）上次检修以来，没有经受严重的不良工况。

（7）依据设备运行工况，及时安排检修，保证设备正常功能。

8.17 站用交流电源系统维护管理

8.17.1 专业巡视要点

1. 站用交流电源柜巡视

（1）电源柜安装牢固，接地良好。

（2）电源柜各接头接触良好，线夹无变色、氧化、发热变红等。

（3）电源柜及二次回路各元件接线紧固，无过热、异味、冒烟，装置外壳无破损，内部无异常声响。

（4）电源柜装置的运行状态、运行监视正确，无异常信号。

（5）电源柜上各位置指示、电源灯指示正常，检查装置配电柜上各切换开关位置正确，交流馈线低压断路器位置与实际相符。

（6）电源柜上装置连接片投退正确。

（7）母线电压指示正常，所用交流电压相间值应不超过 420V、不低于 380V，且三相不平衡值应小于 10V，三相负载应均衡分配。

（8）站用电系统重要负荷（如主变压器冷却器、低压直流系统充电设备、不间断电源、消防水泵等）应采用双回路供电，且接于不同的站用电母线段上，并能实现自动切换。

（9）低压熔断器无熔断。

（10）电缆名称编号齐全、清晰、无损坏，相色标示清晰，电缆孔洞封堵严密。

（11）电缆端头接地良好，无松动，无断股和锈蚀，单芯电缆只能一端接地。

（12）低压断路器名称编号齐全，清晰无损坏，位置指示正确。

（13）多台站用变压器低压侧分列运行时，低压侧无环路。

（14）低压配电室空调或轴流风力发电机组运行正常，室内温湿度在正常范围内。

2．站用交流不间断电源系统（UPS）巡视

（1）站用交流不间断电源系统风扇运行正常。

（2）屏柜内各切换把手位置正确。

（3）出线负荷开关位置正确，指示灯正常，开关标志齐全。

（4）屏柜设备、元件应排列整齐。

（5）面板指示正常，无电压、绝缘异常告警。

（6）输出电压、电流正常。

（7）环境监控系统空调风扇、各类传感器等辅助系统中的现场设备运行应正常、无损伤。

（8）站用逆变电源控制操纵面板显示运行状态正常，无异声，无故障和报警信息。

（9）站用逆变电源接线桩头、铜排等连接部位无过热痕迹。

（10）站用逆变电源所带负载量和电池后备时间无变化。

（11）站用逆变电源机柜上的风扇运行正常，排空气的过滤网应无堵塞。

8.17.2 检修周期

（1）基准周期推荐为 4 年。

（2）新投运设备一年内进行一次全面检修。

（3）对于运行一定年限、故障或发生故障概率明显增加的站用交流电源系统，宜根据系统实际运行情况及评价结果，缩短检修周期。

（4）依据设备运行工况，及时安排检修，保证设备正常功能。

8.18 站用直流电源系统维护管理

风力发电场站直流电源系统主要由蓄电池、充电装置、直流馈线屏、直流配电柜、直流电源检测装置、直流分支馈线等部分组成。直流系统设备是一个独立的电源，在外部交流电中断的情况下，由后备蓄电池电源提供直流电源，保障系统设备正常运行。它包括供给断路器分合闸、仪器仪表、综合自动化、应急照明等各类直流用电设备。

直流系统上下级配合和接线维护：变电站直流系统的熔丝上下配合，空气开关和系统回路熔断器可保护直流系统，避免发生系统短路故障和过流故障，当直流系统发生故障时，可及时隔离或断开变电站的馈线回路，从而保护变电站的其他电力设备，因此工作人员应结合变电站直流系统运行维护要求，优化直流系统上下配合，做好接线维护，及时更换老化的变电站线路，提高直流系统的绝缘性能，消除变电站直流系

统的过程隐患。

8.18.1 专业巡视要点

1. 蓄电池组巡视

（1）蓄电池室通风、照明及消防设备完好，温度符合要求，无易燃、易爆物品。

（2）蓄电池组外观清洁，无短路、接地。

（3）各连片连接可靠无松动。

（4）蓄电池外壳无裂纹、鼓肚、漏液，呼吸器无堵塞，密封良好。

（5）蓄电池极板无龟裂、弯曲、变形、硫化和短路，极板颜色正常，极柱无氧化、盐霜。

（6）无欠充电、过充电。

（7）典型蓄电池电压在合格范围内。

（8）蓄电池室的运行温度宜保持在 15～30℃。

（9）如采用铅酸电池，还要定期进行核对性的充放电；如采用阀控蓄电池，也要定期进行全核对性充放电。

2. 充电装置巡视

（1）充电装置的运行维护。

在日常工作中，工作人员应仔细检查交流输入电压和直流输出电压，重点监测电流保护信号等参数，如果变电站运行中交流电源发生中断，这时蓄电池直接给直流系统母线供电，工作人员应注意变电站直流系统运行状态，适当调整母线电压，将母线电压控制在一个稳定状态，确保蓄电池安全稳定运行。

（2）充电模块。

1）交流输入电压、直流输出电压和电流显示正确。

2）充电装置工作正常，无告警。

3）风冷装置运行正常，滤网无明显积灰。

（3）母线调压装置。

1）在动力母线（或蓄电池输出）与控制母线间设有母线调压装置的系统，应采用严防母线调压装置开路造成控制母线失压的有效措施。

2）直流控制母线、动力母线电压值在规定范围内，浮充电流值符合规定。

（4）电压、电流监测。

1）充电装置交流输入电压、直流输出电压、电流正常，表计指示正确，保护的声、光信号正常，运行声音无异常。

2）电池监测仪应实现对每个单体电池电压的监控，其测量误差应不高于 0.2%。

（5）充电装置的保护及声光报警功能。

1）充电装置应具有过流、过压、欠压、交流失压、交流缺相等保护及声光报警功能。

2）额定直流电压 220V 系统过压报警整定值为额定电压的 115%，欠压报警整定值为额定电压的 90%，直流绝缘监查整定值为 25kΩ。

3）额定直流电压 110V 系统过压报警整定值为额定电压的 115%，欠压报警整定值为额定电压的 90%，直流绝缘监查整定值为 15kΩ。

3. 直流屏（柜）巡视

（1）各支路的运行监视信号完好，指示正常，直流断路器位置正确。

（2）柜内母线、引线应采取硅橡胶热缩或其他防止短路的绝缘防护措施。

（3）直流系统的馈出网络应采用辐射状供电方式，严禁采用环状供电方式。

（4）直流屏（柜）通风散热良好，防小动物封堵措施完善。

（5）柜门与柜体之间应经截面积不小于 4mm² 的多股裸体软导线可靠连接。

（6）直流屏（柜）设备和各直流回路标志清晰正确，无脱落。

（7）各元件接线紧固，无过热、异味、冒烟，装置外壳无破损，内部无异常声响。

（8）引出线连接线夹应紧固，无过热。

（9）交直流母线避雷器应正常。

4. 直流系统绝缘监测装置巡视

（1）直流系统正对地和负对地的（电阻值和电压值）绝缘状况良好，无接地报警。

（2）装有微机型绝缘监测装置的直流电源系统，应能监测和显示其各支路的绝缘状态。

（3）直流系统绝缘监测装置应具备"交流窜入"以及"直流互窜"的测记、选线及告警功能。

（4）220V 直流系统两极对地电压绝对值差不超过 40V 或绝缘未降低到 25kΩ 以下，110V 直流系统两极对地电压绝对值差不超过 20V 或绝缘未降低到 15kΩ 以下。

5. 直流系统微机监控装置巡视

（1）三相交流输入、直流输出、蓄电池和直流母线电压正常。

（2）蓄电池组电压、充电模块输出电压和浮充电的电流正常。

（3）微机监控装置运行状态和各种参数正常。

6. 直流断路器、熔断器巡视

（1）直流回路中严禁使用交流空气断路器。

（2）直流断路器位置与实际相符，熔断器无熔断，无异常信号，电源灯指示正常。

（3）各直流断路器标志齐全、清晰、正确。

（4）各直流断路器两侧接线无松动、断线。

（5）直流断路器、熔断器接触良好，无过热。

（6）使用交直流两用空气断路器应满足开断直流回路短路电流和动作选择性的要求。

（7）蓄电池组、交流进线、整流装置直流输出等重要位置的熔断器、断路器应装有辅助报警触点。无人值班变电站的各直流馈线断路器应装有辅助与报警触点。

（8）除蓄电池组出口总熔断器以外，其他地方均应使用直流专用断路器。

7．电缆巡视

（1）蓄电池组正极和负极的引出线不应共用一根电缆。

（2）蓄电池组电源引出电缆不应直接连接到极柱上，应采用过渡板连接，并且电缆接线端子处应有绝缘防护罩。

（3）两组蓄电池的电缆应分别铺设在各自独立的通道内，尽量避免与交流电缆并排铺设，在穿越电缆竖井时，两组蓄电池电缆应加穿金属套管。

（4）电缆防火措施完善。

（5）电缆标志牌齐全、正确。

（6）电缆接头良好，无过热。

8.18.2　检修周期

（1）基准周期推荐为 3 年。

（2）新投运设备一年内进行一次全面检修。

（3）对于运行一定年限、故障或发生故障概率明显增加的站用直流电源系统，宜根据系统实际运行情况及评价结果，缩短检修周期。

（4）依据设备运行工况，及时安排检修，保证设备正常功能。

8.19　避雷针维护管理

8.19.1　专业巡视要点

1．格构式避雷针巡视

（1）镀锌层完好，金属部件无锈蚀。

（2）基础无破损、酥松、裂纹、露筋及下沉。

（3）避雷针无倾斜，塔材无弯曲、缺失和脱落，螺栓、角钉等连接部件无缺失、松动、破损，塔脚未被土埋。

（4）铁塔上不应安装其他设备。

（5）避雷针接地线连接正常，无锈蚀。

2. 钢管杆避雷针巡视

（1）镀锌层完好，金属部件无锈蚀。

（2）基础无破损、酥松、裂纹、露筋及下沉。

（3）钢管杆无倾斜、弯曲，连接部件无缺失、松动、破损，排水孔无堵塞。

（4）钢管杆避雷针无涡激振动现象。

（5）钢管杆上不应安装其他设备。

（6）避雷针接地线连接正常，无锈蚀。

3. 水泥杆避雷针巡视

（1）镀锌层完好，金属部件无锈蚀。

（2）水泥杆无倾斜、破损、裂纹及未封顶等现象。

（3）避雷针本体无倾斜、弯曲，连接部件无缺失、松动、破损。

（4）水泥杆上不应安装其他设备。

（5）避雷针接地线连接正常，无锈蚀。

（6）水泥杆钢圈无裂纹、脱焊及锈蚀。

4. 构架避雷针巡视

（1）镀锌层完好，金属部件无锈蚀。

（2）避雷针本体无倾斜、弯曲，连接部件无缺失、松动、破损。

（3）避雷针接地线连接正常，无锈蚀。

8.19.2　检修周期

根据实际需要，组织检修维护工作。

8.20　二次设备维护管理

8.20.1　二次设备简述

变电站的二次设备是指对一次设备和系统的运行工况进行测量、监视、控制和保护的设备。

二次设备主要组成有继电保护装置、自动装置、测量及控制装置、计量装置、自动化系统，以及为二次设备提供电源的直流系统等。二次室控制柜如图8-10所示。

图 8-10 二次室控制柜

二次设备运行一般规定如下：

（1）高压设备投运时，必须投入相应的二次设备。

（2）二次设备的工作环境应满足设备运行要求。

（3）运行中的保护装置应按照调度指令投入和退出，并由值班人员进行操作。继电保护和安全稳定自动装置第一次投入及运行中改变定值，值班人员应与调度核对定值。

（4）设备带负载后，需做带负载试验的保护应分别进行试验。试验结果正确后，报告调度。

（5）继电保护和自动装置动作后，应检查装置动作情况，先记录，后复归保护信号，并应报告调度。

（6）在二次回路上的工作应有有效的防误动、防误碰保安措施。

（7）对站用电、直流系统操作前，应对受影响的继电保护、自动装置、监控系统等二次设备做好相应措施。

（8）避免在继电保护装置、监控工作站、工程师站、前置机、信号采集屏附近从事剧烈振动的工作，必要时申请停用有关保护。装有微机型的保护装置、安全稳定自动装置、监控装置的室内以及邻近的电缆层内禁止使用无线通信设备。

8.20.2　继电保护装置运行维护

在合理的电网结构下，继电保护设备保证电力系统和电力设备的安全运行。当电力系统中的电力元件或电力系统本身发生故障，危及电力系统安全运行时，继电保护能够向运行值班人员及时发出警告信号，或者直接向所控制的断路器发出跳闸命令，以终止这些事件的发展。

1. 运行一般规定

（1）二次回路各元件、电缆及其标志、连接走向应符合设计规范要求。

（2）值班人员每天应对中央信号进行试验，不能随意停用中央信号系统。

（3）继电保护及自动装置回路的双向投入连接片应与继电保护及安全稳定自动装置的运行位置相对应。

（4）若二次回路中的电源熔断器熔断，经查找无明显故障，可试送一次，若再次熔断，未查明原因前不得再试送。

（5）发生断路器越级跳闸或二次回路引起的误动作跳闸，应考虑将无故障部分恢复供电。未跳闸断路器或误跳闸断路器以及相应二次回路应保持原状，待查明原因，再行处理。

（6）继电保护和安全稳定自动装置应符合《变电站现场运行规程》要求。

（7）继电保护装置在运行中出现异常信号且不能复归，应报告调度申请将异常装置退出运行。

2. 系统保护

（1）线路两侧的纵联保护必须同时投入跳闸或信号位置。任一侧纵联保护的收发信机及通道出现异常，或任一侧断路器代路时纵联保护通道不能临时切换至代路断路器，应将两侧该套纵联保护退出运行。

（2）线路停电时，纵联保护可以不停。线路送电后及纵联保护由信号位置改投跳闸位置前，值班人员应对专用保护通道进行对试。通道对试出现不正常情况时，必须立即报告调度，申请将该保护装置停用。

（3）恶劣天气下应加强纵联通道的对试，并做好记录。

（4）接于母线电压互感器的距离保护装置采集的电压，必须与一次设备在同一母线上。一次设备倒母线时，必须保证所采集的电压与被保护一次设备在同一母线上。

（5）振荡闭锁或负序增量元件动作不返回或反复动作时，可不将该距离保护改投信号位置，但应立即报告调度和相关部门。

3. 元件保护

（1）运行中变压器本体、有载调压的重瓦斯保护应投入跳闸位置。

（2）运行中禁止两套差动保护装置同时退出运行，禁止重瓦斯保护和差动保护同时退出。

（3）母差保护停运校验，必须先退出各路跳闸连接片、失灵启动连接片和重合闸放电连接片。

（4）母差保护与失灵保护有共用回路时，在失灵保护回路上工作，应将失灵、母

差保护退出。

（5）倒闸操作后或巡视检查时，应认真检查电压互感器电压切换继电器的指示与隔离开关所在母线相一致。

（6）母联电流相位比较的双母线差动保护投入"非选择"位置的规定，应纳入《变电站现场运行规程》。

（7）全电流比较原理的母线差动保护允许断开母联断路器运行。

（8）母联兼旁路断路器代线路时，应将母差保护倒单母线运行，并将代路断路器启动失灵保护连接片及跳闸连接片投入。专用旁路断路器代线路时应将该断路器的启动失灵保护连接片及跳闸连接片投入。

（9）失灵保护装置本身有工作时，必须将失灵保护本身的连接片全部退出。某断路器的保护装置回路有停电工作时，必须将本回路启动失灵保护的连接片退出，防止断路器失灵保护误动。

（10）当一条母线运行，另一条母线停运时，失灵保护电压不能自动切换的，应将停运母线对应的失灵保护电压闭锁连接片退出。

（11）失灵保护动作后应断开拒动断路器的直流电源，检查其连接母线。若无电压，拉开拒动断路器的母线侧隔离开关，退出失灵保护连接片，并报告调度。

（12）正常运行方式短引线保护不投入时，其跳闸连接片应打开。

8.20.3 自动装置运行维护

1. 自动装置简述

在无人干预的情况下，根据已经设定的指令和程序，自动完成工作流程的任务，如故障滤波装置、AGC/AVC系统、有功系统、风功率预测装置、电能质量在线监测装置、PMU、保护信息子站、时钟对时系统、关口计量设备等。风力发电厂、变电站电气设备运行的控制与操作自动装置，是直接为电力系统安全、经济服务和保证电能质量的基础自动化设备。

2. 运行一般规定

（1）重合闸装置。线路的一端重合闸投检同期时，另一端重合闸应投检无压。当双电源线路改为单电源运行时，原为检同期方式运行的应改投检无压运行。重合闸投入方式为检同期时，当断路器跳闸后，发现重合闸装置未动，断路器也未重合时，应待30s后，再复归操作把手。停用重合闸的相关规定，应列入《变电站现场运行规程》。

（2）当装有自投装置的断路器需要停电时，应先退出自投装置。

（3）低频、低压减载装置的有关运行规定，应写入《变电站现场运行规程》。

（4）故障录波器应长期投入运行。故障录波器的有关运行规定，应写入《变电站现场运行规程》。

8.20.4　测控装置运行维护

测控装置又称为信息采集和命令执行子系统，用于采集发电厂、变电站中各种表征电力系统运行状态的实时信息，并根据运行需要将有关信息通过信息传输通道传送到调度中心，同时也接受调度端传来的控制命令，并执行相应的操作。可实现"四遥"功能，即遥测、遥信、遥控、遥调。测控装置包括测量和控制调节两大功能：

（1）测量。精度高且对变量实时反映，包含模拟量、开关量、数字量、脉冲量等。

（2）控制调节。接收远方或就地的命令进行调节控制，也可根据装置设定的逻辑编程进行调节控制，规定保证控制的有效性和可靠性。

1. 运行一般规定

（1）测控装置的两条通道应是独立通道，通道传输数据的质量应达到标准。

（2）测控装置投运后，应定期校核遥测的准确度及遥信的正确性，其遥控、遥调功能检测可与一次设备同步进行，并做好记录。

（3）自动化系统的各类软件，应由专业人员负责进行维护，定期检查、测试、分析软件的运行稳定性和各功能的实际情况。

（4）测控装置的检验周期和项目、轮换及维护，应根据各设备的具体要求和各地编制的维护管理规定进行。对运行不稳定的设备加强监视检查，不定期进行检验，同时应做好远动装置日可用率、事故遥信年动作正确率、遥测月合格率和遥控月正确动作率的分析与统计。

（5）应将监控系统不间断电源、逆变装置电源系统、操作员机、远动终端装置、电能量采集装置、光端机的运行注意事项编入《变电站现场运行规程》。

（6）测控设备的各部分电源、熔断器、保安接地应符合安装技术标准，采用独立接地网，应测试接地电阻。接地装置每年雷雨季节前应检查一次。

2. 测控维护注意事项

（1）变电站高压设备、保护、直流、仪表等装置改造完毕，恢复远动二次接线后，应进行相关远动试验，并根据设备变更情况及时更改测控装置的显示图形和设备运行参数。

（2）遥控装置应设有防误动作的技术措施，当此措施失去作用时，不得进行遥控操作。

（3）更换测控装置、综合自动化装置后，应进行遥控、遥测试验方可投入运行。

远动装置改变参数后，应对有关设备进行远动试验。

（4）测控装置应采用双电源供电方式。失去主电源时，备用电源应能可靠投入。

3. 异常及故障处理

（1）测控装置故障影响监控功能时，按危急缺陷处理。

（2）双机监控系统单机运行时，时间不宜过长，应及时恢复双机运行。

（3）当通信通道中断时，如有备用通道应立即投入运行，若无备用通道或短时无法恢复时，无人值班站应增加巡视次数和巡视时间。必要时恢复有人值班。

（4）在测控装置上工作，若变电站发生异常情况，不论与本工作有无关系，均应停止工作，保持现状。查明与测控工作及测控设备无关时，经值班人员同意后，方可继续工作。

8.20.5　仪表及计量装置运行维护

（1）电测仪表、电能表的规格应与互感器相匹配。设备变更时应及时修正表计量程、倍率和极限值。电磁式电流表应以红线标明最小元件极限值。电能计量倍率应有标示。

（2）新建和改建变电站的仪表及计量装置在投运前应检查其型号、规格、计量单位标志、出厂编号应与计量检定证书和技术资料的内容相符。

（3）各种测量、计量仪表指示正常，且与一次设备的运行工况相符。

（4）计量设备变更时，应及时修正表计量程、倍率和极限值。

8.20.6　微机监控系统运行维护

（1）正常巡视检查主要内容。

1）打印机工作情况。

2）装置自检信息正常。

3）不间断电源（UPS）工作正常。

4）装置上的各种信号指示灯正常。

5）运行设备的环境温度、湿度符合设备要求。

6）显示屏、监控屏上的遥信、遥测信号正常。

7）对音响及与五防闭锁等装置通信功能进行必要的测试。

（2）监控系统设备因故停运或出现严重缺陷时，应立即报告调度。

（3）发生监控系统拒绝执行操作命令时，应立即停止操作，检查自身操作步骤是否正确，如确认无误，方可进行手动操作。

（4）发生监控系统误动时，应立即停止一切与微机监控系统有关的操作，并立即报告调度。

8.20.7 防误闭锁装置运行维护

（1）凡有可能引起误操作、误入带电间隔的高压电气设备，均应装设防误闭锁装置。

（2）防误闭锁装置，应与主设备同时投入。一次设备变更时，应同时变更相应的防误闭锁装置。

（3）防误闭锁装置的缺陷应按主设备缺陷对待。需长时间退出时，须经本单位主管部门领导批准。

（4）电气操作时防误装置发生异常，应立即停止操作，经当值值班长确认操作无误后，应履行"解锁"审批手续，专人监护，可"解锁"操作。因工作需要必须使用解锁工具时，应履行审批手续，在专人监护下使用。

（5）新安装的微机监控防误系统必须对其进行逐项的闭锁功能验收。

（6）装带电显示装置运行要求应按 DL/T 408—2023《电力安全工作规程　发电厂和变电站电气部分》相关规定执行，运行中应监视其完好。

（7）采用计算机监控系统时，远方、就地操作均应具备五防闭锁功能。若具有前置机操作功能的，亦应具备此功能。

（8）无人值班站采用在集控站配置中央监控防误闭锁时，应具有对受控站的远方防止误操作的功能。

（9）严禁在微机防误专用计算机上进行其他工作。

风力发电场站事故处理与典型案例分析

电力系统事故是指由于电力系统设备故障或人员工作失误而影响电能供应质量，超过规定范围的事件。事故可分为人身事故、电网事故和设备事故三大类，其中设备事故和电网事故又可分为特大事故、重大事故和一般事故。当电力系统发生事故时，运行人员应根据断路器跳闸情况、保护装置动作情况、表计指示变化情况，监控后台信息和设备故障等现象，迅速准确地判断事故性质，尽快处理，以控制事故范围，减少损失和危害。

9.1 事故处理基本知识

9.1.1 事故处理一般步骤

（1）系统发生故障时，运行人员初步判断事故性质和停电范围后迅速向调度汇报故障发生时间、跳闸断路器、继电保护和自动装置动作情况，以及故障后的状态、相关设备潮流变化情况、现场天气情况。

（2）根据初步判断，检查保护范围内所有一次设备故障和异常现象及保护、自动装置信息，综合分析判断事故性质，做好相关记录，复归保护信号，把详细情况汇报至调度。如果人身和设备受到威胁，应立即设法解除这种威胁，并在必要时停止设备运行。

（3）迅速隔离故障点并设法保持或恢复设备的正常运行。根据应急处理预案和现场运行规程的有关规定采取必要的应急措施。

（4）进行检查和试验，判明故障的性质、地点及其范围。如果运行人员自己不能检查出或处理损害的设备，应立即通知检修或专业人员（如试验、继保等专业人员）前来处理。在检修人员到达前，运行人员应把工作现场的安全措施做好（如将设备停电、安装接地线、装设围栏和悬挂标志牌等）。

（5）除必要的应急处理外，事故处理的全过程应在调度的统一指挥下进行。

（6）做好事故全过程的详细记录，事故处理结束后编写现场事故报告。

9.1.2　事故处理原则

（1）各级当值调度员是事故处理的指挥者，应对事故处理的正确性、及时性负责。风力发电场站运行值班长是现场事故、异常处理负责人，应对汇报信息和事故操作处理的正确性负责。因此，运行人员和值班调度员应密切配合，迅速果断地处理事故。在事故处理和异常处理中必须严格遵守电力安全工作规程、事故处理规程、调度规程、运行规程及其他有关规定。

（2）发生事故及异常时，运行人员应坚守岗位，服从调度指挥，正确执行当值调度员和值班长的命令。值班长要将事故和异常现象准确无误地汇报至当值调度员，并迅速执行调度命令。

（3）运行人员如果认为调度命令有误，应先指出，并作必要解释。但当值调度员认为自己的命令正确时，运行人员必须立即执行。如果当值调度员的命令直接威胁人身或设备的安全，则在任何情况下均不得执行。当值值班长接到此类命令时，应把拒绝执行命令的理由报告值班调度和技术总负责人，并记载在值班日志中。

（4）如果在交接班时发生事故，而交接班的签字手续尚未完成，交接班人员应留在自己的岗位上进行事故处理，接班人员可在上值值班长的领导下协助处理事故。

（5）事故处理时，除有关领导和相关专业人员外，其他人员均不得进入中控室和事故地点，事前已进入的人员均应迅速离开，便于事故处理。发生事故和异常时，运行人员应及时向风力发电场站负责人汇报。

（6）发生事故时，如果不能与当值调度员取得联系，则应按调度规程和现场事故处理规程中的有关规定处理。

9.2　风力发电机组事故处理及典型案例分析

风力发电机组发生故障后，会在中控室后台报警，对于无法复位的风力发电机组报警，运行人员应到现场进行检查。首先办理工作票，做好安全措施，将风力发电机组远程控制调至禁止和服务模式，必要时应切断箱式变压器低压断路器，然后进行风力发电机组相关检查工作。

9.2.1 风力发电机组事故处理

1. 风力发电机组失火处理

（1）立即紧急停机。

（2）切断风力发电机组的电源。

（3）进行力所能及的灭火工作，同时拨打火警电话。

2. 风轮飞车处理

（1）远离风力发电机组。

（2）通过中央监控，手动将风力发电机组偏离主风向90°。

（3）切断风力发电机组电源。

3. 叶片断裂处理

（1）风力发电机组叶片断裂事故发生时，首先断开箱式变压器高低压侧电源（断路器、隔离开关）及跌落熔断器，迅速将故障风力发电机组电源切除，防止风力发电机组起火。

（2）对于折断并掉落地面的叶片断裂情况，应检查是否砸坏箱式变压器、线路及塔筒等设备。对于未断裂的叶片，人员不得靠近，应设警示围栏，防止出现人员砸伤的危险，等待专业队伍进场应急处理。为防止断裂的叶片随时掉落砸伤箱式变压器等设备，应有专业人员根据风向等对风力发电机组进行偏航。

（3）如叶片断裂的风力发电机组已经起火，应立即报火警，通知消防应急救援队进入现场灭火。把火灾区域和可能蔓延到的设备隔离开，防止波及其他设备。使用干式灭火器、泡沫灭火器，不得已时，可用干燥的沙子灭火。使用灭火器灭火时，应穿绝缘靴、戴绝缘手套。

4. 风力发电机组倒塔处理

（1）发生倒塔事故后，应立即断开事故风力发电机组所在的集电线路电源。

（2）在事故风力发电机组周围安全区域内设置警戒线，防止周围居民及其他人员误入。

（3）切除事故风力发电机组和损坏的电气设备，如果电线路受损，应切除事故段电源，并设置监护人员及警戒线，防止周围居民和其他人员误入，保护好现场。在事故调查组未进入现场前，任何人不得进入事故现场进行任何工作。

（4）如发生事故时有人员在机舱或塔筒内进行巡检、维护工作，事故发生后，值班长应立即组织人员进行现场搜索，搜索时应注意防止次生事故发生。若因设备阻碍，人员被困、救援工作受阻，可联系应急指挥部负责人及事故调查组负责人，说明原因，征得同意后，可对现场残损设备进行解体或切割，并做好安全措施。

5. 叶片结冰处理

（1）如果风轮结冰，风力发电机组应停止运行，风轮在停止位置应保持一个叶片垂直朝下。

（2）不要过于靠近风力发电机组。

（3）等结冰完全融化后再开机。

6. 风力发电机组超速处理

（1）检查刹车盘，查看是否存在裂纹，禁止将刹车盘有裂纹的风力发电机组投入运行。

（2）更换磨损严重的刹车片，并调节刹车片与刹车盘的间隙。

（3）对液压系统进行检查和测试，定期对液压系统储能罐预应力进行检查，确保预应力符合要求。

（4）检查并测试风力发电机组安全链上各启动元件工作是否正常。

（5）检查并测试电动变桨系统机组的后备电源，对于蓄电池组应定期进行充放电试验，确保蓄电池组容量充足。

9.2.2　典型案例分析

案例一　直驱式风力发电机组主轴承卡死

1. 故障现象

某风力发电场站机组为 2.0MW 电励磁发电机，运行中有多台发电机因主轴承卡死故障下架，返厂拆解后发现轴承内保持架、滚子及滚道严重损坏，轴承无法修复，且再使用该设计轴承后不能保证稳定运行。

2. 检查

（1）初步检查。

发电机外部漆面存在局部破损、锈蚀、油污和积尘，检查发现发电机制动器螺栓、锥轴与转子机座均未发现螺栓松动、缺失，密封盖板配合面与密封位置密封良好。液压锁紧销和闸钳漏油，刹车盘未见磨损。

（2）发电机解体检查。

发电机返厂拆解后，发现发电机主轴承（见图 9-1）保持架完全损坏，轴承滚子散架变形，滚道损伤，润滑油脂发黑。

3. 原因分析

（1）主轴承结构问题。

图 9-1　主轴承内部情况

发电机主轴承原始设计选择双列圆锥滚子轴承，整个结构采用单主轴承支撑，平衡风轮和转子质量，同时将风力发电机组工作时风轮产生风载传递到机舱。机组主轴承采用的是 PEEK 分段式保持架，分段式保持架在主轴承工作时由于风载的作用产生承载区和非承载区，在机组工作时，主轴承的承载区和非承载区转换过程中，分段式保持架之间产生撞击，这个撞击会导致保持架的局部损坏，保持架损坏到一定程度，失去了保持架引导滚动体的能力，从而使保持架在轴承内部出现挤压粉碎，进而使滚动体不能正常沿滚道运动，产生滑动摩擦，出现严重滚道损伤和滚动体破损，从而导致主轴承出现机械卡死现象。

（2）轴系结构布局不合理。

该机型采用的双列圆锥滚子轴承是外圈旋转，由于采用单主轴承结构，因此在机组正常发电时，载荷传递路线是从主轴承的外圈经过滚动体传递到主轴承的内圈。由于周期性风载作用，轴承就会发生滚子与滚道冲击，长期运行导致轴承滚子和保持架损坏。因此，该主轴承轴系存在不合理的结构布局。

（3）主轴承润滑效果不好。

主轴承润滑的作用是对轴承的滚动体和滚道接触面、滚动体与保持架之间的接触面提供润滑，减少内部磨损，提高轴承的工作性能。该机型采用单侧废油脂收集装置，由于回油通道设计不合理，导致机舱侧轴承内部废油脂无法排出，轴承内部润滑效果不好，加重主轴承损坏的概率。

（4）主轴承 PEEK 保持架温度影响。

PEEK 保持架是一种高分子工程塑料，要求工作温度不能超过 120℃，机组设定的报警温度为 85℃。主轴承的测温传感器是用来测量主轴承内部表面的温度，由于主轴承的结构特点，滚道的温度与内表面形成温度差。当内表面测量温度为 85℃时，滚道面的温度将达到 100℃以上，长期运转导致保持架的热疲劳损坏，进而造成保持架状态恶化。

4. 发电机维修技术改造方案

（1）更换轴承。

在结构布局上，2MW 电励磁机组轴系改造采用三排圆柱滚子轴系替代双列圆锥轴承，继续采用主轴承外圈旋转的结构布局形式，保持轮毂和机舱与发电机连接接口的一致性。由于主轴承的安装方式存在差异，因此在轴系结构上进行更改，轴系旋转部分由轮毂、密封座、主轴承外圈及转子通过长螺栓串联在一起，随叶轮同步转动，轴系静止部分由轴承内圈、锥轴及定子采用法兰连接在一起。

采用三排圆柱滚子轴承替代双列圆锥轴承后，增加主轴承冷却系统，改善温度对主轴承运行状态的影响；增加废油脂收集系统，排出轴承内部废油脂，改善轴承润滑系统的润滑性能；将分段式的高分子工程塑料改为整体金属材料保持架，确保保持架工作正常。

为了保障发电机维修后定子线圈绝缘良好，定子在完成维修后需进行整体真空浸漆和耐压试验。

（2）加装主轴承主动式废油脂收集系统。

加装主轴承主动式废油脂收集系统，可解决该型风力发电机主轴承废油脂无法排出、轴承内部润滑效果不好、主轴承容易磨损问题。加装该系统不用吊装、拆解发电机，可直接进行停机技术改造。

废油脂集中收集系统是利用负压原理，强制使发电机主轴承内部已经液化的废油脂排出，然后进行集中收集的系统。加装该系统，既有利于环境保护，同时又能够改善发电机主轴承内部的润滑环境，提高发电机主轴承的使用寿命。

废油脂收集系统由动力泵、ALR 系列吸排脂器、监控器、系统附件（管路、接头、油压传感器）等组成。动力泵按照预先设定的时间为系统提供液压油，运行一段时间后可根据实际收集情况调整收集周期。吸排脂器在液压油的作用下完成废旧油脂的吸出、收集工作。

废油脂收集系统工作原理见图 9-2。内置监控器控制整个系统的运行，工作时，监控器启动油泵电机，从而驱动齿轮泵向外输出液压油，电磁换向阀控制 A、B 油路方向。电机启动，电磁换向阀不带电，系统 A 管路向外输出液压油，吸排脂器柱塞向外移动，排出废油脂，当到达预定工作时间后监控器控制电磁换向阀带电换向，系统 B 管路向外输出液压油，吸排脂器柱塞回位，在柱塞腔形成真空，废油脂在压力差的作用下进入柱塞腔。达到预定工作时间后系统停机，吸排脂器柱塞停留在吸脂状态等待进入下一工作循环。

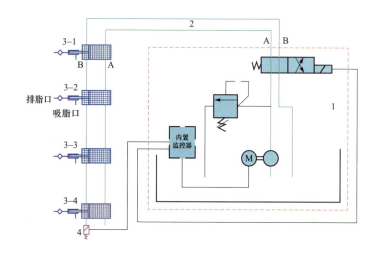

图 9-2　废油脂收集系统工作原理图

1—动力泵；2—管路附件；3—吸排脂器；4—油压传感器

采用废油脂收集系统的优势如下：

1）能够及时清理轴承内腔带有磨屑的废油脂，减少轴承摩擦，利于轴承散热，降低轴承工作时温度。

2）能够消除轴承内腔压力，保证内腔畅通，确保新油脂顺利注入主轴承内。

3）确保主轴承密封性，避免油脂泄漏污染环境。

4）与集中润滑系统配套使用，有效解决轴承油道堵塞问题，使轴承内腔始终保持适量油脂。

5）有利于润滑油膜的形成和保持，轴承使用寿命大幅提高。

6）降低机械摩擦强度，减少故障及维修成本，提高设备运行效率。

5. 预防措施

（1）运行维护人员应持续检测发电机轴承润滑油脂内铜含量，若发现发电机投入运行一段时间后油脂含铜率持续增高，应初步检查是否为轴承内铜保持架严重磨损造成的，以避免因保持架损坏造成轴承滚子和滚道损坏，导致主轴承卡死。

（2）应定期对轴承内部的润滑油脂进行更换，观察废油脂收集瓶内出油是否通畅，保证轨道面润滑效果，改善主轴承滚子和滚道的润滑环境。

（3）废油脂收集系统检查与维护。

1）废油脂收集系统检查周期建议每 3 个月一次，也可根据实际运行情况进行调整。

2）记录系统的运行次数，对照厂商产品使用说明书，查看运行次数是否正确。

3）手动启动系统，观察系统到达额定压力时间。

4）观察油箱油位、油脂损耗是否正常。

5）检查各管路接头是否有渗漏油脂现象。

6）检查吸排脂器的吸脂效果，以及集油装置内是否有废油脂。

7）检查结束时按规定做好点检记录。

废油脂收集系统的维护主要依据检查情况进行，当检查时系统管路有破损、渗漏时应及时更换，当集油装置收集满废油脂时应及时清理或更换集油装置。

（4）应实时监测主轴承运行温度，避免温度过高对主轴承运行状态造成影响。

案例二　直驱式励磁风力发电机组接地故障

1. 故障现象

某风力发电场站机组为电励磁发电机。长期停机，再次启动风力发电机组时，未严格按照风力发电机组维护手册来进行除尘、除湿、检测等处理，直接将风力发电机组置于满功率发电状态，导致发电机因定子接地故障下架。拆解后发现定子绕组绝缘损坏（见图 9-3），修复难度较大，且修复后存在不能稳定运行风险。

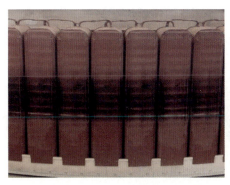

图 9-3　发电机定子、转子损坏情况

2. 检查

（1）初步检查。

发电机外部漆面存在局部破损、锈蚀、油污和积尘，检查发现发电机制动器螺栓、锥轴与转子机座均未发现螺栓松动、缺失，密封盖板配合面与密封位置密封良好。液压锁紧销和闸钳漏油，刹车盘未见磨损。

（2）发电机解体检查。

发电机拆解后，发现定子内圈铁芯发生剐蹭，铁芯局部黏连连接片，剐蹭槽数达到全部铁芯槽数的1/3，剐蹭部位油漆脱落，产生飞边毛刺，发电机定子铁芯存在严重错位变形。转子磁极外圈全部磁极均被剐蹭扫伤，剐蹭部位连接片，部分刮痕毛刺高出磁极表面，转子表面存在油污、积尘、漆面脱落现象。

3. 原因分析

（1）定子绝缘层损坏原因分析。

运行过程异常导致绝缘层损坏，例如，夹杂异物使绝缘层损伤，发电机工作过程中击穿烧毁；发电机冷却系统异常，导致发电机局部温度过高使局部绝缘层损坏；长时间停机，重新启动发电机时没有进行除尘和除湿处理，直接满功率运行使定子绝缘层损坏；发电机异常振动，导致线圈绑扎松动使绝缘层发生损坏；发电机侧变流器 du/dt 超标，产生激振，峰值电压过大击穿绝缘层。

（2）转子绝缘损坏原因分析。

转子损坏的主要原因有：磁极生产过程质量问题，包括原材料、磁极浸漆处理、引出线绝缘处理、磁极安装过程损伤等；发电机运行过程，包括夹杂异物、局部高温、励磁控制异常；机组长时间停机后未进行有效除湿、除尘处理，直接满功率发电，导致局部过热等。

4. 发电机维修技术改造方案

发电机定子铁芯严重错位变形，经技术论证，即使更换全部定子绕组，继续使用将导致定子硅钢片持续错位变形，仍然会存在定子绕组接地风险，无法保证在塔上长期运行，故对定子进行报废换新处理。转子损伤，如果是产品制造缺陷，则需更换。如果是现场未按操作规程启动发电机所致，一般不必更换，可由技术经验丰富的专业人员进行修复作业，修复至满足要求。

发电机修复完成后，对发电机整机进行测试试验，具体要求详见发电机出厂测试大纲，测试完成后合格出厂。

5. 预防措施

运行维护人员应持续检测发电机轴承润滑油脂内铜含量，若发现发电机投入运行一段时间后油脂含铜率持续增高，应初步检查是否为轴承内铜保持架严重磨损造成，以避免因保持架损坏造成发电机内部定子转子相蹭，导致发电机线圈绝缘层破坏接地。如机组长时间停机后，应严格按照风力发电机组维护手册来操作，杜绝直接满功率发电。

案例三　双馈式风力发电机组齿轮箱裂纹故障

1. 故障现象

某风力发电场站机组为双馈式风力发电机，运行维护人员在日常巡检过程中发现其中一台风力发电机组齿轮箱有异常响声。

2. 初步检查

组织人员在机舱内现场拆开齿轮箱端盖，发现齿轮箱低速齿存在裂纹。经过风力发电机组生产厂商和齿轮箱生产厂商专业人员对齿轮损伤进行评审，最终确认停运该台风力发电机组，对该齿轮箱进行整体更换。

3. 原因分析

（1）根据齿轮箱显示的运行数据，齿轮箱运行参数无异常。

（2）根据齿轮箱的强度计算报告核查及复核情况，齿轮箱的设计满足要求。

（3）根据齿轮箱生产厂商人员现场的审核，可以确定生产厂商提供的现有质量文件，包括装配、材料、试验记录、出厂检验记录等均无异常。

（4）根据风力发电机组生产厂商和齿轮箱生产厂商共同拆解所作出的判断，以及第三方检测机构出具的检测报告相互印证，得出齿轮箱发生断齿的原因是故障齿轮箱为疲劳断裂，断裂的原因为非金属夹杂物超标。

（5）齿轮箱断齿原因：材料断口处存在较多的非金属夹杂物，夹杂物是由材料的冶炼或锻造过程中存在较多非金属元素所致。

4. 齿轮箱维修处理方案

（1）运行维护人员就地停运风力发电机组，待齿轮箱生产厂商发备件到现场后进行齿轮箱整体更换。

（2）检修施工单位按要求进行安全技术交底、安全考试合格后办理工作票，现场将风力发电机组塔基维护开关打开，解除机舱控制柜对应电气接线后，开展齿轮箱吊装及更换准备工作。

（3）齿轮箱备件到达现场后，开展风力发电机组叶轮、机舱罩、主轴及齿轮箱吊装工作，更换过程中使用防雨布包裹，做好机舱控制柜、发电机等电气设备防雨防潮工作。

（4）完成齿轮箱整体下架更换工作，开展机组发电机轴对中、螺栓力矩紧固，恢复机组电气接线；机组恢复运行后，按照启机运行规程要求，控制发电机转速运行72h；试运行无异常后，解除风力发电机组功率限制，按照发电机正常转速运行。

5. 预防措施

（1）定期开展风力发电机组齿轮箱油样化验，检测油样中金属含量是否超标。若发现油脂内金属含量超标，应初步检查是否为齿轮箱内部破损或裂纹造成的。

（2）定期开展风力发电机组齿轮箱内窥镜检查工作，通过内窥镜检测，可以在不拆解齿轮箱的情况下，直接观察其内部结构和状态，及时发现并诊断潜在问题。

（3）充分利用风力发电机组振动在线监测系统，发现风力发电机组发电机、齿轮箱运行状态异常时，及时开展登机检查工作。

（4）根据齿轮箱维护手册要求，按时更换齿轮箱润滑油、油液滤芯、空气过滤器，保持油液清洁，避免磨损及划痕继续恶化。

案例四　风力发电机组叶片开裂修复

1. 故障现象

某风力发电场站为直驱式永磁风力发电机组，在运行维护人员巡检过程中发现风力发电机组三支叶片外观均存在裂纹，联系叶片生产厂商进场开展精细化勘察，发现三支叶片均存在不同程度的裂纹，其中一片内部玻纤损伤已到16层位置，经过叶片生产厂商专业人员对叶片裂纹损伤的评审，最终确认对该风力发电机组叶片进行塔上维修处理。

2. 原因分析

（1）对风力发电机组近半年风速、大部件温度进行统计，结合天气条件等数据进行分析，未发现极端异常现象，排除因外部条件引起的开裂变形。

（2）经过叶片生产厂商现场勘查分析，开裂区域出现较大的气泡、发白，超过了容差要求。

（3）根据对多台风力发电机组勘察结果，叶片距叶根 1～4m 区域为叶片根部外增强层集中区域，该区域铺层较厚，刚度变化较大为应力过渡区域，但褶皱会导致该区域应力集中，叶根应力过渡区褶皱会导致周边强度下降，叶片在受载时会朝强度下降区域进行弯曲，从而加速褶皱区域疲劳损伤，最终导致叶根出现疲劳裂纹。

（4）综合以上情况分析得出结论是，在叶片制造过程中，由于生产过程中质量把控不严，叶片材料及叶片铺层过程布褶控制不到位，形成的褶皱缺陷导致疲劳裂纹。

3. 叶片维修处理过程

叶片维修单位入场后，现场检查叶片生产厂商资质、三措一案，按要求进行安全技术交底、安全考试合格后办理工作票，工作人员将风力发电机组塔基维护开关打开、风力发电机组轮毂制动开关制动、风力发电机组轮毂锁紧销完全锁紧，严格按照叶片修复方案开展风力发电机组叶片裂纹塔上维修工作。

4. 预防措施

（1）定期对全场站风力发电机组叶片开展专项排查整治工作。

（2）加强监盘工作，对风力发电机组运行工况、运行数据进行分析，及时对异常运行工况的风力发电机组进行检查及处理。

（3）定期开展风力发电机组巡检工作，大风季节应加强风力发电机组叶片外观及内腔排查工作，发现问题及时处理。

（4）对叶片质量进行批次分析，采取应对措施。

案例五　风力发电机组偏航刹车盘故障

1. 故障现象

某风力发电场站机组为直驱式永磁风力发电机组，在风力发电机组定检和巡视期间发现 5 台风力发电机组偏航刹车盘出现不同程度的磨损，盘面凹凸不平，导致机组偏航时振动、异响。

2. 原因分析

偏航刹车盘属于风力发电机组偏航系统的重要部件，由于偏航制动器长期作用在其刹车盘上，容易造成偏航刹车盘盘面磨损和拉伤，当偏航刹车盘盘面损伤后，反过来作用刹车片，导致刹车片损坏，继而造成偏航制动系统振动、异响、刹车片摩擦材料脱落、刹车片窜出等故障。该批次风力发电机组在质保期内使用的刹车片材质较软，运行过程中磨损下来的粉末被压实在刹车盘上，长期运行造成接触不均匀，导致偏航刹车盘的损伤。

3. 偏航刹车盘维修

运行维护人员停运风力发电机组，将刹车盘卡钳和液压油路管拆下，清理油污，在铣床上进行粗铣刹车盘，精铣刹车盘，抛光处理刹车盘表面，测量尺寸，清洗制动器缸体、活塞、液压油管及密封圈，更换磨损刹车片，安装液压油管及刹车盘卡钳，清理机舱内卫生，维修完毕对刹车盘面的粗糙度、平整度、厚度进行测量，均满足要求。

后续根据实际情况对材质较软的偏航刹车片进行更换，并对不平整偏航刹车盘进行打磨处理，及时对磨损超限的刹车盘进行处理。

4. 预防措施

（1）在风力发电机组的日常维护和定期检修过程中，加强对风力发电机组偏航刹

车盘与车片的检查。

（2）使用硬度适中的刹车片。

（3）每年检修测量并记录刹车片和刹车盘的厚度，如发现刹车片磨损过快，应及时更换刹车片，做到预防性维护，减少对刹车盘的损伤。

案例六 风力发电机组变流器紧急停机故障

1. 故障现象

某风力发电场站机组为直驱式永磁风力发电机组，其中一台机组报出变流器紧急停机故障和变流器斩波升压过流故障，风力发电机组故障停机。通过查看故障时刻的直流电流实际值，发现实际值超过 1800A，最高达到 2200A 以上，故障报出。

2. 原因分析

（1）数据分析。

通过现场中控记录的故障文件可以看出，在发生故障时，变流器直流母线电压发生了瞬间跌落，网侧电流和直流电流都发生了瞬间上升，初步判断 IGBT 本体内部损坏，导致占空比紊乱，电流瞬间增加。当增加到一定的值时，IGBT 内部绝缘击穿，致使 IGBT 短路烧毁。

（2）拆解检查。

现场运行维护人员对故障机位进行处理，发现 IGBT 模块存在打火喷弧的痕迹。拆解发现 IGBT 模块烧毁严重，现场检查发现交流侧快速熔断器上的标志已经弹出，证明模块发生过流、拉弧现象。

（3）分析结论。

通过对故障机组的故障文件及现场检查结果分析，引起故障的根本原因是内部器件损坏或放电，机组直流电流瞬间增大，变流器报出斩波升压过流故障。

3. 变流器处理过程

维修人员开具工作票，设置为维护状态，做好安全措施后，打开 IGBT 柜进行检查，发现 IGBT 损坏，且交流侧快速熔断器损坏，IGBT 有明显炸毁的痕迹，变流控制器的 IGBT 通道故障灯亮，IGBT 损坏导致机组故障，更换新的 IGBT 后机组恢复正常运行。

4. 预防措施

（1）运行维护人员定期巡检、年检，按照变流器年检条目进行维护，重点检查 IGBT 是否存在鼓包、漏液、放电情况。

（2）加强现场人员培训学习，提高运行维护人员的故障诊断能力和处理能力。

案例七　风力发电机组变桨安全位置传感器故障

1. 故障现象

某风力发电场站机组为直驱式永磁风力发电机组，其中一台风力发电机组后台监控机报"×机组 3 号变桨安全位置传感器异常"故障，造成该台风力发电机组故障停机。

2. 原因分析

（1）通过查看故障解释手册，发现 89°＜叶片位置＜92° 时，87° 接近开关信号为低电平，并持续 0.14s；叶片位置＜85° 时，87° 接近开关信号为高电平，并持续 0.14s，会报出此故障。

（2）通过查看相关文件，发现 3 号变桨 87° 接近开关触发，叶片变桨位置显示正常。

（3）通过查看相关文件，发现 3 号变桨 87° 接近开关比 1 号、2 号变桨 87° 接近开关提前由低电平信号转换为高电平信号。

（4）通过以上分析得知，0 时刻报 3 号变桨安全位置传感器异常，叶片进行收桨，3 号变桨 87° 接近开关触发，报出 3 号变桨安全位置传感器异常故障。结合查看变桨图纸资料，判断故障点为 87° 接近开关、9A4（KL1104）模块及其回路、变桨旋转编码器。

3. 处理过程

维修人员开具工作票，将故障机组切至维护模式，做好安全措施。登机检查 3 号变桨柜内元器件及其各节点接线均正常，检查 87° 接近开关、9A4（KL1104）模块显示正常，测量接近开关端面至 87° 挡块上面距离正常，进行 3 号叶片手动变桨，观察 87° 接近开关正常触发、9A4（KL1104）模块显示正常动作，变桨电机运行正常，将 3 号叶片变桨到 0° 时，观察桨叶的 0° 刻线与轮毂上 0° 刻线存在误差，检查变桨旋转编码器，发现变桨旋转编码器连接处电机侧的联轴器松动，进行电机侧的联轴器紧固，恢复变桨旋转编码器后，进行变桨旋转编码器清零，故障消失，确认处理完成，恢复发电机组运行。

4. 预防措施

（1）在风力发电机组的日常维护和定期检修过程中，加强对风力发电机组变桨安全链动作回路的检查。

（2）加强运行维护人员对变桨安全链动作回路元器件动作原理的培训学习，提高故障点排查速度。

（3）针对同类型故障，加强监测，开展隐患排查治理工作。

> **案例八　风力发电机组安全链动作故障**

1. 故障现象

某风力发电场站机组为直驱式永磁风力发电机组，综合中控室值班人员发现一台风力发电机组报故障停机，查看风力发电机组监控为"安全链动作故障"。

2. 原因分析

（1）该机组故障前，偏航动作方向为左。偏航动作执行时，凸轮计数器并没有变化，直到塔底与机舱通信中断后，凸轮计数器的位置丢失。

（2）由于凸轮计数器脱落，位置保持为 -327°，绝对值为 327°，低于 580° 及 800°，无法进行正常的解缆动作（机组正常解缆的条件为停机状态下为 ±580° 或者运行状态下 800° 解缆）。由于凸轮计数器脱落，位置保持为 -327°，无法触发限位开关，扭缆安全保护失效。

（3）由于凸轮计数器偏航位置保持在约 -327°，后续偏航对风向和偏航润滑过程中，机舱持续向左偏航，并最终导致塔底到机舱的光纤通信中断，机组报出机舱子站通信警告，所有信号丢失而触发机舱安全链故障。

3. 处理过程

（1）通过 SCADA 监控界面发现该机组的机舱通信丢失，登塔后发现 240 电缆、机舱供电电缆和光纤扭结在一起，光纤已断，造成该机组的机舱无通信。

（2）检查发现维护手柄的电缆线缠在凸轮计数器的齿轮上，凸轮计数器已倾斜，计数器固定底座已损坏，现场已确认电缆和光纤、凸轮计数器已损伤。维修人员对电缆、计数器固定底座进行处理，光纤熔接后机组正常运行。

4. 预防措施

（1）增加凸轮计数器脱落软件识别方案，检测到脱落时报出故障并禁止偏航动作。

（2）规范现场维护人员对机舱维护手柄的使用及存放，设置手柄盒，每次使用完成后放在手柄盒里。

9.3　线路事故处理及典型案例分析

输电线路故障在电力系统中占比较大，对电网的影响也较大。同时，输电线路故障原因也很多，情况比较复杂。主要有线路绝缘子闪络，以及大雾、大雪、雷电、大风等天气原因造成的雷击、雾闪、冰闪等。输电线路故障是电力系统常见事故，因此掌握输电线路事故的处理原则、处理步骤是对风力发电场站运行人员的基本要求。

9.3.1　线路事故处理

1. 线路事故处理原则

（1）发生线路故障跳闸，应对断路器进行详细检查，主要检查断路器的三相位置、压力表等。

（2）发生输电线路越级跳闸，处理上应首先查找和判断越级原因（断路器拒动或保护拒动），然后隔离故障设备，恢复送电。

2. 线路事故处理步骤

（1）线路保护动作跳闸后，运行值班人员应首先记录事故发生时间、设备名称、开关变位情况、主要保护动作信号等事故信息。

（2）将以上信息和当时的负荷情况及时汇报调度和有关部门，便于调度及有关人员及时、全面地掌握事故情况，从而进行分析判断。

（3）记录保护及自动装置屏上的所有信号，尤其是检查线路故障录波器的测距数据。打印故障录波报告及微机保护报告。

（4）到现场检查故障线路对应断路器的实际位置，应检查断路器及线路侧所有设备有无短路、接地、闪络、绝缘子破损、爆炸、喷油等情况。

（5）检查站内其他相关设备有无异常。

（6）事故处理完毕后，值班人员填写运行日志、断路器分合闸记录，并根据断路器跳闸情况、保护及自动装置的动作情况、故障录波报告及处理过程，整理详细的事故处理经过。

9.3.2　典型案例分析

案例一　线路绝缘子组串放电

1. 故障现象

某风力发电场站，在某日 00 时 23 分，断路器跳闸，110kV 线路保护装置（RCS-943）显示：①保护启动；②纵联差动保护动作：0007ms；③故障选项：B 相；④短路位置：19.6km。

2. 实地检查

线路跳闸后，现场立即将跳闸情况电话汇报给调度和分管安全生产负责人，并对故障点区域进行全方位的登塔检查。在检查过程中，发现 63 号塔 B 相绝缘子组串有明显的放电痕迹。

3. 事故分析

（1）PST671U 保护装置和 RCS-943 母线保护装置判断，此次故障发生在 B 相接地故障。根据故障录波装置及 110kV 线路保护装置测距，判定故障点距本侧 19.6km，根据图纸资料判断故障点在 62 号和 63 号塔附近，经现场检查事故地点与测距相符。

（2）在检查 63 号塔时发现，线塔上有鸟窝（见图 9-4），B 相绝缘子组串有明显放电痕迹（见图 9-5），判断飞鸟造成 63 号塔 B 相绝缘子组串放电，导致 110kV 送出线路 151 开关跳闸。

图 9-4　事故铁塔鸟窝　　　　　　　　图 9-5　绝缘子放电痕迹

4. 暴露问题

从此次事故中暴露出线路运行维护人员对线路日常巡视不到位，没有及时发现问题，线塔上缺乏驱鸟装置。

5. 解决措施

（1）更换 63 号塔 B 相绝缘子组串。

（2）对 151 线全线进行技术改造，加装防鸟器等装置，恢复送电。

（3）增加送出线路的巡视频次和巡视要求。

（4）定期进行线路维护。

🔵 案例二　线路引流线脱出

1. 故障现象

某风力发电场站，在某日 13 时 48 分，110kV 线路纵差保护启动，断路器跳闸，故障相别是 B 相，故障测距是 1.8km，故障零序电流是 13.120A，最大故障相电流是

4.550A。

2. 检查情况

线路跳闸后，汇报调度和主管负责人，立即组织人员对线路进行巡视检查，发现107号塔B相引流线与跳担固定线夹脱落，致使引流线脱出，故障点处铁塔有放电痕迹。

3. 事故分析

107号塔B相引流线脱出，受大风影响，发生多方向倾斜摆动，引流线与铁塔绝缘距离不够，导致引流线与铁塔间放电，接地跳闸。

4. 暴露问题

（1）日常巡检工作流于形式，没有尽职尽责。

（2）线路定检维护工作不到位，不能及时发现问题、解决问题。

5. 解决措施

（1）运行值班人员向调度申请110kV故障风力发电场站送出线路转检修状态，安全措施落实到位后，对此次故障进行处理（见图9-6）。由于引流线存在磨损，因此对引流线进行更换，并对引流线与跳担固定线夹处缠绕铝包带，对线夹进行加固。现场安装完成后，申请恢复送电，故障处理完毕。

图9-6 线路故障维修情况

（2）按照规程加强对送出线路的巡视检查。

（3）利用计划停电检修时间，加强线路铁塔的定检维护，做到有异常第一时间发现、第一时间上报、第一时间处理。

9.4　升压站事故处理及典型案例分析

安全是升压站运行管理的核心，任何不规范的行为，都可能影响电网安全、稳定运行，甚至造成重大事故，同时严重影响风力发电场站的效益。因此，要切实做好升压站的日常运行维护工作，将设备故障消除在萌芽状态。若升压站设备发生事故，要正确、快速处理。本节就升压站变压器及二次设备事故处理及案例进行介绍。

9.4.1　变压器事故处理

变压器是风力发电场站中重要的一次设备，变压器事故对风力发电场站的运行影响巨大。正确、快速地处理变压器事故，防止事故的扩大，减少事故的损失，显得尤为重要。

1. 变压器事故处理基本原则

（1）变压器跳闸后应密切关注站用电的供电，确保站用电、直流系统的安全稳定运行。

（2）变压器的重瓦斯保护、差动保护同时动作跳闸，在查明原因和消除故障之前不得进行强行送电。

（3）重瓦斯保护或差动保护动作跳闸，在检查变压器外部无明显故障后检查瓦斯气体，证明变压器内部无明显故障后，在系统急需时可以进行一次试送电。有条件时，应尽量进行零起升压。

（4）若变压器后备保护动作跳闸，一般经外部检查和初步分析（必要时经电气试验）无明显故障后，可以进行一次试送电。

（5）若主变压器重瓦斯保护误动作，两套差动保护中一套误动作或者后备保护误动作造成变压器跳闸，应根据调度命令停用误动作保护，将主变压器送电。

（6）如因线路或母线故障，保护越级动作引起变压器跳闸，则在故障线路断路器断开后，可立即恢复变压器运行。

（7）变压器主保护动作，在未查明故障原因前，值班人员不要复归保护屏信号，做好相关记录，以便专业人员进一步分析和检查。

（8）主变压器保护动作，若220kV侧断路器拒动，则启动失灵保护；若110kV侧、35kV侧断路器拒动，则由电源对侧或主变压器后备保护动作跳闸切除故障。运行值班人员根据越级情况尽快隔离拒动开关设备，恢复送电。

2. 变压器事故处理步骤

（1）变压器保护动作跳闸后，运行值班人员首先应记录事故发生时间、设备名称、断路器变位情况、主要保护和自动装置动作信号等故障信息。

（2）检查受事故影响的运行设备状况。

（3）立即检查主变压器的中性点接地情况，根据实际情况完成接地操作。

（4）检查站用系统电源是否切换正常，直流系统是否正常。

（5）将以上信息、天气情况、停电范围和当时的负荷情况及时汇报调度和有关部门，以便于调度和有关人员及时、全面地掌握事故情况，从而进行分析判断。

（6）记录保护及自动装置屏上的所有信号，检查故障录波器的动作情况，打印故障录波报告及保护报告。

（7）检查保护范围内的一次设备。

（8）将详细检查结果汇报调度和有关部门，根据调度指令进行处理。

（9）事故处理完毕后，值班人员填写运行日志、事故跳闸记录、断路器分合闸记录等，并根据断路器跳闸情况、保护及自动装置的动作情况、事件记录、故障录波、微机保护打印报告及处理情况，整理详细的事故经过。

3. 变压器事故处理

（1）重瓦斯保护动作处理。

1）将站用电切换至备用变压器供电。

2）汇报调度及上级主管负责人，在查明原因并消除故障前不得将变压器投入运行。

3）若判定是气体继电器或二次回路故障引起误动作，必须将误动作的故障消除后，才可以进行一次试送电。

4）如仍未发现任何问题，应请示主管领导同意后，对变压器试充电（充电前投入变压器所有保护）。

5）若从气体继电器内取出的气体为可燃气体，经综合判断为变压器内部故障，不许试送电。

6）如确认为瓦斯保护误动，应立即处理，处理完毕后投入瓦斯保护并恢复送电。

（2）变压器差动保护动作处理。

1）将站用电切换至备用变压器供电。

2）汇报调度及上级主管负责人。

3）若判断为保护误动引起的，在消除故障后，报告负责人批准并申请调度同意后方可试送电；如不能及时消除故障，经负责人及调度员同意后，退出差动保护后将变压器投入运行，但主变压器重瓦斯保护必须正常投入。

4）若差动保护和重瓦斯保护同时动作使主变压器跳闸，表明故障在变压器内部，应将变压器退出运行并做好安全措施，进行检修处理。

（3）主变压器零序保护动作处理。

1）将站用电切换至备用变压器供电。

2）汇报调度及上级主管负责人。

3）若是由系统事故引起，可待系统正常后，恢复主变压器运行。

4）若不是系统事故引起，且检查未发现异常，经生产主管负责人及调度同意后方可对主变压器进行试送电。

（4）变压器着火处理。

1）汇报调度及上级主管负责人。

2）如未自动跳闸，应立即断开各侧断路器及隔离开关，将变压器停电。

3）迅速使用合适的灭火剂，如干粉或沙子灭火，灭火时人体与灭火器机体、喷嘴与带电设备保持一定的安全距离。

4）及时拨打"119"火警电话。

5）灭火时必须有专人指挥，防止扩大事故或引起人员中毒、烧伤、触电等。

（5）变压器套管爆炸处理。

1）检查中性点接地方式。

2）检查站用系统电源是否切换正常、直流系统是否正常。

3）检查变压器有无着火等情况，检查消防设施是否启动。

4）检查套管爆炸引起其他设备损坏情况。

（6）内部放电性事故处理。

1）若经色谱分析判断变压器故障类型为电弧放电兼过热，一般故障表现为绕组匝间、层间短路，相间闪络，分接头引线间油隙闪络，引线对箱壳放电，绕组熔断，分接开关飞弧，因环路电流引起电弧，引线对接地体放电等。

2）对于这类放电，一般应立即安排变压器停运，再进行其他检测和处理。

（7）油色谱分析异常处理。

1）根据油色谱含量情况，结合变压器历年试验（如绕组直流电阻、空载特性试验、绝缘试验、局部放电测量和微水测量等）的结果，并结合变压器的结构、运行、检修等情况进行综合分析，判断故障的性质及部位。

2）根据具体情况对设备采取不同的处理措施，如缩短试验周期、加强监视、限制负荷，以及近期安排内部检查或立即停止运行等。

9.4.2　继电保护及自动化设备事故处理

二次设备事故包括二次线虚接、错误、回路断线、电流互感器二次开路、电压互感器二次侧短路或接地、直流接地、交直流混接、继电保护及自动装置故障、保护拒动、误动等。正确分析和快速处理二次设备故障对保证电气一次设备安全稳定运行尤为重要。

1. 二次设备事故处理基本原则

（1）停用保护及自动装置必须经调度同意。

（2）在互感器二次回路上排查故障时，必须考虑对保护及自动装置的影响，防止误动和拒动。

（3）进行保护传动试验时，应事先查明是否与其他设备有关，应先断开联调其他设备的压板，然后进行试验。

（4）当保护装置是双套配置时，如果仅有一套保护故障，应根据调度命令退出保护，一次设备恢复运行。

（5）继电保护和自动装置在运行中，如发生其他情况，应退出有关装置，汇报调度和有关部门，通知专业人员。

2. 二次设备事故处理步骤

（1）汇报调度。

（2）二次设备重点检查保护动作情况，尤其是根据保护动作情况判断保护是否拒动、误动。

（3）根据调度指令投退保护装置。

（4）配合二次检修做好安全措施及故障分析。

（5）填写运行记录、事故跳闸记录、断路器分/合闸记录，做好保护动作报告、故障录波报告的调取和事故经过报告的编写。

3. 保护交流电流、电压回路断线处理

（1）汇报调度及风力发电场站主管负责人。

（2）按照 TA、TV 断线的处理规定退出相应的保护。

（3）由检修人员检查处理，处理好后再按要求投入相应的保护。若一次系统不停运无法处理时，须请示相应负责人并经调度同意后将设备停运。

4. 继电保护动作处理

（1）系统和设备发生故障时，值班人员应及时检查保护动作情况和打印报告，并汇报调度，同时做好记录，联系继保人员。

（2）保护动作后应分析动作是否正确，如发现保护误动或信号不正常，应及时通知继保人员进行检查，待查明原因处理好后方可投入运行。

（3）现场人员应保证打印报告的连续性，严禁乱撕、乱放打印纸，妥善保管打印报告，并及时移交相关人员。无打印操作时，应将打印机防尘盖盖好并推入盘内。

（4）当保护装置动作跳闸后，"跳闸"灯亮并保持，此时应及时按屏上"打印"按钮打印报告，进入装置菜单打印相关波形报告，并准确记录装置动作信号灯后方可按屏上"复归"按钮进行信号复归。

（5）待故障处理完毕后，应检查保护装置运行状态是否正常。

9.4.3　典型案例分析

案例一　变压器内部绝缘件受潮

1.　故障现象

对某 110kV 变电站运行的主变压器取油样，进行色谱分析，总烃超标达 287μL/L，后逐渐增长。三比值法比值编码为 0，1，0，其故障类型为高湿度、高含气量引起的油中低能量密度局部放电。停电后进行 FDS 试验，确认为运行过程中绝缘件受潮。

2.　原因分析

（1）运行过程中，由于变压器密封部位（如变压器上部的套管法兰及升高座法兰、套管将军帽、压力释放阀等处）密封不严导致外部水分浸入变压器内部，造成变压器绝缘件受潮。

（2）变压器在安装或检修过程中，器身暴露在空气中时间过长，注油前在真空处理不彻底、空气湿度较大情况下抽真空等，造成绝缘件受潮。

3.　改进措施

（1）项目建设阶段。

1）充气运输的变压器运到现场后，必须密切监视气体压力，压力过低时（低于 0.01MPa）要补充干燥气体，现场放置时间超过 3 个月的变压器应注油保存，并装上储油柜和胶囊，严防进水受潮。注油前，必须测定密封气体的压力，核查密封状况，必要时应进行检漏试验。

2）为防止变压器在安装和运行中进水受潮，套管顶部将军帽、储油柜顶部、套管升高座及其连管等处必须密封良好。必要时应进行检漏试验。

3）变压器安装及现场大修时，器身暴露在空气中的时间，在空气相对湿度不大于 65% 时为 16h，相对湿度不大于 75% 为 12h。新安装和检修后的变压器应严格按照有关标准或生产厂商规定进行抽真空、真空注油和热油循环，真空度、抽真空时间、注油速度及热油循环时间、温度均应达到要求。

4）变压器安装时，应对变压器套管、冷却器、连接管等附件进行清洁，防止杂质、水分进入变压器。

（2）运行维护阶段。

1）加强变压器运行巡视，应特别注意变压器冷却器潜油泵负压区有无渗漏油。

2）变压器停运 6 个月以上重新投运前，应进行绝缘试验。对核心部件或主体进行解体性检修后重新投运的，可参照新设备投运要求执行。

3）怀疑变压器受潮，可利用 FDS（频域介电谱）试验检测固体绝缘中的含水量。

案例二　变压器过热

1．故障现象

某 220kV 变电站主变压器，在做色谱分析发现烃类气体增长，进行跟踪分析，之后，总烃缓慢增长，两年之后总烃为 162.1μL/L，又过半年突增至 597μL/L，通过停电进行相关试验和不同的运行方式试验，排除了变压器主绝缘存在问题的可能，返厂吊芯检查确认为股间短路。

2．原因分析

由于导线材质原因及制造过程把控不严，导致绕组股间短路，器身中漏磁通在其中产生环流，引起局部过热。

3．改进措施

（1）项目建设阶段。

1）安装阶段应防止异物（特别是金属异物）带入绕组、铁芯及绝缘件等部件。真空滤油机使用前，应对滤网进行检查，防止真空注油时金属粉末或异物进入变压器。

2）变压器投运前，检查所有闸阀、板阀均应按规定位置打开或关闭。

（2）运行维护阶段。

1）定期通过红外热像仪检测变压器箱体、储油柜、套管（含末屏）、风冷控制箱、引线接头及电缆等，红外热像图显示应无异常温差。

2）在夏季来临之前，对强迫油循环变压器的冷却装置进行至少一次水冲洗或压缩空气吹扫。

案例三　变压器套管故障

1．故障现象

某 220kV 变电站主变压器红外精确测温时发现，主变压器高压 A 相套管温度异常，比 B、C 两相温度高 2.8K（在计算变压器保护定值时需要考虑 K 值，是一个保护系数），停电试验时发现该主变压器高压侧 A 相套管电容值减小 6.42%。现场检查发现 A 相套管下部出现明显漏油现象，使得 A 相套管内部油位降低，导致内部绝缘件受潮，最终使得套管整体严重发热。

2. 原因分析

套管渗漏油导致受潮引起产生电容量变化和发热。

3. 改进措施

（1）项目建设阶段。

1）对于穿缆式套管，安装过程中应对穿缆线绝缘情况进行认真检查，防止绝缘层破损导致环流引起过热。

2）对于穿缆式和拉杆式套管，在安装套管时，应检查套管顶部密封，防止套管从将军帽进水受潮。

（2）运行维护阶段。

1）应加强套管密封部位和油位的检查，定期采用红外测温技术检查运行中套管油位，防止因缺油引起绝缘事故，若变压器套管油位视窗无法看清时，应及时处理。

2）变压器投运时和运行中，具备测温条件的套管应定期采用红外成像仪检查末屏接地状况，相间温差 3K 以上时应作进一步检查分析。

3）对于现有采用螺栓式末屏引出方式的套管，在试验时应防止螺杆转动，避免内部末屏引出线扭断，如有损坏应及时处理。

参 考 文 献

[1] 龙源电力集团股份有限公司. 风力发电职业培训教材：第 3 分册：风电场生产运行 [M]. 北京：中国电力出版社，2016.

[2] 托马斯·阿克曼，等. 风力发电系统 [M]. 谢桦，王健强，姜久春，译. 北京：中国水利水电出版社，2010.

[3] 梅生伟，李建林，等. 储能技术 [M]. 北京：机械工业出版社，2022.

[4] 莫继才. 光伏电站运维及故障典型案例分析 [M]. 北京：中国电力出版社，2020.

[5] 国家能源局. 风力发电企业科技文件归档与整理规范：NB/T 31021 [S]. 2012.

[6] 国家市场监督管理总局，中国国家标准化管理委员会. 风力发电机组运行及维护要求：GB/T 25385 [S]. 2019.

[7] 国家能源局. 电力设备预防性试验规程：DL/T 596 [S]. 2021.

[8] 中国南方电网有限责任公司. 电力设备预防性试验规程：Q/CSG 114002 [S]. 2011.

[9] 国家能源局. 风力发电场安全规程：DL/T 796 [S]. 2012.

[10] 国家安全生产监督管理总局. 安全标志及其使用导则：GB 2894 [S]. 2008.

[11] 国家能源局. 风力发电调度运行管理规范：NB/T 31047 [S]. 2013.

[12] 国家发展和改革委员会. 电网运行准则：DL/T 1040 [S]. 2007.

[13] 中国大唐集团公司赤峰风电培训基地. 风电场建设与运维 [M]. 北京：中国电力出版社，2020.

[14] 丁立新. 风力发电机组维护与故障分析 [M]. 北京：机械工业出版社，2017.

[15] 国家能源局. 架空输电线路运行规程：DL/T 741 [S]. 2019.

[16] 国家电网公司. 国家电网公司变电运行维护检修规定（试行）. 2017.

[17] 王建华，等. 电气工程师手册第三版 [M]. 北京：机械工业出版社，2007.

[18] 杨贵恒，等. 电气工程师手册（供配电）[M]. 北京：化学工业出版社，2015.

[19] 陈小群，等. 风力发电场站电力设备施工及运行安全技术 [M]. 北京：中国水利水电出版社，2018.

[20] 任志强，等. 山东电网变压器类设备典型故障分析与预防 [M]. 北京：中国电力出版社，2017.

后 记

　　2022 年，我们开始策划总结风力发电场站运行与维护的相关经验，追寻着风力发电的发展足迹，探索提炼风力发电场站运行维护管理方法及典型案例分析。经过两年多的努力，几易其稿，终将这本书呈现给读者。

　　编写一本书，并不是凭编写者一己之力就能完成的，而是领导、同事、高校、友企，包括行业前辈等协作互助共同完成的。这是经过探索锤炼之后对于社会的一种反哺行为，也希望能为读者熟悉该领域提供借鉴。所以，我们怀着一颗感恩的心，感谢一路走来所有传授知识、赋予能量、引领成长、不断拓展我们视域的人；感谢行业内多位专家、新能源从业人员热情地授业解惑，并提供了大量参考资料。在此向所有为本书提供支持和帮助的单位及朋友均表示深深致谢。

　　本书在编写过程中借鉴了许多有价值的资料，由于来源广泛，兼时间仓促，又限于写作水平，书中疏漏与不足之处在所难免，敬请广大读者批评指正。

　　风力发电场站运行与维护仍然需要持续探索。我们将紧紧抓住新能源场站智慧化运行与维护领域带给我们的无限机遇，融入这片科技蓝海，共同谱写更有意义的新篇章。

编　者

2024 年 12 月